高等数学新理念教程

（下　册）

从福仲　编著

科学出版社

北　京

内 容 简 介

本书依据《理工类本科高等数学课程教学基本要求》写作而成，适用于高等院校理工类非数学专业高等数学课程教学．

与传统"高等数学"教材编写不同，本书重构了高等数学课程知识体系，对极限部分，从多元函数开始讲述，极限的定义采用集合的观点，增加定义的直观性；在微分学部分，从多元函数开始讲述，使微分学的概念更易于理解；在积分学部分，首先给出了空间流形上积分的定义，便于读者对各类积分概念形成统一认识，减少了教学中不必要的重复．对于其他内容，我们也进行了必要的简化．

本书将现代数学的基本思想融入到高等数学的教学内容中．希望通过本书使高等数学的教学达到起点高、易于学习、缩短学时的目的．本书分上、下两册，上册包括空间解析几何与向量代数、极限与连续、微分学三部分；下册包括积分学、微分方程初步、无穷级数三部分．

本书可作为高等院校理工类非数学专业高等数学课程用书，也可作为新工科背景下高等数学教学实践的尝试用书以及大学数学教师的参考用书．

图书在版编目（CIP）数据

高等数学新理念教程：全 2 册/从福仲编著．—北京：科学出版社，2018. 6
(2024.7 重印)
　ISBN 978-7-03-057497-8

I. ①高…　II. ①从…　III. ① 高等数学-教材　IV. ①O13

中国版本图书馆 CIP 数据核字 (2018) 第 107901 号

责任编辑：张中兴　梁　清　孙翠勤 / 责任校对：彭珍珍
责任印制：吴兆东 / 封面设计：迷底书装

科 学 出 版 社 出版

北京东黄城根北街 16 号
邮政编码：100717
http://www.sciencep.com

天津市新科印刷有限公司印刷

科学出版社发行　各地新华书店经销
＊

2018 年 6 月第 一 版　开本：720×1000　1/16
2024 年 7 月第八次印刷　印张：26 3/4
字数：537 000
定价：98.00 元（上下册）
（如有印装质量问题，我社负责调换）

目　　录

第6章 积分的基本概念

6.1 空间中的流形及流形上的积分

6.1.1 空间中的流形

从现在开始, 我们研究空间 $\mathbf{R}^3$ 中的一些特殊几何对象. 设 Ω 是空间中的点集. 对于任意 $M \in \mathbf{R}^3$, 记 $N_\Omega(M,\delta) = N(M,\delta) \bigcap \Omega$, 称其为点 M 在 Ω 中的 δ 邻域. 我们看几个例子.

集合 $\Omega_1 = \{(x,y,z)|a < x < b, y = 0, z = 0\}$ 表示空间 $\mathbf{R}^3$ 中 x 轴上的开区间 (a,b).

空间中的长方体可以表示为 $\Omega_2 = \{(x,y,z)|a < x < b, c < y < d, s < z < l\}$.

集合 $\Omega_3 = \{(x,y,z)|0 < x < a, 0 < y < x, z = 0\}$ 表示顶点分别为 $(0,0,0), (a,0,0)$ 和 $(a,a,0)$ 的等腰直角三角形.

集合 $\Omega_4 = \{(x,y,z)|0 < x < 1, x^3 < y < x^2, z = 0\}$ 表示 xOy 面上如图 6-1 所示的图形.

集合 $\Omega_5 = \{(x,y,z)|0 < z < x^2 + y^2, 0 < x < \sqrt{y}, 0 < y < 1\}$ 表示空间中如图 6-2 所示的几何体.

注意, 上面这些几何对象都是不含"边界"的.

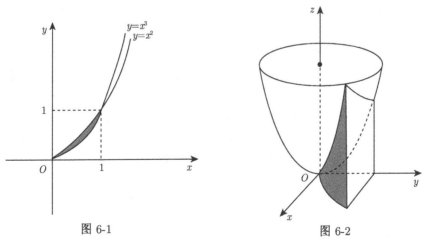

图 6-1   图 6-2

定义 1.1 设 Ω 是空间 $\mathbf{R}^3$ 的点集. 如果 Ω 可以用某些函数的严格不等式或

等式表示, 即 $\Omega = \{M \in \mathbf{R}^3 | f_i(M) < 0, g_j(M) = 0, i = 1, \cdots, m, j = 1, \cdots, n\}$, 并且函数 $f_i(M), g_j(M), i = 1, \cdots, m, j = 1, \cdots, n$ 是可微的, 则称 Ω 为空间 $\mathbf{R}^3$ 中的**流形**, 简称流形. 如果流形 Ω 的表示中 "<" 用"≤"代替, 则称为**闭流形**, 用 $\bar{\Omega}$ 表示.

定义 1.2　设 E_1 和 E_2 是空间 $\mathbf{R}^3$ 中的两个流形. 如果存在连续可逆的映射 $f : E_1 \to E_2$ 满足 $E_2 = f(E_1)$, 则称 E_1 和 E_2 是**同胚**的.

直观地, 两个流形, 如果可以通过弯曲、延展、剪切 (只要最终完全沿着当初剪开的缝隙再重新粘贴起来) 等操作把其中的一个变为另一个, 则两个流形可以认为是同胚的.

定义 1.3　设 Ω 为流形. 若对于任意一点 $M \in \Omega$, 都有 M 在 Ω 中的某邻域 $N_\Omega(M, \delta)$ 同胚于 $\mathbf{R}^m$ $(m = 1, 2, 3)$ 中的一个连通开集, 则称 Ω 为 **m 维流形**.

根据上面的定义, Ω_1 是 1 维流形, 并且闭区间是 1 维闭流形; Ω_3 和 Ω_4 是 2 维流形; Ω_2 和 Ω_5 是 3 维流形.

称流形 Ω (闭流形 $\bar{\Omega}$) 是**有界**的, 如果对于任意的 $(x, y, z) \in \Omega$, 有 $\sqrt{x^2 + y^2 + z^2} \leqslant C$, 其中 C 为某正常数.

6.1.2　流形上的积分

我们先看一个求有界闭流形质量的问题, 这类问题在日常生活和工作中经常遇到.

例 1.1　设某个物体占据空间有界闭流形 $\bar{\Omega}$, 它在任意点 M 的密度为 $\rho = f(M) > 0$. 求物体的质量.

注意到流形 Ω 的维数决定密度 ρ 的单位. 如果空间流形 Ω 的维数是 1 维、2 维、3 维的, 则闭流形表示的几何对象分别对应线、面、体. 我们可以求出它的长度、面积和体积. 为了方便, 闭流形 $\bar{\Omega}$ 的长度、面积和体积统称为流形的测度, 记为 $\mu(\bar{\Omega})$.

常密度几何对象的求质量公式为: 质量 = 密度 × 测度. 对于非常密度的几何对象, 用这个公式求质量就不适用了. 为此, 我们采用如下方法求几何对象的质量.

1) 分割

将闭流形 $\bar{\Omega}$ 用平行于坐标面的三族平面分割成 n 个小闭流形 $\bar{\Omega}_1, \bar{\Omega}_2, \cdots, \bar{\Omega}_n$. 当这些小流形的直径很小时, 如果 $f(M)$ 连续, 则在 $\bar{\Omega}_i$ 内, 密度 f 可以近似为常数. 若用 $\Delta\mu_i$ 表示 $\bar{\Omega}_i$ 的测度, 则这小流形的质量为

$$\Delta m_i \approx f(M_i)\Delta\mu_i, \quad M_i \in \bar{\Omega}_i, i = 1, \cdots, n.$$

2) 求和

这 n 个小闭流形的质量之和就是给定有界闭流形质量的近似值:

$$m \approx \sum_{i=1}^{n} f(M_i)\Delta\mu_i.$$

3) 取极限

为了提高上述近似等式的精确度, 将闭流形 $\bar{\Omega}$ 分割加细, 即令 n 个小区域的直径中的最大值 (记作 λ) 趋于零时, 取极限就得到流形质量的准确值:

$$m = \lim_{\lambda \to 0} \sum_{i=1}^{n} f(M_i)\Delta\mu_i.$$

定义 1.4 设 $f(M)$ 是有界闭流形 $\bar{\Omega}$ 上的有界函数. 将闭流形 $\bar{\Omega}$ 任意分成 n 个小流形 $\bar{\Omega}_1, \bar{\Omega}_2, \cdots, \bar{\Omega}_n$, 其测度分别为

$$\Delta\mu_1, \Delta\mu_2, \cdots, \Delta\mu_n.$$

在每个小流形 $\bar{\Omega}_i$ 上任取一点 M_i, $i = 1, 2, \cdots, n$, 作和式

$$\sum_{i=1}^{n} f(M_i)\Delta\mu_i. \tag{1.1}$$

如果当各小流形的直径中的最大值 λ 趋于零时, 上述和的极限存在, 则称此极限为函数 $f(M)$ 在闭流形 $\bar{\Omega}$ 上的**积分**, 记作 $\displaystyle\int_{\bar{\Omega}} f(M)\mathrm{d}\mu$ 或 $\displaystyle\int_{\bar{\Omega}} f(x, y, z)\mathrm{d}\mu$, 即

$$\int_{\bar{\Omega}} f(x, y, z)\mathrm{d}\mu = \lim_{\lambda \to 0} \sum_{i=1}^{n} f(M_i)\Delta\mu_i, \tag{1.2}$$

其中 $f(x, y, z)$ 叫做**被积函数**, $f(x, y, z)\mathrm{d}\mu$ 叫做**被积表达式**, $\mathrm{d}\mu$ 叫做**测度元素**, x, y, z 叫做**积分变量**, $\bar{\Omega}$ 叫做**积分流形**.

为了更好地理解积分的概念, 我们对积分的定义作如下说明:

(1) 关于分割和取点的任意性. 在积分的定义中强调分割和取点的任意性. 这不难理解. 以求流形的质量为例, 任何一个流形都有确定的质量, 不应该因为计算方法的不同而改变, 现在用 "分割、求和、取极限" 的方法, 当然也不应该因为分割和取点的不同而改变.

(2) 关于分割精细程度的描述. 所谓精细的分割, 是指分割后每个小流形内任意两点的距离很小. 这样, $f(M_i)\Delta\mu_i$ 在小区域上才能接近于实际值.

(3) 积分的存在性. 我们要指出, 如果函数 f 是连续的, 那么可以证明 f 在 $\bar{\Omega}$ 上的积分是存在的, 即不管怎样分割闭流形 $\bar{\Omega}$, 怎样取点 M_i, 和 (1.1) 式的极限总是存在的. 限于技术原因, 这里不能给出证明. 以后, 我们总假定 f 是连续的.

(4) 积分的意义. 根据积分的定义, 密度为 $\rho = f(x, y, z) > 0$ 的闭流形 $\bar{\Omega}$ 的质量为 $m = \displaystyle\int_{\bar{\Omega}} f(x, y, z)\mathrm{d}\mu$. 积分还有许多其他的意义, 下面将陆续介绍.

6.1.3　积分的性质

下面讨论积分的性质. 假定各性质中所列积分都是存在的.

性质 1　如果 α, β 都是常数, 那么

$$\int_{\bar{\Omega}} (\alpha f(x,y,z) \pm \beta g(x,y,z))\mathrm{d}\mu = \alpha \int_{\bar{\Omega}} f(x,y,z)\mathrm{d}\mu \pm \beta \int_{\bar{\Omega}} g(x,y,z)\mathrm{d}\mu.$$

证　$\displaystyle\int_{\bar{\Omega}} (\alpha f(x,y,z) \pm \beta g(x,y,z))\mathrm{d}\mu$

$$= \lim_{\lambda \to 0} \sum_{i=1}^{n} (\alpha f(\xi_i, \eta_i, \zeta_i) + \beta g(\xi_i, \eta_i, \zeta_i))\Delta\mu_i$$

$$= \alpha \lim_{\lambda \to 0} \sum_{i=1}^{n} f(\xi_i, \eta_i, \zeta_i)\Delta\mu_i + \beta \lim_{\lambda \to 0} \sum_{i=1}^{n} g(\xi_i, \eta_i, \zeta_i)\Delta\mu_i$$

$$= \alpha \int_{\bar{\Omega}} f(x,y,z)\mathrm{d}\mu \pm \beta \int_{\bar{\Omega}} g(x,y,z)\mathrm{d}\mu.$$

性质 1 对于有限个函数都是成立的. 类似地, 可以证明:

性质 2　如果闭流形 $\bar{\Omega}$ 分为闭流形 $\bar{\Omega}_1$ 和闭流形 $\bar{\Omega}_2$, 那么

$$\int_{\bar{\Omega}} f(x,y,z)\mathrm{d}\mu = \int_{\bar{\Omega}_1} f(x,y,z)\mathrm{d}\mu + \int_{\bar{\Omega}_2} f(x,y,z)\mathrm{d}\mu.$$

性质 3　如果闭流形 $\bar{\Omega}$ 的测度为 μ, 则

$$\int_{\bar{\Omega}} \mathrm{d}\mu = \mu,$$

其中, $\displaystyle\int_{\bar{\Omega}} 1\mathrm{d}\mu$ 简记为 $\displaystyle\int_{\bar{\Omega}} \mathrm{d}\mu$.

性质 4　如果在 $\bar{\Omega}$ 上, $f(x,y,z) \leqslant g(x,y,z)$, 则有不等式

$$\int_{\bar{\Omega}} f(x,y,z)\mathrm{d}\mu \leqslant \int_{\bar{\Omega}} g(x,y,z)\mathrm{d}\mu.$$

特别有

$$\left| \int_{\bar{\Omega}} f(x,y,z)\mathrm{d}\mu \right| \leqslant \int_{\bar{\Omega}} |f(x,y,z)|\mathrm{d}\mu.$$

证　$\displaystyle\int_{\bar{\Omega}} f(x,y,z)\mathrm{d}\mu = \lim_{\lambda \to 0} \sum_{i=1}^{n} f(\xi_i, \eta_i, \zeta_i)\Delta\mu_i$

$$\leqslant \lim_{\lambda \to 0} \sum_{i=1}^{n} g(\xi_i, \eta_i, \zeta_i)\Delta\mu_i = \int_{\bar{\Omega}} g(x,y,z)\mathrm{d}\mu.$$

上式蕴涵

$$\left| \int_{\bar{\Omega}} f(x,y,z) \mathrm{d}\mu \right| \leqslant \int_{\bar{\Omega}} |f(x,y,z)| \mathrm{d}\mu$$

和下面的性质 5.

性质 5 设 M 和 m 分别是 $f(x,y,z)$ 在闭流形 $\bar{\Omega}$ 上的最大值和最小值, μ 为闭流形 $\bar{\Omega}$ 的测度. 则

$$m\mu \leqslant \int_{\bar{\Omega}} f(x,y,z) \mathrm{d}\mu \leqslant M\mu.$$

性质 6 (中值定理) 设函数 $f(x,y,z)$ 在闭流形 $\bar{\Omega}$ 上连续, 则在 $\bar{\Omega}$ 上至少存在一点 (ξ, η, ζ) 使得

$$\int_{\bar{\Omega}} f(x,y,z) \mathrm{d}\mu = f(\xi, \eta, \zeta)\mu,$$

其中 μ 表示闭流形 $\bar{\Omega}$ 的测度.

证 由已知, 根据性质 5 有

$$m\mu \leqslant \int_{\bar{\Omega}} f(x,y,z) \mathrm{d}\mu \leqslant M\mu,$$

即

$$m \leqslant \frac{1}{\mu} \int_{\bar{\Omega}} f(x,y,z) \mathrm{d}\mu \leqslant M.$$

根据连续函数的介值定理, 存在一点 (ξ, η, ζ), 满足

$$f(\xi, \eta, \zeta) = \frac{1}{\mu} \int_{\bar{\Omega}} f(x,y,z) \mathrm{d}\mu.$$

两端乘以 μ, 即得到所要证明的结果.

6.2 微元法与积分分类

6.1 节介绍了空间流形的概念和积分的定义. 一般地, 空间流形的具体表现形式为曲线、曲面和几何体. 在这一节, 我们首先对积分的概念加以提炼, 介绍微元法的思想. 然后, 根据积分流形的维数, 对积分进行分类.

6.2.1 微元法

我们以转动惯量为例, 介绍微元法的思想. 设在空间直角坐标系 $Oxyz$ 中有 n 个质点, 它们分别位于点 (x_1, y_1, z_1), (x_2, y_2, z_2), $\cdots$, (x_n, y_n, z_n) 处, 质量分别为 $m_1, m_2, \cdots, m_n$. 由力学知识, 该质点系对于 x 轴、y 轴和 z 轴的转动惯量分别为

$$I_x = \sum_{i=1}^{n} (y_i^2 + z_i^2) m_i, \quad I_y = \sum_{i=1}^{n} (z_i^2 + x_i^2) m_i, \quad I_z = \sum_{i=1}^{n} (x_i^2 + y_i^2) m_i;$$

对坐标原点的转动惯量为

$$I_O = \sum_{i=1}^{n} (x_i^2 + y_i^2 + z_i^2) m_i.$$

设有一构件, 占有空间一有界闭流形 $\bar{\Omega}$, 在点 M 处, 密度为 $\rho(M)$. 假定 $\rho(M)$ 在 $\bar{\Omega}$ 上连续. 现在要求该构件的转动惯量.

先求 I_x. 与前面类似, 我们采用如下步骤.

(1) 将闭流形 $\bar{\Omega}$ 任意分割成 n 个小闭流形 $\bar{\Omega}_i, i = 1, 2, \cdots, n$. 于是,

$$I_x = \sum_{i=1}^{n} \Delta I_{xi},$$

其中 ΔI_{xi} 为第 i 个小闭流形对 x 轴的转动惯量.

(2) 计算 ΔI_{xi} 的近似值

$$\Delta I_{xi} \approx (\eta_i^2 + \zeta_i^2) \rho(\xi_i, \eta_i, \zeta_i) \Delta \mu_i, \quad (\xi_i, \eta_i, \zeta_i) \in \bar{\Omega}_i.$$

(3) 求和并取极限, 得到

$$I_x = \lim_{\lambda \to 0} \sum_{i=1}^{n} (\eta_i^2 + \zeta_i^2) \rho(\xi_i, \eta_i, \zeta_i) \Delta \mu_i = \int_{\bar{\Omega}} (y^2 + z^2) \rho(x, y, z) \mathrm{d}\mu,$$

其中 $\lambda = \max_{1 \leqslant i \leqslant n} \{\lambda_i\}$ 表示分割中所有小闭流形直径的最大者. 同理,

$$I_y = \lim_{\lambda \to 0} \sum_{i=1}^{n} (\zeta_i^2 + \xi_i^2) \rho(\xi_i, \eta_i, \zeta_i) \Delta \mu_i = \int_{\bar{\Omega}} (z^2 + x^2) \rho(x, y, z) \mathrm{d}\mu,$$

$$I_z = \lim_{\lambda \to 0} \sum_{i=1}^{n} (\xi_i^2 + \eta_i^2) \rho(\xi_i, \eta_i, \zeta_i) \Delta \mu_i = \int_{\bar{\Omega}} (x^2 + y^2) \rho(x, y, z) \mathrm{d}\mu,$$

$$I_O = \lim_{\lambda \to 0} \sum_{i=1}^{n} (\xi_i^2 + \eta_i^2 + \zeta_i^2) \rho(\xi_i, \eta_i, \zeta_i) \Delta \mu_i = \int_{\bar{\Omega}} (x^2 + y^2 + z^2) \rho(x, y, z) \mathrm{d}\mu.$$

一般地, 设 Q 是一个待求的量, 如转动惯量. 它是一个与闭流形 $\bar{\Omega}$ 有关的量, 而且具有所谓 "可加性", 即若将闭流形 $\bar{\Omega}$ 分成两个闭流形 $\bar{\Omega}_1$ 和 $\bar{\Omega}_2$, 则

$$Q(\bar{\Omega}) = Q(\bar{\Omega}_1) + Q(\bar{\Omega}_2),$$

其中 $Q(\bar{\Omega}_1)$ 表示量 Q 对应于闭流形区间 $\bar{\Omega}_1$ 部分的量. 推而广之, 如果把闭流形 $\bar{\Omega}$ 分成 n 个小闭流形 $\bar{\Omega}_1, \bar{\Omega}_2, \cdots, \bar{\Omega}_n$, 那么

$$Q = Q(\bar{\Omega}) = \sum_{i=1}^{n} Q(\bar{\Omega}_i) = \sum_{i=1}^{n} \Delta Q_i.$$

注意到, 虽然在整体上 Q 是未知的, 但在局部上 $\Delta Q_i = Q(\bar{\Omega}_i)$ 可以用已知量来近似地取而代之. 例如, 在求关于 x 轴的转动惯量时, 把小闭流形 $\bar{\Omega}_i$ 视为质点, 用 $(\eta_i^2 + \zeta_i^2)\rho(\xi_i, \eta_i, \zeta_i)\Delta\mu_i$ 近似地代替小闭流形 $\bar{\Omega}_i$ 的转动惯量 ΔI_{xi}, 可以得到 ΔI_{xi} 的近似表达式.

根据问题的条件, 分析 ΔQ_i 想办法找到 $f(x, y, z)$, 使得

$$\Delta Q_i = f(x_i, y_i, z_i)\Delta\mu_i + o(\Delta\mu_i), \quad (x_i, y_i, z_i) \in \bar{\Omega}_i, \tag{2.1}$$

也就是从 ΔQ_i 中分离出它的主要部分来. 那么,

$$Q = \sum_{i=1}^{n} \Delta Q_i \approx \sum_{i=1}^{n} f(x_i, y_i, z_i)\Delta\mu_i.$$

取极限便得到

$$Q = \lim_{\lambda \to 0} \sum_{i=1}^{n} f(x_i, y_i, z_i)\Delta\mu_i = \int_{\bar{\Omega}} f(x, y, z)\mathrm{d}\mu, \tag{2.2}$$

其中 λ 表示分割中所有小闭流形直径的最大者. 这样, 将所求量 Q 化成一个积分.

上述推导过程中关键一步是要建立关系式 (2.1). 一般地省略下标, 将其写成

$$\Delta Q = f(x, y, z)\Delta\mu + o(\Delta\mu)$$

或等价地写成

$$\mathrm{d}Q = f(x, y, z)\mathrm{d}\mu, \quad (x, y, z) \in \bar{\Omega}. \tag{2.3}$$

这是把一个量 Q 局部化, 通常称之为 Q 的 **微元**, 从分析 ΔQ 而直接写出微分式 (2.3) 的方法称为**微元法**. (2.2) 式是把这些微元再积累起来, 得到整体量 Q, 即

$$Q = \int_{\bar{\Omega}} \mathrm{d}Q = \int_{\bar{\Omega}} f(x, y, z)\mathrm{d}\mu.$$

运用微元法, 不仅形式上简化了 "分割、求和、取极限" 过程, 而且建立了微分和积分的联系, 进一步认识它们是相辅相成的有机整体. 因此, 确立了 "微积分学" 的名称.

现在, 我们可以把微元法的过程归纳如下:

(1) 确立所要求的量 Q 和它所对应的闭流形 $\bar{\Omega}$, 以及在其上变化的测度 μ;

(2) 在小闭流形 $\Delta\bar{\Omega}$ 上, 分析 ΔQ, 建立微分关系式

$$\Delta Q = f(x, y, z)\Delta\mu + o(\Delta\mu) \quad \text{或} \quad \mathrm{d}Q = f(x, y, z)\mathrm{d}\mu;$$

(3) 作积分

$$Q = \int_{\bar{\Omega}} f(x, y, z)\mathrm{d}\mu,$$

并计算出此积分值, 即求出了量 Q.

6.2.2　线积分

1. 线积分

空间 1 维闭流形上的积分称为**线积分**. 空间 1 维流形是空间的曲线. 空间曲线的解析表达方式有一般式和参数式两种. 一般式方程写成如下形式:

$$\begin{cases} F(x,y,z) = 0, \\ G(x,y,z) = 0, \end{cases} \tag{2.4}$$

即表示成两个曲面的交线. 参数式方程为

$$\begin{cases} x = x(t), \\ y = y(t), \\ z = z(t). \end{cases} \tag{2.5}$$

在利用微元法时, 1 维闭流形 C 被分割成 1 维小闭流形, 也就是小的曲线弧段. 曲线的测度即为曲线的长度. 此时, 改记 $\mathrm{d}\mu = \mathrm{d}s$, $\displaystyle\int_{\bar{\Omega}} f(x,y,z)\mathrm{d}\mu = \int_C f(x,y,z)\mathrm{d}s$.

例 2.1　设有空间曲线段 (空间 1 维闭流形) C, 以 C 为准线作一个母线平行于 z 轴的柱面. 求这个柱面介于曲线 C 和曲面 $z = f(x,y)$ 之间的那一部分的侧面积 (图 6-3).

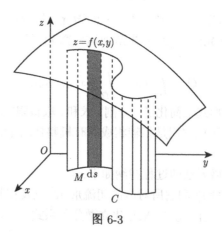

图 6-3

解　利用微元法. 用 A 表示要求的侧面积. 在曲线 C 上的任意一点 $M(x,y,z)$ 处, 取曲线微元 ΔC, 微元 ΔC 的长度元素为 Δs. 则把柱面上对应于 ΔC 的面积微元 ΔA 近似地看成以 Δs 为底, $|f(x,y) - z|$ 为高的矩形. 因此,

$$\Delta A \approx |f(x,y) - z|\Delta s \quad \text{或} \quad \mathrm{d}A = |f(x,y) - z|\mathrm{d}s.$$

于是,

$$A = \int_C |f(x,y) - z| \mathrm{d}s. \tag{2.6}$$

2. 定积分

如果空间的曲线段是 x 轴的闭区间 $[a,b]$, 则曲线积分称为定积分. 在这种情况下, $C = [a,b]$, $f(x,y,z) \equiv f(x)$, $\mathrm{d}s = \mathrm{d}x$, 线积分

$$\int_C f(x,y,z)\mathrm{d}s = \int_a^b f(x)\mathrm{d}x.$$

a 称为积分下限, b 称为积分上限.

例 2.2 (曲边梯形的面积) 设函数 $y = f(x)$ 是定义在 $[a,b]$ 上的非负连续函数. 由 x 轴, 直线 $x = a$, $x = b$ 和曲线 $y = f(x)$ 所围成的图形称为曲边梯形 (图 6-4). 求它的面积.

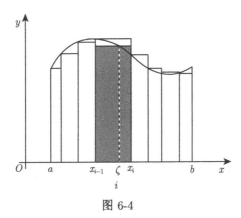

图 6-4

解 注意到 $C = \{(x,0,0)|a \leqslant x \leqslant b, y = 0, z = 0\} = [a,b]$. 根据 (2.6) 式,

$$A = \int_C |f(x) - y| \mathrm{d}s = \int_C f(x)\mathrm{d}s = \int_a^b f(x)\mathrm{d}x.$$

例 2.2 表明, 如果被积函数非负, 定积分表示相应曲边梯形的面积.

3. 第二型曲线积分

我们再来看一种特殊形式的曲线积分. 以下为叙述简便起见, 以 A 为起点, B 为终点的曲线 L, 记作 L_{AB}. 这样的曲线通常叫做有向曲线. 下面考虑一个质点, 在变力 $\boldsymbol{F}(x,y,z) = P(x,y,z)\boldsymbol{i} + Q(x,y,z)\boldsymbol{j} + R(x,y,z)\boldsymbol{k}$ 作用下沿着有向曲线 L_{AB} 移动所做的功.

利用微元法, 在曲线 L 上任一点 $M(x,y,z)$ 处, 取有向小弧段 $\overset{\frown}{MN}$, 它的长度为 Δs. 当 Δs 很小时, 用 M 点处的力 $\boldsymbol{F}$ 来代替 MN 上其他各点处的力, 而把小

弧段 $\overset{\frown}{MN}$ 近似地看成有向直线段 $\overrightarrow{MN}$. 若用 τ_x, τ_y 和 τ_z 分别表示向量 $\overrightarrow{MN}$ 与 x 轴正向、y 轴正向和 z 轴正向的夹角, 则 $\overrightarrow{MN}$ 的单位方向向量为 $\{\cos\tau_x, \cos\tau_y, \cos\tau_z\}$, 故

$$\overrightarrow{MN} = \{\cos\tau_x, \cos\tau_y, \cos\tau_z\}\Delta s = \cos\tau_x \cdot \Delta s\boldsymbol{i} + \cos\tau_y \cdot \Delta s\boldsymbol{j} + \cos\tau_z \cdot \Delta s\boldsymbol{k}.$$

因此, 变力 $\boldsymbol{F}(x, y, z)$ 沿着有向小弧段 $\overset{\frown}{MN}$ 上所做的功近似地等于

$$\Delta W \approx \boldsymbol{F}(x, y, z) \cdot \overrightarrow{MN} = (P(x, y, z)\cos\tau_x + Q(x, y, z)\cos\tau_y + R(x, y, z)\cos\tau_z)\Delta s.$$

将上式改写成微分形式就得到, 变力 $\boldsymbol{F}$ 沿着有向曲线 L_{AB} 所做的功的微分表达式

$$\mathrm{d}W = (P(x, y, z)\cos\alpha + Q(x, y, z)\cos\beta + R(x, y, z)\cos\gamma)\mathrm{d}s, \tag{2.7}$$

其中 $\mathrm{d}s$ 为对弧长的微分, $\{\cos\alpha, \cos\beta, \cos\gamma\}$ 为有向曲线 L_{AB} 在点 (x, y, z) 处与曲线方向一致的单位切向量. 从而对 (2.7) 式在有向曲线 L_{AB} 上积分, 便得所要求的功

$$W = \int_{L_{AB}} (P(x, y, z)\cos\alpha + Q(x, y, z)\cos\beta + R(x, y, z)\cos\gamma)\mathrm{d}s. \tag{2.8}$$

除了做功问题外, 实际应用中也常遇到类似的积分. 从形式上看, 上述积分是沿着曲线 L 的线积分. 但是, 其被积表达式中含有切线的方向余弦 $\cos\alpha, \cos\beta$ 和 $\cos\gamma$, 这些方向余弦没有显式表示出来, 积分不仅与 L 上每点坐标 (x, y, z) 有关, 而且与 L_{AB} 的方向有关. 记

$$\mathrm{d}x = \cos\alpha\mathrm{d}s, \quad \mathrm{d}y = \cos\beta\mathrm{d}s, \quad \mathrm{d}z = \cos\gamma\mathrm{d}s.$$

则 (2.8) 式可表示成

$$\int_{L_{AB}} (P\cos\alpha + Q\cos\beta + R\cos\gamma)\mathrm{d}s = \int_{L_{AB}} P\mathrm{d}x + Q\mathrm{d}y + R\mathrm{d}z,$$

称为**第二型曲线积分**, 也叫**对坐标的曲线积分**. 与此对应, 原来的线积分称为**第一型曲线积分**, 也叫**对弧长的曲线积分**.

显然, 当 $P(x, y, z) = 0, Q(x, y, z) = 0$ 或 $R(x, y, z) = 0$ 时, 分别得到

$$\int_{L_{AB}} P(x, y, z)\mathrm{d}x = \int_{L_{AB}} P(x, y, z)\cos\alpha\mathrm{d}s,$$

$$\int_{L_{AB}} Q(x, y, z)\mathrm{d}y = \int_{L_{AB}} Q(x, y, z)\cos\beta\mathrm{d}s,$$

$$\int_{L_{AB}} R(x, y, z)\mathrm{d}y = \int_{L_{AB}} R(x, y, z)\cos\gamma\mathrm{d}s.$$

需要指出, (2.8) 式不仅给出了第二型曲线积分的定义, 而且给出了它与第一型曲线积分的关系. 因此, 可以用第一型曲线积分的计算方法来计算第二型曲线积分.

6.2.3 面积分

1. 面积分

空间 2 维闭流形上的积分, 称为**面积分**. 空间 2 维流形是空间的曲面. 空间曲面的解析表达方式有一般式和参数式两种. 一般式方程写成如下形式:

$$F(x, y, z) = 0; \tag{2.9}$$

参数式方程为

$$\begin{cases} x = x(u, v), \\ y = y(u, v), \\ z = z(u, v). \end{cases} \tag{2.10}$$

在利用微元法时, 2 维闭流形被分割成 2 维小闭流形, 也就是小的曲面片. 此时, 流形的测度即为曲面的面积. 通常用 Σ 表示 2 维闭流形. 记

$$\mathrm{d}\mu = \mathrm{d}S, \quad \int_{\bar{\Omega}} f(x, y, z) \mathrm{d}\mu = \iint_{\Sigma} f(x, y, z) \mathrm{d}S.$$

例 2.3 设有一物件占有空间一有界曲面 Σ, 在曲面的点 M 处, 密度为 $\rho(M)$. 假定 $\rho(M)$ 在 Σ 上连续. 求该物件的质心.

我们先来看简单的情况. 设在空间直角坐标系 $Oxyz$ 中有 n 个质点, 它们分别位于点 $(x_1, y_1, z_1), (x_2, y_2, z_2), \cdots, (x_n, y_n, z_n)$ 处, 质量分别为 $m_1, m_2, \cdots, m_n$. 则该质点系的质心坐标为

$$\bar{x} = \frac{m_x}{m} = \frac{\sum\limits_{i=1}^{n} m_i x_i}{\sum\limits_{i=1}^{n} m_i}, \quad \bar{y} = \frac{m_y}{m} = \frac{\sum\limits_{i=1}^{n} m_i y_i}{\sum\limits_{i=1}^{n} m_i}, \quad \bar{z} = \frac{m_z}{m} = \frac{\sum\limits_{i=1}^{n} m_i z_i}{\sum\limits_{i=1}^{n} m_i},$$

其中, $m = \sum\limits_{i=1}^{n} m_i$ 为质点系的总质量,

$$m_x = \sum_{i=1}^{n} m_i x_i, \quad m_y = \sum_{i=1}^{n} m_i y_i, \quad m_z = \sum_{i=1}^{n} m_i z_i.$$

解 在曲面 Σ 上的任意一点 $M(x, y, z)$ 处, 取曲面微元 $\Delta\Sigma$, 微元 $\Delta\Sigma$ 的面积元素为 ΔS. 由于 $\Delta\Sigma$ 的直径很小, 且 $\rho(M)$ 在 Σ 上连续, 所以, 相应于 $\Delta\Sigma$ 部分的质量近似等于 $\rho(M)\Delta S$. 这部分质量可近似看成集中在点 M 上. 于是,

$$\mathrm{d}m_x = x\rho(x, y, z)\mathrm{d}S, \quad \mathrm{d}m_y = y\rho(x, y, z)\mathrm{d}S, \quad \mathrm{d}m_z = z\rho(x, y, z)\mathrm{d}S.$$

由 6.1 节的例 1.1, 曲面的质量为

$$m = \iint_{\Sigma} \rho(x, y, z)\mathrm{d}S.$$

所以, 物件的质心为

$$\bar{x} = \frac{m_x}{m} = \frac{\displaystyle\iint_{\Sigma} x\rho(x, y, z)\mathrm{d}S}{\displaystyle\iint_{\Sigma} \rho(x, y, z)\mathrm{d}S},$$

$$\bar{y} = \frac{m_y}{m} = \frac{\displaystyle\iint_{\Sigma} y\rho(x, y, z)\mathrm{d}S}{\displaystyle\iint_{\Sigma} \rho(x, y, z)\mathrm{d}S}, \quad \bar{z} = \frac{m_z}{m} = \frac{\displaystyle\iint_{\Sigma} z\rho(x, y, z)\mathrm{d}S}{\displaystyle\iint_{\Sigma} \rho(x, y, z)\mathrm{d}S}.$$

$$(2.11)$$

2. 二重积分

如果空间二维闭流形是 xOy 平面上的有界闭区域 D, 则曲面积分称为**二重积分**. 在这种情况下, $\Sigma = D, f(x, y, z) \equiv f(x, y), \mathrm{d}S = \mathrm{d}\sigma$, 面积分

$$\iint_{\Sigma} f(x, y, z)\mathrm{d}S = \iint_{D} f(x, y)\mathrm{d}\sigma.$$

D 称为**积分区域**, $\mathrm{d}\sigma$ 称为**面积元素**.

例 2.4   在空间直角坐标系中, 求曲顶柱体的体积.

所谓曲顶柱体是以 xOy 平面上的有界闭区域的边界曲线为准线, 而母线平行于 z 轴的柱面, 介于曲面 $z = f(x, y)$ 和 xOy 坐标平面之间的部分的立体. 这里我们假定 $f(x, y) \geqslant 0$.

解   用 V 表示曲顶柱体的体积. 在闭区域 D 上的任意一点 $M(x, y)$ 处, 取曲面微元 ΔD, 微元 ΔD 的面积元素为 $\Delta\sigma(= \Delta x \Delta y)$. 则把柱体上对应于 ΔD 的体积微元 ΔV 近似地看成以 ΔD 为底, $f(x, y)$ 为高的柱体. 因此,

$$\mathrm{d}V = f(x, y)\mathrm{d}\sigma.$$

于是,

$$V = \iint_{D} f(x, y)\mathrm{d}\sigma. \tag{2.12}$$

例 2.4 表明如果被积函数是非负的, 二重积分表示相应的曲顶柱体的体积.

3. 第二型曲面积分

我们来看一种特殊的面积分. 在这一段考虑的曲面都是指具有双侧的曲面, 例如上半球面 $z = \sqrt{a^2 - x^2 - y^2}$ 有上侧与下侧之分 (这里我们假定 z 轴是铅直向上

的); 又比如单位球面 $x^2 + y^2 + z^2 = 1$ 有内侧与外侧之分. 一般地, 曲面

$$\Sigma : z = z(x, y), \quad (x, y) \in D_{xy} \tag{2.13}$$

是具有双侧的曲面, 形象地说朝上的那一面叫做上侧, 朝下的那一面叫做下侧. 那么, 在数学上如何区分它们的上侧和下侧呢?

显然, 在曲面 Σ 上任一点 $M(x, y, z)$ 处, 都有两个方向相反的法向量. 因此, 利用其上所选定的法向量 $\boldsymbol{n}$ 和 z 轴正向的夹角 γ 的余弦 $\cos \gamma$, 就可以区分该曲面的上侧和下侧了: 当 $\cos \gamma > 0$ 时, 该面叫做曲面 Σ 的上侧; 当 $\cos \gamma < 0$ 时, 该面叫做曲面 Σ 的下侧. 类似地, 可以定义曲面的前侧和后侧, 左侧和右侧.

现在, 我们来讨论流体的流量问题. 设有稳定流动的不可压缩的流体 (设密度为 1) 以流速 $\boldsymbol{v}(M) = P(M)\boldsymbol{i} + Q(M)\boldsymbol{j} + R(M)\boldsymbol{k}$ 流过曲面 Σ, 我们来求在单位时间内流向曲面 Σ 指定侧的流量 Φ.

在曲面上任一点 $M(x, y, z)$ 处, 取一小片区域 $\Delta\Sigma$, 其面积记作 ΔS, 则在单位时间内流向这一小片区域 $\Delta\Sigma$ 的流量 $\Delta\Phi$, 近似地等于以 ΔS 为底, 以 $|\boldsymbol{v}(M)|$ 为斜高的斜柱体的体积 (图 6-5).

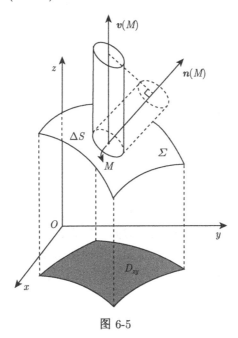

图 6-5

显然, 这个斜柱体的高为 $\boldsymbol{v}(M) \cdot \boldsymbol{n}(M)$, $\boldsymbol{n}(M)$ 为 Σ 上点 M 处的单位法向量. 所以, 流过 ΔS 的流量近似地等于

$$\Delta\Phi \approx \boldsymbol{v}(M) \cdot \boldsymbol{n}(M)\Delta S.$$

用 dΦ 表示流量 Φ 的微元, dS 表示曲面面积元素. 那么, 上式蕴含

$$\mathrm{d}\Phi = \boldsymbol{v}(M) \cdot \boldsymbol{n}(M)\mathrm{d}S.$$

若用 α, β, γ 来表示法向量 $\boldsymbol{n}(M)$ 的方向角, 则

$$\mathrm{d}\Phi = \boldsymbol{v}(M) \cdot \boldsymbol{n}(M)\mathrm{d}S = (P(M)\cos\alpha + Q(M)\cos\beta + R(M)\cos\gamma)\mathrm{d}S.$$

于是, 在 Σ 上积分, 便得单位时间内流过 Σ 的总流量

$$\Phi = \iint_{\Sigma} (P(x,y,z)\cos\alpha + Q(x,y,z)\cos\beta + R(x,y,z)\cos\gamma)\mathrm{d}S.$$

这是我们熟悉的面积分, 除了流量问题以外, 其他类似的问题中, 也会经常遇到类似的积分, 不过有些细心的读者已经发现, 这个曲面积分的被积函数中, 含有 $\cos\alpha, \cos\beta$ 和 $\cos\gamma$, 它们不仅与曲面上的点 M 的坐标有关, 而且与曲面 Σ 上所选定的侧有关. 因此, 它又是一个特殊的面积分, 通常把这类面积分叫做**第二型曲面积分**, 也叫**对坐标的曲面积分**, 记作

$$\iint_{\Sigma} P(x,y,z)\cos\alpha\mathrm{d}S = \iint_{\Sigma} P(x,y,z)\mathrm{d}y\mathrm{d}z,$$

$$\iint_{\Sigma} Q(x,y,z)\cos\beta\mathrm{d}S = \iint_{\Sigma} Q(x,y,z)\mathrm{d}z\mathrm{d}x,$$

$$\iint_{\Sigma} R(x,y,z)\cos\gamma\mathrm{d}S = \iint_{\Sigma} R(x,y,z)\mathrm{d}x\mathrm{d}y,$$

即

$$\iint_{\Sigma} (P(x,y,z)\cos\alpha + Q(x,y,z)\cos\beta + R(x,y,z)\cos\gamma)\mathrm{d}S$$

$$= \iint_{\Sigma} P(x,y,z)\mathrm{d}y\mathrm{d}z + Q(x,y,z)\mathrm{d}z\mathrm{d}x + R(x,y,z)\mathrm{d}x\mathrm{d}y, \tag{2.14}$$

其中 $P(x,y,z), Q(x,y,z), R(x,y,z)$ 叫做**被积函数**, Σ 叫做**积分曲面**. 与此对应, 原来的面积分称为**第一型曲面积分**, 也叫**对面积的曲面积分**.

需要指出, 公式 (2.14) 不仅给出了第二型曲面积分的定义, 而且给出了它与第一型曲面积分的关系. 因此, 可以用第一型曲面积分的计算方法来计算第二型曲面积分.

6.2.4 体积分

体积分通常称为**三重积分**. 它主要研究 3 维流形上的积分. 在这个情况下, 测度元素被称为体积元素. 习惯上记 $\mathrm{d}\mu = \mathrm{d}v$ 或 $\mathrm{d}\mu = \mathrm{d}x\mathrm{d}y\mathrm{d}z$, 并记积分

$$\int_{\bar{\Omega}} f(x,y,z)\mathrm{d}\mu = \iiint_{\bar{\Omega}} f(x,y,z)\mathrm{d}x\mathrm{d}y\mathrm{d}z.$$

$\bar{\Omega}$ 和 $f(x,y,z)$ 仍分别叫做**积分区域**和**被积函数**.

不难理解, 区域是流形. 后面, 为了书写和讨论的方便, 常常用 Ω, 而不是 $\bar{\Omega}$ 表示闭流形或闭区域. 在讨论面积分或体积分时, 习惯上用平面区域或区域代替二维流形或三维流形.

习　题　6.2

1. 利用定义计算定积分 $\int_0^1 x^2 \mathrm{d}x$ (提示:
$1^2 + 2^2 + \cdots + n^2 = \dfrac{1}{6}n(n+1)(2n+1)$).

2. 试用定积分表示由抛物线 $y = x^2 + 1$, 两直线 $x = a, x = b, b > a$, 以及 x 轴所围成的曲边梯形的面积.

3. 用第 1 题的结果计算右图中阴影部分的面积.

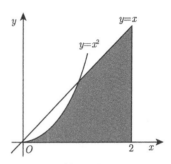

第 3 题图

4. 利用定积分的几何定义, 证明下列等式:

(1) $\int_0^1 2x\mathrm{d}x = 1$;

(2) $\int_0^1 \sqrt{1-x^2}\mathrm{d}x = \dfrac{\pi}{4}$;

(3) $\int_{-\pi}^{\pi} \sin x\mathrm{d}x = 0$;

(4) $\int_{-\frac{\pi}{2}}^{\frac{\pi}{2}} \cos x\mathrm{d}x = 2\int_0^{\frac{\pi}{2}} \cos x\mathrm{d}x$.

5. 比较下列积分值的大小:

(1) $\int_0^1 x^2\mathrm{d}x$ 与 $\int_0^1 x^3\mathrm{d}x$;

(2) $\int_0^{\frac{\pi}{2}} \sin^2 x\mathrm{d}x$ 与 $\int_0^{\frac{\pi}{2}} x^2\mathrm{d}x$;

(3) $\int_{\frac{1}{2}}^1 \sqrt{x}\ln x\mathrm{d}x$ 与 $\int_{\frac{1}{2}}^1 x\ln x\mathrm{d}x$;

(4) $\int_1^2 \left(x + \dfrac{1}{x} + \ln x\right)\mathrm{d}x$ 与 $\int_1^2 (2 + \ln x)\mathrm{d}x$.

6. 证明:

(1) $\dfrac{2\pi}{13} \leqslant \int_0^{2\pi} \dfrac{\mathrm{d}x}{10 + 3\cos x} \leqslant \dfrac{2\pi}{7}$;

(2) $\dfrac{\pi}{9} \leqslant \int_{\frac{1}{\sqrt{3}}}^{\sqrt{3}} x\arctan x\mathrm{d}x \leqslant \dfrac{2}{3}\pi$.

7. 利用积分中值定理证明: $\displaystyle\lim_{n\to\infty} \int_0^a \dfrac{x^n}{1+x}\mathrm{d}x = 0, 0 < a < 1$.

8. 试说明二重积分中值定理的几何意义.

9. 试用二重积分表示下列各量:

(1) 有一薄板位于 Oxy 平面上, 占有区域 D, 其上分布有面密度为 $\rho(x,y)$ 的电荷 Q;

(2) 半球 $x^2 + y^2 + z^2 \leqslant a^2, z \geqslant 0$ 的体积 V;

(3) 区域 D 的面积 S.

10. 利用积分定义证明:

(1) $\iint_D \mathrm{d}\sigma = \sigma, \sigma$ 为 D 的面积;

(2) $\iint_D k f(x, y) \mathrm{d}\sigma = k \iint_D f(x, y) \mathrm{d}\sigma, k$ 为常数.

11. 证明下列等式:

(1) $\iint_D (x + x^3 y^2) \mathrm{d}\sigma = 0$, 其中 D 为 $x^2 + y^2 \leqslant 4, y \geqslant 0$;

(2) $\iint_{D_1} (x^2 + y^2)^3 \mathrm{d}\sigma = 4 \iint_{D_2} (x^2 + y^2)^3 \mathrm{d}\sigma$, 其中 D_1 为矩形 $-1 \leqslant x \leqslant 1, -2 \leqslant y \leqslant 2, D_2$ 为矩形 $0 \leqslant x \leqslant 1, 0 \leqslant y \leqslant 2$.

12. 根据二重积分的性质, 比较下列积分的大小:

(1) $\iint_D \sin(x + y) \mathrm{d}\sigma$ 与 $\iint_D (x + y) \mathrm{d}\sigma$, 其中 D 为第一象限上任意闭区域;

(2) $\iint_D \ln(x + y) \mathrm{d}\sigma$ 与 $\iint_D (\ln(x + y))^2 \mathrm{d}\sigma$, 其中 D 为三角形区域, 三个顶点分别为 $(1, 0), (1, 1), (2, 0)$;

(3) $\iint_D \ln(x + y) \mathrm{d}\sigma$ 与 $\iint_D (\ln(x + y))^2 \mathrm{d}\sigma$, 其中 D 为矩形区域 $3 \leqslant x \leqslant 5, 0 \leqslant y \leqslant 1$.

13. 估计下列积分的值:

(1) $\iint_D (x + 2y - 1) \mathrm{d}\sigma$, 其中 D 是区域 $0 \leqslant x \leqslant 1, 0 \leqslant y \leqslant 2$;

(2) $\iint_D (x^2 + 4y^2 + 9) \mathrm{d}\sigma$, 其中 D 是圆域 $x^2 + y^2 \leqslant 4$.

14. 设 $f(x, y)$ 在区域 G 内连续, $M_0(x_0, y_0)$ 为 G 内任意一点, 证明:

(1) 若 $f(x_0, y_0) > 0 \ (< 0)$, 则存在 M_0 的某一邻域 $N(M_0, \delta)$, 使

$$\iint_N f(x, y) \mathrm{d}\sigma > \frac{\eta}{2} \sigma_0 \ \left(< \frac{\eta}{2} \sigma_0 \right),$$

其中 σ_0 为 N 的面积, $\eta = f(x_0, y_0)$;

(2) 若对 G 的任一子区域 D, 都有 $\iint_D f(x, y) \mathrm{d}x \mathrm{d}y = 0$, 则在 G 上, $f(x, y) \equiv 0$. (提示: 利用反证法和上题的结果.)

第7章 不定积分

微分学和积分学构成了高等数学的两大支柱, 是高等数学的核心. 第 6 章介绍了积分的概念和积分在实际生活中的应用. 如何计算这些积分成了积分学能否有效应用的关键. 为了解决积分的计算问题, 在本章中我们介绍不定积分的理论, 这一理论是积分计算的基础. 后面将看到, 流形上积分的计算问题, 最终要归结为计算不定积分.

7.1 不定积分的概念和性质

在微分中我们已经知道, 如果已知一个做直线运动物体的位置函数 $s = s(t)$, 那么, 它的运动速度是 $v(t) = s'(t)$. 在实际问题中我们也会遇到相反的问题: 已知做直线运动物体的运动速度 $v = v(t)$, 要找出该物体的运动规律, 即它的位置与运动时间的依赖关系 $s = s(t)$. 例如, 飞机降落到跑道时, 先是无刹车自由滑跑, 然后, 改为刹车减速滑跑. 假定使用刹车后的速度为

$$v(t) = 70 - 1.4t \text{ (米/秒)}. \tag{1.1}$$

为了不使飞机冲出跑道, 飞行员应该在距跑道尽头多远的地方开始使用刹车?

很明显, 飞行员必须保证飞机滑跑到跑道尽头时的速度降到零, 因此, 在 (1.1) 式中, 令 $v(t) = 0$, 获得从开始刹车到速度降为零的时间 $t = \dfrac{70}{1.4} = 50$(秒). 这样, 问题归结为求滑跑距离函数 $s(t)$ 在 $t = 50$ 时的值.

现在, 我们来寻求函数 $s = s(t)$, 使得

$$v(t) = s'(t) = 70 - 1.4t,$$

并且 $s(0) = 0$ (这是因为要把开始刹车的地方作为计算距离的始点). 根据微分的知识, 容易猜到

$$s(t) = 70t - \frac{1.4}{2}t^2.$$

于是, $s(50) = 1750$(米). 因此, 为保障安全, 飞行员至少要在距跑道尽头 1750 米处开始刹车.

从数学角度来说, 上述例子的实质是: 要找一个函数 $s = s(t)$, 使得它的导数 $s'(t)$ 等于已知函数 $v(t)$, 即 $s'(t) = v(t)$. 这就是本章要讨论的中心问题.

7.1.1 原函数与不定积分的概念

定义 1.1 已知 $f(x)$ 是一个定义在某一区间内的函数. 如果存在函数 $F(x)$, 使得在该区间的任何一点都有

$$F'(x) = f(x),$$

或

$$\mathrm{d}F(x) = f(x)\mathrm{d}x,$$

那么, 在该区间内我们就称函数 $F(x)$ 为 $f(x)$ 的**原函数**.

例如, $\sin x$ 是 $\cos x$ 的原函数; $\ln x$ 是 $\dfrac{1}{x}$ 的原函数.

引进了原函数概念后, 上述问题就可以叙述为: 已知函数 $f(x)$, 要找出它的原函数 $F(x)$. 这正是微分学中求导问题的逆问题, 也是积分学中的一个基本问题.

关于原函数, 我们可以提出这样几个问题:

(1) 原函数的存在性问题, 即 $f(x)$ 具备什么条件, 能保证它的原函数一定存在? 以后我们将会证明: 如果 $f(x)$ 在某一区间内连续, 那么在该区间内它的原函数一定存在.

(2) 如果 $f(x)$ 有原函数, 那么原函数一共有多少? 对于一个给定的函数 $f(x)$, 假如它有原函数 $F(x)$, 那么它便有无穷多个原函数, 因为对任何常数 C, 都有

$$(F(x) + C)' = F'(x) = f(x),$$

即 $F(x) + C$ 也是 $f(x)$ 的原函数.

(3) 除了形如 $F(x) + C$ 的函数之外, $f(x)$ 还有没有其他的原函数? 回答是没有了, 事实上, 如果 $F(x)$ 和 $G(x)$ 都是 $f(x)$ 的原函数, 即

$$F'(x) = G'(x) = f(x),$$

那么

$$(F(x) - G(x))' = 0.$$

由 5.1 节的例 1.1 知,

$$F(x) - G(x) = C,$$

其中 C 是某一常数. 可见, $f(x)$ 的其他原函数的一般表达式是

$$F(x) + C.$$

定义 1.2 函数 $f(x)$ 的原函数的一般表达式被称为 $f(x)$ 的不定积分, 记作

$$\int f(x)\mathrm{d}x,$$

其中 $\displaystyle\int$ 叫做**积分符号**, 函数 $f(x)$ 叫做**被积函数**, $f(x)\mathrm{d}x$ 叫做**被积表达式**, x 叫做**积分变量**.

如果 $F(x)$ 是 $f(x)$ 的一个原函数, 根据定义, 有

$$\int f(x)\mathrm{d}x = F(x) + C.$$

由此容易导出下面的关系式:

$$\left(\int f(x)\mathrm{d}x\right)' = f(x),$$

或

$$\mathrm{d}\left(\int f(x)\mathrm{d}x\right) = f(x)\mathrm{d}x.$$

因此,

$$\int F'(x)\mathrm{d}x = F(x) + C,$$

或

$$\int \mathrm{d}F(x) = F(x) + C.$$

这表明, 如果不计较常数, 求导运算与求不定积分运算互为逆运算, 如减法是加法的逆运算一样.

7.1.2 基本积分表

由定义可知, 为求一个函数的不定积分, 只需求出它的原函数. 因此, 把某函数的求导公式反过来用, 相应地也就得到导函数的不定积分公式. 参照基本初等函数的求导公式, 可以列出如下基本积分表:

(1) $\displaystyle\int \mathrm{d}x = x + C;$ (2) $\displaystyle\int x^{\mu}\mathrm{d}x = \frac{x^{\mu+1}}{\mu+1} + C, \mu \neq -1;$

(3) $\displaystyle\int \frac{\mathrm{d}x}{x} = \ln|x| + C;$ (4) $\displaystyle\int \frac{1}{1+x^2}\mathrm{d}x = \arctan x + C;$

(5) $\displaystyle\int \frac{1}{\sqrt{1-x^2}}\mathrm{d}x = \arcsin x + C;$ (6) $\displaystyle\int \cos x\mathrm{d}x = \sin x + C;$

(7) $\displaystyle\int \sin x\mathrm{d}x = -\cos x + C;$ (8) $\displaystyle\int \sec^2 x\mathrm{d}x = \tan x + C;$

(9) $\displaystyle\int \csc^2 x\mathrm{d}x = -\cot x + C;$ (10) $\displaystyle\int \sec x\tan x\mathrm{d}x = \sec x + C;$

(11) $\displaystyle\int \csc x \cot x \mathrm{d}x = -\csc x + C;$ (12) $\displaystyle\int \mathrm{e}^x \mathrm{d}x = \mathrm{e}^x + C;$

(13) $\displaystyle\int a^x \mathrm{d}x = \dfrac{a^x}{\ln a} + C;$ (14) $\displaystyle\int \mathrm{sh} x \mathrm{d}x = \mathrm{ch} x + C;$

(15) $\displaystyle\int \mathrm{ch}\, x \mathrm{d}x = \mathrm{sh}\, x + C.$

7.1.3　不定积分的性质

在计算不定积分时, 经常用到下面两个运算性质.

性质 1　函数和的不定积分等于各个函数的不定积分之和, 即

$$\int (f(x) + g(x))\mathrm{d}x = \int f(x)\mathrm{d}x + \int g(x)\mathrm{d}x. \tag{1.2}$$

证　根据求导法则,

$$\left(\int f(x)\mathrm{d}x + \int g(x)\mathrm{d}x\right)' = \left(\int f(x)\mathrm{d}x\right)' + \left(\int g(x)\mathrm{d}x\right)' = f(x) + g(x).$$

这表明 $\displaystyle\int f(x)\mathrm{d}x + \int g(x)\mathrm{d}x$ 是 $f(x) + g(x)$ 的原函数, 即

$$\int (f(x) + g(x))\mathrm{d}x = \int f(x)\mathrm{d}x + \int g(x)\mathrm{d}x.$$

性质 2　被积函数中非零的常数因子可以提到积分号外面, 即

$$\int kf(x)\mathrm{d}x = k\int f(x)\mathrm{d}x, \quad k \text{ 是非零常数}.$$

证明作为练习留给读者.

例 1.1　求 $\displaystyle\int \sqrt{x}(x^2 - 5)\mathrm{d}x.$

解　$\displaystyle\int \sqrt{x}(x^2 - 5)\mathrm{d}x = \int \left(x^{\frac{5}{2}} - 5x^{\frac{1}{2}}\right)\mathrm{d}x = \int x^{\frac{5}{2}}\mathrm{d}x - 5\int x^{\frac{1}{2}}\mathrm{d}x$

$$= \frac{2}{7}x^{\frac{7}{2}} - 5 \times \frac{2}{3}x^{\frac{3}{2}} + C$$

$$= \frac{2}{7}x^3\sqrt{x} - \frac{10}{3}x\sqrt{x} + C.$$

这里, 在分项积分后, 每个不定积分的结果都会有任意常数, 但由于任意常数之和仍为任意常数. 因此, 只要总的写出一个常数就可以了.

例 1.2　求 $\displaystyle\int \dfrac{(x-1)^3}{x^2}\mathrm{d}x.$

解
$$\int \frac{(x-1)^3}{x^2}\mathrm{d}x = \int \frac{x^3 - 3x^2 + 3x - 1}{x^2}\mathrm{d}x$$
$$= \int x\mathrm{d}x - 3\int \mathrm{d}x + 3\int \frac{\mathrm{d}x}{x} - \int \frac{\mathrm{d}x}{x^2}$$
$$= \frac{x^2}{2} - 3x + 3\ln x + \frac{1}{x} + C.$$

例 1.3　求 $\displaystyle\int (\mathrm{e}^x - 3\cos x)\mathrm{d}x$.

解
$$\int (\mathrm{e}^x - 3\cos x)\mathrm{d}x = \int \mathrm{e}^x\mathrm{d}x - 3\int \cos x\mathrm{d}x = \mathrm{e}^x - 3\sin x + C.$$

例 1.4　求 $\displaystyle\int 2^x\mathrm{e}^x\mathrm{d}x$.

解
$$\int 2^x\mathrm{e}^x\mathrm{d}x = \int (2\mathrm{e})^x\mathrm{d}x = \frac{(2\mathrm{e})^x}{\ln(2\mathrm{e})} + C = \frac{2^x\mathrm{e}^x}{1 + \ln 2} + C.$$

例 1.5　求 $\displaystyle\int \frac{1 + x + x^2}{x(1 + x^2)}\mathrm{d}x$.

解　基本积分表中没有这种类型的积分. 因此, 先把被积函数变形, 化为表中所列类型的积分表达式, 再逐项求积分.

$$\int \frac{1 + x + x^2}{x(1 + x^2)}\mathrm{d}x = \int \left(\frac{1}{1 + x^2} + \frac{1}{x}\right)\mathrm{d}x$$
$$= \int \frac{1}{1 + x^2}\mathrm{d}x + \int \frac{\mathrm{d}x}{x}$$
$$= \arctan x + \ln x + C.$$

例 1.6　求 $\displaystyle\int \frac{x^4}{1 + x^2}\mathrm{d}x$.

解　同例 1.5 一样, 经过变形, 化为表中所列类型之后, 就可以逐项积分.

$$\int \frac{x^4}{1 + x^2}\mathrm{d}x = \int \frac{(x^2 + 1)(x^2 - 1) + 1}{1 + x^2}\mathrm{d}x$$
$$= \int \left(x^2 - 1 + \frac{1}{1 + x^2}\right)\mathrm{d}x$$
$$= \int x^2\mathrm{d}x - \int \mathrm{d}x + \int \frac{\mathrm{d}x}{1 + x^2}$$
$$= \frac{1}{3}x^3 - x + \arctan x + C.$$

例 1.7　求 $\displaystyle\int \tan^2 x\mathrm{d}x$.

解　先利用三角恒等式变形, 再求积分.

$$\int \tan^2 x \mathrm{d}x = \int (\sec^2 x - 1)\mathrm{d}x = \int \sec^2 x \mathrm{d}x - \int \mathrm{d}x = \tan x - x + C.$$

例 1.8　求 $\int \sin^2 \dfrac{x}{2}\, \mathrm{d}x$.

解　同上例一样, 先变形, 再求积分.

$$\begin{aligned}
\int \sin^2 \frac{x}{2}\mathrm{d}x &= \frac{1}{2} \int (1 - \cos x)\mathrm{d}x \\
&= \frac{1}{2} \int \mathrm{d}x - \frac{1}{2} \int \cos x \mathrm{d}x \\
&= \frac{1}{2}(x - \sin x) + C.
\end{aligned}$$

例 1.9　求 $\int \dfrac{\mathrm{d}x}{\sin^2 x \cos^2 x}$.

解　同上例一样, 先用到三角恒等式变形, 然后逐项积分.

$$\begin{aligned}
\int \frac{\mathrm{d}x}{\sin^2 x \cos^2 x} &= \int \frac{\sin^2 x + \cos^2 x}{\sin^2 x \cos^2 x}\mathrm{d}x \\
&= \int \frac{\mathrm{d}x}{\cos^2 x} + \int \frac{\mathrm{d}x}{\sin^2 x} \\
&= \tan x - \cot x + C.
\end{aligned}$$

习　题　7.1

1. 用基本积分表公式计算下列不定积分:

(1) $\int \dfrac{\mathrm{d}x}{x^3}$;　　　　　　　　　　　　(2) $\int x^2 \sqrt[3]{x}\mathrm{d}x$;

(3) $\int (\sqrt{x} + 1)\left(x + \dfrac{1}{x}\right)\mathrm{d}x$;　　　(4) $\int \dfrac{x^2}{1 + x^2}\mathrm{d}x$;

(5) $\int \left(2\mathrm{e}^x + \dfrac{3}{x}\right)\mathrm{d}x$;　　　　　(6) $\int \left(\dfrac{3}{1 + x^2} - \dfrac{2}{\sqrt{1 - x^2}}\right)\mathrm{d}x$;

(7) $\int (a^x - 2\sin x)\mathrm{d}x$;　　　　　(8) $\int (2^x + 3^x)^2 \mathrm{d}x$;

(9) $\int 5^x \mathrm{e}^x \mathrm{d}x$;　　　　　　　　(10) $\int (3\cos x - \csc^2 x)\mathrm{d}x$;

(11) $\int \mathrm{e}^{\frac{x}{2}} \mathrm{sh}\dfrac{x}{2}\mathrm{d}x$;　　　　　(12) $\int \cos^2 \dfrac{x}{2}\mathrm{d}x$;

(13) $\int \cot^2 x \mathrm{d}x$;　　　　　　　(14) $\int \left(2\sec^2 x - \dfrac{1}{1 + x^2}\right)\mathrm{d}x$;

(15) $\displaystyle\int \frac{1+2x^2}{x^2(1+x^2)}\mathrm{d}x$; 　　　　(16) $\displaystyle\int \sec x(\sec x - \tan x)\mathrm{d}x$;

(17) $\displaystyle\int \frac{4\sin^3 x - 1}{\sin^2 x}\mathrm{d}x$; 　　　(18) $\displaystyle\int \left(\cos\frac{x}{2} - \sin\frac{x}{2}\right)^2 \mathrm{d}x$;

(19) $\displaystyle\int \frac{\cos 2x}{\cos^2 x \sin^2 x}\mathrm{d}x$; 　　　(20) $\displaystyle\int \frac{\cos 2x}{\cos x - \sin x}\mathrm{d}x$.

2. 设曲线通过点 $(1, 2)$, 且其上任一点处的切线斜率等于这点横坐标的两倍, 求此曲线的方程.

3. 一质点做直线运动. 已知其速度为 $v = \sin t$, 而且 $S|_{t=0} = S_0$, 求 t 时刻质点的位移 $S(t)$.

4. 证明函数 $\frac{1}{2}\sin^2 x, -\frac{1}{4}\cos 2x, -\frac{1}{2}\cos^2 x$ 都是同一函数的原函数.

5. 证明本节性质 2.

7.2　换元积分法

现在我们利用复合函数的求导法则, 来推出不定积分的变量替换公式. 根据复合函数求导的 "链锁规则", 当函数 $y = F(u)$ 和 $u = \varphi(x)$ 都可导时, 有

$$(F(\varphi(x)))' = F'(\varphi(x)) \cdot \varphi'(x) = f(\varphi(x)) \cdot \varphi'(x), \tag{2.1}$$

其中 $F'(u) = f(u)$, 也就是说

$$\int f(u)\mathrm{d}u = F(u) + C. \tag{2.2}$$

根据不定积分的定义, 由 (2.1) 式便知

$$\int f(\varphi(x))\varphi'(x)\mathrm{d}x = F(\varphi(x)) + C. \tag{2.3}$$

若 $u = \varphi(x)$, 则 (2.2) 式和 (2.3) 式右端是相同的, 因此, 其左端也相等. 这样我们得到

$$\int f(\varphi(x))\varphi'(x)\mathrm{d}x = \int f(u)\mathrm{d}u, \tag{2.4}$$

此处 $u = \varphi(x)$. 公式 (2.4) 被称为**换元积分公式**.

换元积分公式并没有指出计算不定积分的确定性办法, 使我们只要使用它便立即能得到结果, 但是利用它可以将一个不定积分转换成另一个不定积分. 这种转换的目的就在于它可以使难以计算的积分化成容易计算的积分. 例如, 若所求的积分可以表示为公式 (2.4) 左边的形式, 则令 $u = \varphi(x)$, 就化为右边 $f(u)$ 对 u 的积分, 积分后再把 u 换回 $\varphi(x)$ 就可以了.

对公式 (2.4) 我们还可以从另一个角度来理解: 为了求公式 (2.4) 右端的积分, 可以把 u 看成是另一个变量 x 的可微函数 $u = \varphi(x)$, 然后就化为左边 $f(\varphi(x))\varphi'(x)$ 对 x 的积分, 积分后再用 $u = \varphi(x)$ 的反函数 $x = \varphi^{-1}(u)$ 代回到所得结果中去就可以了. 当然, 这就需要 $\varphi(x)$ 有较好的性质, 如其反函数存在等. 另外, 据不定积分的定义, 公式 (2.4) 右端的 $\mathrm{d}u$ 是积分记号的一部分, 它并没有微分的意思. 有了公式 (2.4) 后, $\mathrm{d}u$ 可以被解释成微分, 使之与 $\varphi'(x)\mathrm{d}x$ 对应, 还可以把公式 (2.4) 写成

$$\int f(\varphi(x))\mathrm{d}\varphi(x) = \int f(u)\mathrm{d}u, \quad u = \varphi(x). \tag{2.5}$$

注意到这点, 利用换元法积分时, 常常会带来不少方便.

例 2.1　求 $\int \cos(2x + 3)\mathrm{d}x$.

解　这个积分在基本积分表中查不到, 但由于

$$\int \cos(2x + 3)\mathrm{d}x = \frac{1}{2} \int \cos(2x + 3)\mathrm{d}(2x + 3),$$

若令 $u = 2x + 3$, 则原积分化为 $\frac{1}{2} \int \cos u \mathrm{d}u$, 积分之后将 $u = 2x + 3$ 代回, 便得

$$\int \cos(2x + 3)\mathrm{d}x = \frac{1}{2} \int \cos u \mathrm{d}u = \frac{1}{2} \sin u + C = \frac{1}{2} \sin(2x + 3) + C.$$

例 2.2　求 $\int \dfrac{\mathrm{e}^{\sqrt{x}}\mathrm{d}x}{\sqrt{x}}$.

解　由于 $\dfrac{\mathrm{d}x}{\sqrt{x}} = 2\mathrm{d}\sqrt{x}$, 故可令 $u = \sqrt{x}$. 于是,

$$\int \frac{\mathrm{e}^{\sqrt{x}}\mathrm{d}x}{\sqrt{x}} = 2 \int \mathrm{e}^u \mathrm{d}u = 2\mathrm{e}^u + C = 2\mathrm{e}^{\sqrt{x}} + C.$$

对变量替换熟练之后, 就无须写出中间变量.

例 2.3　求 $\int \dfrac{\mathrm{d}x}{x(1 + 2\ln x)}$.

解　$\int \dfrac{\mathrm{d}x}{x(1 + 2\ln x)} = \int \dfrac{\mathrm{d}\ln x}{1 + 2\ln x} = \dfrac{1}{2} \int \dfrac{\mathrm{d}(1 + 2\ln x)}{1 + 2\ln x} = \dfrac{1}{2} \ln(1 + 2\ln x) + C.$

在例 2.3 中, 我们实际上已经用了变量替换 $u = 1 + 2\ln x$, 并在求出积分 $\int \dfrac{\mathrm{d}u}{u}$ 之后代回了原积分变量 x, 只是没有把这些步骤写出来而已.

例 2.4　求 $\int \tan x \mathrm{d}x$.

解 $\displaystyle\int \tan x \mathrm{d}x = \int \frac{\sin x}{\cos x}\mathrm{d}x = -\int \frac{\mathrm{d}\cos x}{\cos x} = -\ln\cos x + C = \ln\sec x + C.$

类似地, 可得

$$\int \cot x \mathrm{d}x = -\ln\csc x + C.$$

例 2.5 求 $\displaystyle\int \frac{\mathrm{d}x}{\sin x}$.

解 利用例 2.4 的结果, 得

$$\int \frac{\mathrm{d}x}{\sin x} = \int \frac{\cos^2 \dfrac{x}{2} + \sin^2 \dfrac{x}{2}}{2\sin\dfrac{x}{2}\cos\dfrac{x}{2}}\mathrm{d}x = \int (\tan u + \cot u)\mathrm{d}u \quad \left(u = \frac{x}{2}\right)$$

$$= \ln\sec u - \ln\csc u + C = \ln\tan\frac{x}{2} + C.$$

因为

$$\tan\frac{x}{2} = \frac{1 - \cos x}{\sin x} = \csc x - \cot x,$$

所以, 上述不定积分又可表示为

$$\int \csc x \mathrm{d}x = \ln(\csc x - \cot x) + C.$$

由此, 又可得到

$$\int \sec x \mathrm{d}x = \int \csc\left(x + \frac{\pi}{2}\right)\mathrm{d}x = \ln\left(\csc\left(x + \frac{\pi}{2}\right) - \cot\left(x + \frac{\pi}{2}\right)\right) + C$$

$$= \ln(\sec x + \tan x) + C.$$

下面讨论积分

$$\int \frac{\mathrm{d}x}{x^2 + 2px + q}. \tag{2.6}$$

这是在实践中比较常见的类型.

1) $p = 0, q > 0$.

例 2.6 求 $\displaystyle\int \frac{\mathrm{d}x}{x^2 + a^2}, a \neq 0$.

解 $\displaystyle\int \frac{\mathrm{d}x}{x^2 + a^2} = \int \frac{\mathrm{d}x}{a^2\left(\left(\dfrac{x}{a}\right)^2 + 1\right)} = \frac{1}{a}\int \frac{\mathrm{d}\left(\dfrac{x}{a}\right)}{\left(\dfrac{x}{a}\right)^2 + 1} = \frac{1}{a}\arctan\frac{x}{a} + C.$

2) $p = 0, q < 0$.

例 2.7 求 $\displaystyle\int \frac{\mathrm{d}x}{x^2 - a^2}, a \neq 0$.

解 $\displaystyle\int \frac{\mathrm{d}x}{x^2 - a^2} = \int \frac{\mathrm{d}x}{(x-a)(x+a)} = \frac{1}{2a}\int \left(\frac{1}{x-a} - \frac{1}{x+a}\right)\mathrm{d}x$

$$= \frac{1}{2a} \left(\int \frac{\mathrm{d}x}{x-a} - \int \frac{\mathrm{d}x}{x+a} \right)$$

$$= \frac{1}{2a} (\ln(x-a) - \ln(x+a)) + C = \frac{1}{2a} \ln \frac{x-a}{x+a} + C.$$

3) $p \neq 0, p^2 - q < 0$.

这时利用例 2.6 的结果, 得

$$\int \frac{\mathrm{d}x}{x^2 + 2px + q} = \int \frac{\mathrm{d}(x+p)}{(x+p)^2 + (q - p^2)} = \frac{1}{\sqrt{q - p^2}} \arctan \frac{x+p}{\sqrt{q - p^2}} + C.$$

4) $p \neq 0, p^2 - q > 0$.

这时,

$$x^2 + 2px + q = (x-a)(x-b),$$

其中 $a = -p + \sqrt{p^2 - q}, b = -p - \sqrt{p^2 - q}$. 于是,

$$\int \frac{\mathrm{d}x}{x^2 + 2px + q} = \int \frac{\mathrm{d}x}{(x-a)(x-b)} = \frac{1}{a-b} \int \left(\frac{1}{x-a} - \frac{1}{x-b} \right) \mathrm{d}x$$

$$= \frac{1}{a-b} (\ln(x-a) - \ln(x-b)) + C = \frac{1}{a-b} \ln \frac{x-a}{x-b} + C.$$

5) $p \neq 0, p^2 - q = 0$.

这时,

$$x^2 + 2px + q = (x+p)^2.$$

故

$$\int \frac{\mathrm{d}x}{x^2 + 2px + q} = \int \frac{\mathrm{d}x}{(x+p)^2} = -\frac{1}{x+p} + C.$$

上述这些积分都是形如 $\int f(\varphi(x))\varphi'(x)\mathrm{d}x$ 的积分, 经过变量代换 $u = \varphi(x)$ 后变成 $\int f(u)\mathrm{d}u$, 也就是从公式 (2.4) 的左端变成右端.

下面列举换元公式 (2.4) 反向使用的例子, 即不定积分 $\int f(x)\mathrm{d}x$ 经过代换 $x = \varphi(t)$ 化为不定积分 $\int f(\varphi(t))\varphi'(t)\mathrm{d}t$, 积分之后再把 $t = \varphi^{-1}(x)$ 代入, 换回原来的变量 x (这就当然要求反函数 $\varphi^{-1}(x)$ 存在). 这时, 换元公式可写成如下形式:

$$\int f(x)\mathrm{d}x = \int f(\varphi(t))\varphi'(t)\mathrm{d}t, \quad t = \varphi^{-1}(x). \tag{2.7}$$

例 2.8 求 $\int \sqrt{a^2 - x^2}\mathrm{d}x, a > 0$.

解 作正弦代换 $x = a\sin t, -\dfrac{\pi}{2} < t < \dfrac{\pi}{2}$. 则

$$\sqrt{a^2 - x^2} = a\cos t, \quad \mathrm{d}x = a\cos t\,\mathrm{d}t.$$

故

$$\int \sqrt{a^2 - x^2}\,\mathrm{d}x = \int a^2\cos^2 t\,\mathrm{d}t = \frac{a^2}{2}\int (1 + \cos 2t)\,\mathrm{d}t$$

$$= \frac{a^2}{2}\left(t + \frac{1}{2}\sin 2t\right) + C = \frac{a^2}{2}(t + \sin t\cos t) + C.$$

又 $t = \arcsin\dfrac{x}{a}, \sin t = \dfrac{x}{a}$, 且 $\cos t = \sqrt{1 - \sin^2 t} = \dfrac{1}{a}\sqrt{a^2 - x^2}$, 于是,

$$\int \sqrt{a^2 - x^2}\,\mathrm{d}x = \frac{a^2}{2}\arcsin\frac{x}{a} + \frac{1}{2}x\sqrt{a^2 - x^2} + C.$$

例 2.9 求 $\displaystyle\int \frac{1}{\sqrt{x^2 + a^2}}\,\mathrm{d}x, a > 0$.

解 作正切代换 $x = a\tan t, -\dfrac{\pi}{2} < t < \dfrac{\pi}{2}$. 则

$$\sqrt{x^2 + a^2} = a\sec t, \quad \mathrm{d}x = a\sec^2 t\,\mathrm{d}t.$$

于是, 利用例 2.5 的结果, 便得

$$\int \frac{1}{\sqrt{x^2 + a^2}}\,\mathrm{d}x = \int \sec t\,\mathrm{d}t = \ln(\sec t + \tan t) + C.$$

由于 $\tan t = \dfrac{x}{a}, \sec t = \sqrt{1 + \tan^2 x} = \dfrac{\sqrt{x^2 + a^2}}{a}$, 所以

$$\int \frac{1}{\sqrt{x^2 + a^2}}\,\mathrm{d}x = \ln(x + \sqrt{x^2 + a^2}) + C_1, \quad C_1 = C - \ln a.$$

例 2.10 求 $\displaystyle\int \frac{1}{\sqrt{x^2 - a^2}}\,\mathrm{d}x, a > 0$.

解 作正割代换 $x = a\sec t$. 不妨设 $0 < t < \dfrac{\pi}{2}$. $\dfrac{\pi}{2} < t < \pi$ 的情况类似讨论. 则

$$\sqrt{x^2 - a^2} = a\tan t.$$

和上例一样, 我们得到

$$\int \frac{1}{\sqrt{x^2 - a^2}}\,\mathrm{d}x = \int \sec t\,\mathrm{d}t = \ln(\sec t + \tan t) + C$$

$$= \ln(x + \sqrt{x^2 - a^2}) + C_1.$$

例 2.11 求 $\displaystyle\int \frac{\sqrt{a^2-x^2}}{x^4}\mathrm{d}x$.

解 作倒代换: $x=\dfrac{1}{t}$, 则 $\mathrm{d}x=-\dfrac{\mathrm{d}t}{t^2}$. 于是,

$$\int \frac{\sqrt{a^2-x^2}}{x^4}\mathrm{d}x = \int t^4\sqrt{a^2-\frac{1}{t^2}}\left(-\frac{\mathrm{d}t}{t^2}\right) = -\int \sqrt{a^2t^2-1}\,|t|\mathrm{d}t.$$

当 $x>0$ 时, 有

$$\int \frac{\sqrt{a^2-x^2}}{x^4}\mathrm{d}x = -\frac{1}{2a^2}\int \sqrt{a^2t^2-1}\,\mathrm{d}(a^2t^2-1)$$

$$= -\frac{(a^2t^2-1)^{\frac{3}{2}}}{3a^2}+C = -\frac{(a^2-x^2)^{\frac{3}{2}}}{3a^2x^3}+C.$$

当 $x<0$ 时, 有相同的结果. 因此, 对任何 x, 总有

$$\int \frac{\sqrt{a^2-x^2}}{x^4}\mathrm{d}x = -\frac{(a^2-x^2)^{\frac{3}{2}}}{3a^2x^3}+C.$$

从上面的四个例子可以看出, 如果被积函数含有 $\sqrt{a^2-x^2}$, 可以作正弦代换 $x=a\sin t$ 化去根式; 如果被积函数含有 $\sqrt{x^2+a^2}$, 可以作正切代换 $x=a\tan t$ 化去根式; 如果被积函数含有 $\sqrt{x^2-a^2}$, 可以作正割代换 $x=a\sec t$ 化去根式; 如果被积函数的分母中含有因子 x^m, 常常用倒代换 $x=\dfrac{1}{t}$ 就可消去分母中的变量因子 x. 当然, 在具体解题时要分析被积函数的具体情况, 选取尽可能简捷的代换, 不要拘泥于上述的变量代换.

在本节的例题中, 有几个积分是我们以后经常会遇到的. 所以, 把它们作为公式来记住是非常方便的.

(1) $\displaystyle\int \tan x\mathrm{d}x = \ln\sec x + C$; 　　 (2) $\displaystyle\int \cot x\mathrm{d}x = -\ln\csc x + C$;

(3) $\displaystyle\int \sec x\mathrm{d}x = \ln(\sec x + \tan x) + C$; (4) $\displaystyle\int \csc x\mathrm{d}x = \ln(\csc x - \cot x) + C$;

(5) $\displaystyle\int \frac{\mathrm{d}x}{a^2+x^2} = \frac{1}{a}\arctan\frac{x}{a} + C$; (6) $\displaystyle\int \frac{\mathrm{d}x}{x^2-a^2} = \frac{1}{2a}\ln\frac{x-a}{x+a} + C$;

(7) $\displaystyle\int \frac{\mathrm{d}x}{\sqrt{a^2-x^2}} = \arcsin\frac{x}{a} + C$; (8) $\displaystyle\int \frac{\mathrm{d}x}{\sqrt{x^2\pm a^2}} = \ln(x+\sqrt{x^2\pm a^2}) + C$.

作为本节的结尾, 我们来讨论积分

$$\int \frac{\mathrm{d}x}{\sqrt{ax^2+bx+c}}, \quad a\neq 0. \tag{2.8}$$

这也是在实践中常见的积分.

当 $a > 0$ 时, 被积函数根号中的二次三项式可化为二项式: $ax^2 + bx + c = a(x^2 + 2px + q) = a((x+p)^2 + (q-p^2))$, 其中 $p = \dfrac{b}{2a}$, $q = \dfrac{c}{a}$. 因此, 利用公式 (8) 得到

$$\int \frac{\mathrm{d}x}{\sqrt{ax^2 + bx + c}} = \frac{1}{\sqrt{a}} \ln\left((x+p) + \sqrt{x^2 + 2px + q}\right) + C.$$

当 $a < 0$ 时,

$$\sqrt{ax^2 + bx + c} = \sqrt{-a}\sqrt{-x^2 - 2px - q} = \sqrt{-a}\sqrt{(p^2 - q) - (x+p)^2},$$

其中 $p = \dfrac{b}{2a}$, $q = \dfrac{c}{a}$. 由于 $ax^2 + bx + c > 0$, 而 $a < 0$, 所以其判别式恒正, 即 $b^2 - 4ac > 0$. 因此, $p^2 - q > 0$. 从而, 由公式 (7),

$$\int \frac{\mathrm{d}x}{\sqrt{ax^2 + bx + c}} = \frac{1}{\sqrt{-a}} \arcsin \frac{x+p}{\sqrt{p^2 - q}} + C.$$

习 题 7.2

1. 已知 $\int f(u)\,\mathrm{d}u = F(u) + C$, 将适当的函数填入下列括号内, 使等式成立:

(1) $\int f(ax + b)\,\mathrm{d}x = (\quad) F(ax + b) + C$; (2) $\int \dfrac{f'(x)}{f(x)}\mathrm{d}x = (\quad) + C$;

(3) $\int f(x^2)(\quad)\,\mathrm{d}x = F(x^2) + C$; (4) $\int f(\sqrt{x})(\quad)\,\mathrm{d}x = F(\sqrt{x}) + C$;

(5) $\int f\left(\dfrac{1}{x}\right)(\quad)\,\mathrm{d}x = F\left(\dfrac{1}{x}\right) + C$; (6) $\int f(\quad)\dfrac{\mathrm{d}x}{x} = F(\ln x) + C$;

(7) $\int f(\quad)\dfrac{\mathrm{d}x}{1 + x^2} = F(\arctan x) + C$;

(8) $\int f(\arcsin x)(\quad)\,\mathrm{d}x = F(\arcsin x) + C$;

(9) $\int f(\quad)\sec^2 x\,\mathrm{d}x = F(\quad) + C$;

(10) $\int f\left(\ln\left(x + \sqrt{x^2 + a^2}\right)\right)(\quad)\,\mathrm{d}x = F(\quad) + C$;

(11) $\int f(\quad)(\quad)\,\mathrm{d}x = F(\mathrm{e}^x) + C$.

2. 计算下列不定积分:

(1) $\int (3 - 2x)^3\,\mathrm{d}x$; (2) $\int \dfrac{\mathrm{e}^{\frac{1}{x}}}{x^2}\mathrm{d}x$;

(3) $\int \dfrac{x^2\,\mathrm{d}x}{\sqrt{1 - x^6}}$; (4) $\int \dfrac{\sin\sqrt{x}}{\sqrt{x}}\mathrm{d}x$;

(5) $\int \dfrac{\arctan x}{1+x^2}\mathrm{d}x$;

(6) $\int \dfrac{\mathrm{d}x}{x\cdot\ln x\cdot\ln\ln x}$;

(7) $\int \dfrac{x\mathrm{d}x}{\sqrt{2-3x^2}}$;

(8) $\int \dfrac{\cot x}{\ln\sin x}\mathrm{d}x$;

(9) $\int \dfrac{\sin 2x}{1+\sin^4 x}\mathrm{d}x$;

(10) $\int \dfrac{\sin x+\cos x}{\sqrt[3]{\sin x-\cos x}}\mathrm{d}x$;

(11) $\int \dfrac{1+\cos x}{x+\sin x}\mathrm{d}x$;

(12) $\int \tan x\cdot\sec^7 x\mathrm{d}x$;

(13) $\int \tan\sqrt{1+x^2}\cdot\dfrac{x\mathrm{d}x}{\sqrt{1+x^2}}$;

(14) $\int \dfrac{\mathrm{d}x}{\mathrm{e}^x+\mathrm{e}^{-x}}$;

(15) $\int \dfrac{\arctan\sqrt{x}}{\sqrt{x}(1+x)}\mathrm{d}x$;

(16) $\int \dfrac{1+\ln x}{(x\ln x)^2}\mathrm{d}x$;

(17) $\int \dfrac{(\arcsin\sqrt{x})^2}{\sqrt{x}\sqrt{1-x}}\mathrm{d}x$;

(18) $\int \dfrac{\ln\tan x}{\sin x\cdot\cos x}\mathrm{d}x$;

(19) $\int \dfrac{\sin^2 x}{\cos^4 x}\mathrm{d}x$;

(20) $\int \dfrac{\mathrm{d}x}{\sin^2 x+4\cos^2 x}$.

3. 计算下列不定积分:

(1) $\int \dfrac{\mathrm{d}x}{x^2+8x+17}$;

(2) $\int \dfrac{\mathrm{d}x}{2x^2-2x-4}$;

(3) $\int \dfrac{\mathrm{d}x}{\sqrt{x^2+6x+14}}$;

(4) $\int \dfrac{\mathrm{d}x}{\sqrt{(x-1)(x+3)}}$;

(5) $\int \dfrac{\mathrm{d}x}{\sqrt{39+10x-x^2}}$;

(6) $\int \dfrac{\mathrm{d}x}{\sqrt{(x+5)(3-x)}}$.

4. 用适当的代换计算下列不定积分:

(1) $\int \dfrac{\sqrt{a^2-x^2}}{x^2}\mathrm{d}x$;

(2) $\int \dfrac{\mathrm{d}x}{x\sqrt{4-x^2}}$;

(3) $\int \dfrac{\mathrm{d}x}{x\sqrt{x^2+1}}$;

(4) $\int \dfrac{\mathrm{d}x}{(x^2+a^2)\sqrt{x^2+a^2}}$;

(5) $\int \dfrac{\sqrt{x^2-9}}{x}\mathrm{d}x$;

(6) $\int \dfrac{\mathrm{d}x}{x\sqrt{x^2-1}}$;

(7) $\int \dfrac{\mathrm{d}x}{x\sqrt{x^2+2x-1}}$;

(8) $\int \dfrac{\sqrt{(9-x^2)^3}}{x^6}\mathrm{d}x$.

5. 设 $A=\int \dfrac{\sin x\mathrm{d}x}{\sin x+2\cos x}$, $B=\int \dfrac{\cos x\mathrm{d}x}{\sin x+2\cos x}$. 试求:

(1) $A+2B$;   (2) $B-2A$;   (3) A;   (4) B.

7.3 分部积分法

在求不定积分时, 经常用到的另一重要法则是分部积分法, 它是以两个函数乘

积的求导公式为基础的. 具体地, 设函数 $u = u(x)$ 和 $v = v(x)$ 具有连续导数, 那么

$$(uv)' = u'v + uv',$$

或

$$uv' = (uv)' - u'v.$$

于是, 两边求不定积分, 得到

$$\int uv' \mathrm{d}x = uv - \int u'v \mathrm{d}x. \tag{3.1}$$

公式 (3.1) 称为**分部积分公式**. 利用它, 可以把难求的不定积分 $\int uv' \mathrm{d}x$ 转化为比较容易求的不定积分 $\int u'v \mathrm{d}x$ 来计算. 为记忆简便起见, 可将公式 (3.1) 写成

$$\int u \mathrm{d}v = uv - \int v \mathrm{d}u. \tag{3.2}$$

例 3.1 求 $\int x \ln x \mathrm{d}x$.

解 设 $u = \ln x, \mathrm{d}v = x \mathrm{d}x = \frac{1}{2}\mathrm{d}(x^2)$. 代入 (3.2) 式得

$$\begin{aligned}
\int x \ln x \mathrm{d}x &= \frac{1}{2} \int \ln x \mathrm{d}(x^2) = \frac{1}{2} x^2 \ln x - \frac{1}{2} \int x^2 \mathrm{d}(\ln x) \\
&= \frac{1}{2} x^2 \ln x - \frac{1}{2} \int x \mathrm{d}x \\
&= \frac{1}{2} x^2 \ln x - \frac{1}{4} x^2 + C.
\end{aligned}$$

在用分部积分法求不定积分时, 函数 u 和 v 的选取是非常重要的. 如果选取不当, 就求不出结果. 例如, 在例 3.1 中, 如果取 $u = x$, $\mathrm{d}v = \ln x \mathrm{d}x$, 那么情况将会变得很糟!

例 3.2 求 $\int \arccos x \mathrm{d}x$.

解 设 $u = \arccos x$, $\mathrm{d}v = \mathrm{d}x$. 那么, 由 (3.2) 式得

$$\begin{aligned}
\int \arccos x \mathrm{d}x &= x \arccos x - \int x \mathrm{d}(\arccos x) \\
&= x \arccos x + \int \frac{x \mathrm{d}x}{\sqrt{1 - x^2}} \\
&= x \arccos x - \int \frac{1}{2}(1 - x^2)^{-\frac{1}{2}} \mathrm{d}(1 - x^2) \\
&= x \arccos x - \sqrt{1 - x^2} + C.
\end{aligned}$$

例 3.3　求 $\int x\arctan x\mathrm{d}x$.

解　令 $u=\arctan x$, $\mathrm{d}v=x\mathrm{d}x=\dfrac{1}{2}\mathrm{d}(x^2)$. 于是,

$$
\begin{aligned}
\int x\arctan x\mathrm{d}x &= \frac{1}{2}\int \arctan x\mathrm{d}(x^2)\\
&= \frac{x^2}{2}\arctan x-\frac{1}{2}\int x^2\mathrm{d}(\arctan x)\\
&= \frac{x^2}{2}\arctan x-\frac{1}{2}\int \frac{x^2}{1+x^2}\mathrm{d}x\\
&= \frac{x^2}{2}\arctan x-\frac{1}{2}\int\left(1-\frac{1}{1+x^2}\right)\mathrm{d}x\\
&= \frac{x^2}{2}\arctan x-\frac{1}{2}(x-\arctan x)+C.
\end{aligned}
$$

一般来说, 如果被积函数是多项式和对数函数、多项式和反三角函数的乘积时, 就可以考虑用分部积分法来积分, 并设对数函数和反三角函数为 u.

例 3.4　求 $\int \mathrm{e}^x\sin x\mathrm{d}x$.

解　利用分部积分法, 得

$$
\begin{aligned}
\int \mathrm{e}^x\sin x\mathrm{d}x &= \int \sin x\mathrm{d}(\mathrm{e}^x)=\sin x\mathrm{e}^x-\int \mathrm{e}^x\mathrm{d}\sin x\\
&= \mathrm{e}^x\sin x-\int \mathrm{e}^x\cos x\mathrm{d}x.
\end{aligned}
$$

等式右端最后的积分和等式左端的积分是同类型的, 对右端的积分再次用分部积分法, 得

$$
\begin{aligned}
\int \mathrm{e}^x\cos x\mathrm{d}x &= \int \cos x\mathrm{d}(\mathrm{e}^x)\\
&= \mathrm{e}^x\cos x-\int \mathrm{e}^x\mathrm{d}(\cos x)\\
&= \mathrm{e}^x\cos x+\int \mathrm{e}^x\sin x\mathrm{d}x.
\end{aligned}
$$

因此,

$$
\int \mathrm{e}^x\sin x\mathrm{d}x=\mathrm{e}^x(\sin x-\cos x)-\int \mathrm{e}^x\sin x\mathrm{d}x.
$$

移项后, 得

$$
\int \mathrm{e}^x\sin x\mathrm{d}x=\frac{1}{2}\mathrm{e}^x(\sin x-\cos x)+C.
$$

上式右端已不包含积分项, 所以必须加上任意常数 C.

例 3.5 求 $\int \sec^3 x \mathrm{d}x$.

解 利用分部积分法, 注意到

$$
\begin{aligned}
\int \sec^3 x \mathrm{d}x &= \int \sec x \mathrm{d}(\tan x) \\
&= \sec x \tan x - \int \tan x \mathrm{d}(\sec x) \\
&= \sec x \tan x - \int \sec x \tan^2 x \mathrm{d}x \\
&= \sec x \tan x - \int \sec x (\sec^2 x - 1) \mathrm{d}x \\
&= \sec x \tan x - \int \sec^3 x \mathrm{d}x + \int \sec x \mathrm{d}x \\
&= \sec x \tan x + \ln(\sec x + \tan x) - \int \sec^3 x \mathrm{d}x.
\end{aligned}
$$

于是, 将上式右端最后一项积分移到等式左端, 整理后便得

$$
\int \sec^3 x \mathrm{d}x = \frac{1}{2}(\sec x \tan x + \ln(\sec x + \tan x)) + C.
$$

例 3.6 设 n 为正整数, 求 $I_n = \int x^n \mathrm{e}^x \mathrm{d}x$.

解 令 $u = x^n$. 则 $\mathrm{d}v = \mathrm{e}^x \mathrm{d}x = \mathrm{d}(\mathrm{e}^x)$. 于是,

$$
\int x^n \mathrm{e}^x \mathrm{d}x = \int x^n \mathrm{d}(\mathrm{e}^x) = x^n \mathrm{e}^x - \int \mathrm{e}^x \mathrm{d}(x^n) = x^n \mathrm{e}^x - n \int x^{n-1} \mathrm{e}^x \mathrm{d}x.
$$

这样, 得到关于 I_n 的递推公式

$$
I_n = x^n \mathrm{e}^x - n I_{n-1}. \tag{3.3}
$$

当 $n = 0$ 时, 容易算出

$$
I_0 = \int \mathrm{e}^x \mathrm{d}x = \mathrm{e}^x + C.
$$

反复运用递推公式 (3.3), 便可求出 I_n, $n = 1, 2, \cdots$. 例如,

$$
I_2 = \int x^2 \mathrm{e}^x \mathrm{d}x = x^2 \mathrm{e}^x - 2I_1 = x^2 \mathrm{e}^x - 2(x\mathrm{e}^x - I_0) = x^2 \mathrm{e}^x - 2x\mathrm{e}^x + 2\mathrm{e}^x + C_1,
$$

$$
I_3 = \int x^3 \mathrm{e}^x \mathrm{d}x = x^3 \mathrm{e}^x - 3I_2 = x^3 \mathrm{e}^x - 3x^2 \mathrm{e}^x + 6x\mathrm{e}^x - 6\mathrm{e}^x + C_2,
$$

等等.

例 3.7 设 n 是正整数, 求 $J_n = \int x^n \cos x \mathrm{d}x$, $I_n = \int x^n \sin x \mathrm{d}x$.

解　$J_n = \displaystyle\int x^n \cos x \mathrm{d}x = \int x^n \mathrm{d}(\sin x) = x^n \sin x - \int \sin x \mathrm{d}(x^n)$

$\qquad = x^n \sin x - n \displaystyle\int x^{n-1} \sin x \mathrm{d}x = x^n \sin x - n I_{n-1},$

即

$$J_n = x^n \sin x - n I_{n-1}. \tag{3.4}$$

同理,

$$I_n = -x^n \cos x + n J_{n-1}. \tag{3.5}$$

当 $n = 0$ 时, 容易算出

$$J_0 = \sin x + C, \quad I_0 = -\cos x + C.$$

由此反复利用公式 (3.4) 和 (3.5) 便可求 J_n 和 I_n ($n = 1, 2, \cdots$). 例如,

$$J_1 = x \sin x - I_0 = x \sin x + \cos x + C,$$

$$I_1 = -x \cos x + J_0 = -x \cos x + \sin x + C,$$

$$J_2 = x^2 \sin x - 2 I_1 = x^2 \sin x + 2x \cos x - 2 \sin x + C,$$

$$I_2 = -x^2 \cos x + 2 J_1 = -x^2 \cos x + 2x \sin x + 2 \cos x + C,$$

等等.

由这些例子可见, 当被积函数是多项式和指数函数或多项式和正 (余) 弦函数的乘积时, 就可考虑用分部积分法来求积分, 并设多项式为 u, 运用一次分部积分后, 就可使多项式的次数降低一次.

习　题　7.3

1. 设 $f(x)$ 具有二阶连续导数, 且 $\displaystyle\int f(x)\mathrm{d}x = F(x) + C$, 求下列不定积分:

(1) $\displaystyle\int x f'(x) \mathrm{d}x$;

(2) $\displaystyle\int x^2 f''(x) \mathrm{d}x$.

2. 用分部积分法 (有的先作变量替换) 求下列不定积分:

(1) $\displaystyle\int \arcsin x \mathrm{d}x$;

(2) $\displaystyle\int (x^2 + x + 1) \mathrm{e}^{-x} \mathrm{d}x$;

(3) $\displaystyle\int x^2 \ln x \mathrm{d}x$;

(4) $\displaystyle\int \mathrm{e}^x \cos^2 x \mathrm{d}x$;

(5) $\displaystyle\int \ln(x + \sqrt{x^2 + 1}) \mathrm{d}x$;

(6) $\displaystyle\int (x^2 - 1) \sin x \cos x \mathrm{d}x$;

(7) $\displaystyle\int \arctan \sqrt{x} \mathrm{d}x$;

(8) $\displaystyle\int \mathrm{e}^{\sqrt[3]{x}} \mathrm{d}x$;

(9) $\int \sin(\ln x)\mathrm{d}x$;

(10) $\int x\sec^2 x\mathrm{d}x$;

(11) $\int \sec^2 x\ln(\cos x)\mathrm{d}x$;

(12) $\int \dfrac{x\mathrm{d}x}{1+\cos x}$;

(13) $\int x\tan^2 x\mathrm{d}x$;

(14) $\int \dfrac{(\ln x)^3}{x^2}\mathrm{d}x$;

(15) $\int \dfrac{x\sin x+\cos x}{x^2}\mathrm{d}x$;

(16) $\int \dfrac{x\mathrm{e}^x}{(1+x)^2}\mathrm{d}x$;

(17) $\int \dfrac{x\cos x}{\sin^3 x}\mathrm{d}x$;

(18) $\int \dfrac{x\arctan x}{\sqrt{x^2+1}}\mathrm{d}x$;

(19) $\int \dfrac{x\arcsin x}{\sqrt{1-x^2}}\mathrm{d}x$;

(20) $\int (\arcsin x)^2\mathrm{d}x$;

(21) $\int \dfrac{\arcsin\sqrt{x}}{\sqrt{1-x}}\mathrm{d}x$;

(22) $\int \dfrac{\arctan x}{(x^2+1)^{\frac{3}{2}}}\mathrm{d}x$;

(23) $\int \dfrac{\ln x}{(x^2+1)^{\frac{3}{2}}}\mathrm{d}x$;

(24) $\int \dfrac{x^2\arccos x}{\sqrt{1-x^2}}\mathrm{d}x$.

3. 设 $g(x)$ 具有连续导数, 且 $g'(x)=f(x)$. 证明:

$$\int (xf(x)+g(x))\mathrm{d}x = xg(x)+C,$$

并利用这个结果求下列积分:

(1) $\int (2x^2\cos x^2+\sin x^2)\mathrm{d}x$;

(2) $\int (2x^2-1)\mathrm{e}^{-x^2}\mathrm{d}x$.

7.4　几种特殊类型函数的积分

　　求不定积分, 原则上讲就是前几节所讲的那些方法: 一张基本积分表、一个变量替换法则 (2.4) 和一个分部积分法则 (3.2). 但是, 将它们结合起来灵活运用, 并不是一件容易的事情. 本节中, 我们对一些比较常见的函数, 分类介绍它们积分方法的要点.

7.4.1　有理函数的积分

　　所谓有理函数, 是指形如

$$R(x)=\frac{P(x)}{Q(x)}=\frac{a_0x^n+a_1x^{n-1}+\cdots+a_{n-1}x+a_n}{b_0x^m+b_1x^{m-1}+\cdots+b_{m-1}x+b_m} \tag{4.1}$$

的函数, 其中 n 和 m 都是正整数或零, 并且 $a_0\neq 0$, $b_0\neq 0$.

　　以下总假定在分子多项式 $P(x)$ 与分母多项式 $Q(x)$ 之间没有公因子, 并且分子多项式 $P(x)$ 的次数 n 小于分母多项式 $Q(x)$ 的次数 m, 即 $n<m$. 这时, 称有理函数 $R(x)$ 是真分式. 如果 $n\geqslant m$, 那么利用多项式的除法, 总可以把 $R(x)$ 化成一

个多项式和一个真分式之和的形式. 因此, 只要会求真分式的不定积分, 那么有理函数的不定积分, 也就迎刃而解了.

下面我们通过一些典型例子来给出真分式的积分方法的要点.

1) 分母仅有单实根的情形.

例 4.1　求 $\int \dfrac{3x+1}{x^2-3x+2}\mathrm{d}x$.

解　被积函数的分母可以因式分解成

$$x^2-3x+2=(x-1)(x-2).$$

这时, 被积函数必能表成如下的简单分式之和:

$$\frac{3x+1}{x^2-3x+2}=\frac{3x+1}{(x-1)(x-2)}=\frac{A}{x-1}+\frac{B}{x-2},$$

其中 A 和 B 是待定常数, 可以用如下待定系数法求出. 将上式两端乘以 $(x-1)\cdot$
$(x-2)$ 得

$$3x+1=A(x-2)+B(x-1). \tag{4.2}$$

在等式 (4.2) 中, 代入特殊的 x 值, 从而求出待定常数 A 和 B. 例如, 在 (4.2) 式中分别令 $x=1,x=2$ 得

$$A=-4,\quad B=7,$$

于是

$$\frac{3x+1}{x^2-3x+2}=\frac{-4}{x-1}+\frac{7}{x-2}.$$

从而

$$\int \frac{3x+1}{x^2-3x+2}\mathrm{d}x=\int \frac{-4}{x-1}\mathrm{d}x+\int \frac{7}{x-2}\mathrm{d}x$$
$$=7\ln(x-2)-4\ln(x-1)+C=\ln\frac{(x-2)^7}{(x-1)^4}+C.$$

2) 分母有多重实根的情形.

例 4.2　求 $\int \dfrac{\mathrm{d}x}{x(x-1)^2}$.

解　这时, 被积函数必能分解成如下的简单分式之和:

$$\frac{1}{x(x-1)^2}=\frac{A}{x}+\frac{B}{x-1}+\frac{C}{(x-1)^2}.$$

两边乘以 $x(x-1)^2$ 可得

$$1=A(x-1)^2+Bx(x-1)+Cx.$$

为确定常数 A, B 和 C, 分别令 $x = 0$, $x = 1$, $x = -1$, 得

$$A = 1, \quad C = 1, \quad 4A + 2B - C = 1.$$

于是, $A = 1$, $B = -1$, $C = 1$. 从而,

$$\frac{1}{x(x-1)^2} = \frac{1}{x} - \frac{1}{x-1} + \frac{1}{(x-1)^2}.$$

所以,

$$\int \frac{1}{x(x-1)^2} \mathrm{d}x = \int \frac{\mathrm{d}x}{x} - \int \frac{\mathrm{d}x}{x-1} + \int \frac{\mathrm{d}x}{(x-1)^2}$$

$$= \ln x - \ln(x-1) - \frac{1}{x-1} + C = \ln \frac{x}{x-1} - \frac{1}{x-1} + C.$$

例 4.3 求 $\displaystyle\int \frac{3x^3 - 1}{(x+1)^2(x-1)^3} \mathrm{d}x$.

解 被积函数可以分解成

$$\frac{3x^3 - 1}{(x+1)^2(x-1)^3} = \frac{A}{x+1} + \frac{B}{(x+1)^2} + \frac{C}{x-1} + \frac{D}{(x-1)^2} + \frac{E}{(x-1)^3},$$

故

$$3x^3 - 1 = A(x+1)(x-1)^3 + B(x-1)^3 + C(x+1)^2(x-1)^2$$
$$+ D(x+1)^2(x-1) + E(x+1)^2.$$

依次令 $x = 1$, $x = -1$, $x = 0$, $x = 2$, $x = -2$ 得

$$\begin{cases} 4E = 2, \\ -8B = -4, \\ -A - B + C - D + E = -1, \\ 3A + B + 9C + 9D + 9E = 23, \\ 27A - 27B + 9C - 3D + E = -25. \end{cases}$$

由此容易解出 $A = -\dfrac{3}{8}$, $B = \dfrac{1}{2}$, $C = \dfrac{3}{8}$, $D = \dfrac{7}{4}$, $E = \dfrac{1}{2}$. 那么

$$\frac{3x^3 - 1}{(x+1)^2(x-1)^3} = -\frac{3}{8(x+1)} + \frac{1}{2(x+1)^2} + \frac{3}{8(x-1)} + \frac{7}{4(x-1)^2} + \frac{1}{2(x-1)^3}.$$

于是

$$\int \frac{3x^3 - 1}{(x+1)^2(x-1)^3} \mathrm{d}x = -\frac{3}{8} \int \frac{\mathrm{d}x}{x+1} + \frac{1}{2} \int \frac{\mathrm{d}x}{(x+1)^2} + \frac{3}{8} \int \frac{\mathrm{d}x}{x-1}$$

$$+\frac{7}{4}\int\frac{\mathrm{d}x}{(x-1)^2}+\frac{1}{2}\int\frac{\mathrm{d}x}{(x-1)^3}$$

$$=-\frac{3}{8}\ln(x+1)-\frac{1}{2(x+1)}+\frac{3}{8}\ln(x-1)$$

$$-\frac{7}{4(x-1)}-\frac{1}{4(x-1)^2}+C$$

$$=\frac{3}{8}\ln\frac{x-1}{x+1}-\frac{1}{2(x+1)}-\frac{7}{4(x-1)}-\frac{1}{4(x-1)^2}+C.$$

3) 分母有单重复根的情形.

例 4.4   求 $\int\dfrac{1}{1-x^4}\mathrm{d}x.$

解   这时, 被积函数可分解成

$$\frac{1}{1-x^4}=\frac{1}{(1-x)(1+x)(1+x^2)}=\frac{A}{1-x}+\frac{B}{1+x}+\frac{Cx+D}{1+x^2}.$$

两端乘以 $1-x^4$ 可得

$$1=A(1+x)(1+x^2)+B(1-x)(1+x^2)+(Cx+D)(1-x)(1+x)$$

$$=(A-B-C)x^3+(A+B-D)x^2+(A-B+C)x+(A+B+D).$$

比较 x 的同次幂的系数便得

$$\begin{cases} A-B-C=0, \\ A+B-D=0, \\ A-B+C=0, \\ A+B+D=1. \end{cases}$$

容易算出 $A=B=\dfrac{1}{4},C=0,D=\dfrac{1}{2}.$ 从而

$$\frac{1}{1-x^4}=\frac{1}{4(1-x)}+\frac{1}{4(1+x)}+\frac{1}{2(1+x^2)}.$$

于是

$$\int\frac{\mathrm{d}x}{1-x^4}=\frac{1}{4}\int\frac{\mathrm{d}x}{1-x}+\frac{1}{4}\int\frac{\mathrm{d}x}{1+x}+\frac{1}{2}\int\frac{\mathrm{d}x}{1+x^2}=\frac{1}{4}\ln\frac{1+x}{1-x}+\frac{1}{2}\arctan x+C.$$

4) 分母有多重复根的情形.

例 4.5   求 $\int\dfrac{x^4-x^3-2x}{(x+1)(x^2+1)^2}\mathrm{d}x.$

解 将被积函数分解成

$$\frac{x^4 - x^3 - 2x}{(x+1)(x^2+1)^2} = \frac{A}{x+1} + \frac{Bx+C}{x^2+1} + \frac{Dx+E}{(x^2+1)^2}.$$

两端乘以 $(x+1)(x^2+1)^2$ 得

$$x^4 - x^3 - 2x = A(x^2+1)^2 + (Bx+C)(x+1)(x^2+1) + (Dx+E)(x+1)$$
$$= (A+B)x^4 + (B+C)x^3 + (2A+B+C+D)x^2$$
$$+ (B+C+D+E)x + (A+C+E).$$

比较 x 的同次幂的系数, 便得

$$\begin{cases} A+B = 1, \\ B+C = -1, \\ 2A+B+C+D = 0, \\ B+C+D+E = -2, \\ A+C+E = 0. \end{cases}$$

解得 $A=1, B=0, C=-1, D=-1, E=0$. 因此,

$$\frac{x^4 - x^3 - 2x}{(x+1)(x^2+1)^2} = \frac{1}{x+1} - \frac{1}{x^2+1} - \frac{x}{(x^2+1)^2}.$$

从而

$$\int \frac{x^4 - x^3 - 2x}{(x+1)(x^2+1)^2} \mathrm{d}x = \int \frac{1}{x+1} \mathrm{d}x - \int \frac{1}{x^2+1} \mathrm{d}x - \int \frac{x}{(x^2+1)^2} \mathrm{d}x$$
$$= \ln(x+1) - \arctan x + \frac{1}{2(x^2+1)} + C.$$

例 4.6 求

$$\int \frac{\mathrm{d}x}{(x^2+1)^n}, \quad n \text{ 为正整数}. \tag{4.3}$$

解 利用分部积分法,

$$I_n = \int \frac{\mathrm{d}x}{(x^2+1)^n} = \frac{x}{(x^2+1)^n} - \int x \mathrm{d}\left(\frac{1}{(x^2+1)^n}\right)$$
$$= \frac{x}{(x^2+1)^n} + 2n \int \frac{x^2}{(x^2+1)^{n+1}} \mathrm{d}x$$
$$= \frac{x}{(x^2+1)^n} + 2n \int \left(\frac{x^2+1}{(x^2+1)^{n+1}} - \frac{1}{(x^2+1)^{n+1}}\right) \mathrm{d}x$$

$$= \frac{x}{(x^2 + 1)^n} + 2nI_n - 2nI_{n+1}.$$

于是, 有如下递推公式:

$$I_{n+1} = \frac{x}{2n(x^2 + 1)^n} + \frac{2n - 1}{2n}I_n. \tag{4.4}$$

容易算出

$$I_1 = \int \frac{\mathrm{d}x}{x^2 + 1} = \arctan x + C,$$

$$I_2 = \int \frac{\mathrm{d}x}{(x^2 + 1)^2} = \frac{x}{2(x^2 + 1)} + \frac{1}{2}I_1 = \frac{x}{2(x^2 + 1)} + \frac{1}{2}\arctan x + C.$$

依次类推可以求出一切 I_n.

可以证明, 任何有理真分式都可以分解成简单分式 $\dfrac{A}{(x - a)^k}$ 与 $\dfrac{Bx + C}{(x^2 + px + q)^k}$
(k 为自然数, $p^2 - 4q < 0$) 之和, 其一般步骤如下:

(1) 将分母多项式 $Q(x)$ 因式分解

$$Q(x) = b_0(x - a)^\alpha \cdots (x - b)^\beta \cdot (x^2 + px + q)^\lambda \cdots (x^2 + rx + s)^\mu,$$

其中 $p^2 - 4q < 0, \cdots, r^2 - 4s < 0$.

(2) 把真分式 $\dfrac{P(x)}{Q(x)}$ 写成简单分式之和的形式

$$\frac{P(x)}{Q(x)} = \frac{A_1}{x - a} + \frac{A_2}{(x - a)^2} + \cdots + \frac{A_\alpha}{(x - a)^\alpha} + \cdots$$

$$+ \frac{B_1}{x - b} + \frac{B_2}{(x - b)^2} + \cdots + \frac{B_\beta}{(x - b)^\beta}$$

$$+ \frac{C_1 x + D_1}{x^2 + px + q} + \frac{C_2 x + D_2}{(x^2 + px + q)^2} + \cdots + \frac{C_\lambda x + D_\lambda}{(x^2 + px + q)^\lambda} + \cdots$$

$$+ \frac{E_1 x + F_1}{x^2 + rx + s} + \frac{E_2 x + F_2}{(x^2 + rx + s)^2} + \cdots + \frac{E_\mu x + F_\mu}{(x^2 + rx + s)^\mu},$$

其中 A_i, B_i, C_i, D_i, E_i 和 F_i 等都是待定常数.

(3) 利用待定系数法求出上述诸待定常数. 因此, 可以求得积分 $\displaystyle\int \frac{P(x)}{Q(x)}\mathrm{d}x$. 于
是可以看出, 有理函数的原函数都是初等函数.

7.4.2　三角函数的有理式的积分

所谓三角函数的有理式是指由三角函数经过有限次四则运算所生成的函数. 这

种函数的不定积分可通过适当的变量替换转化为有理函数的不定积分, 然后, 利用前面已介绍过的方法便可求得结果.

例 4.7 求 $\int \sin^2 x \cos^3 x \mathrm{d}x$.

解 作代换 $t = \sin x$, 则

$$\int \sin^2 x \cos^3 x \mathrm{d}x = \int \sin^2 x (1 - \sin^2 x) \cos x \mathrm{d}x = \int t^2 (1 - t^2) \mathrm{d}t$$

$$= \frac{t^3}{3} - \frac{t^5}{5} + C = \frac{\sin^3 x}{3} - \frac{\sin^5 x}{5} + C.$$

例 4.8 求 $\int \dfrac{\sin^5 x}{\cos^4 x} \mathrm{d}x$.

解 作代换 $t = \cos x$, 则

$$\int \frac{\sin^5 x}{\cos^4 x} \mathrm{d}x = \int \frac{(1 - \cos^2 x)^2}{\cos^4 x} \sin x \mathrm{d}x = -\int \frac{t^4 - 2t^2 + 1}{t^4} \mathrm{d}t$$

$$= -t - \frac{2}{t} + \frac{1}{3t^3} + C = -\cos x - 2\sec x + \frac{1}{3}\sec^3 x + C.$$

例 4.9 求 $\int \dfrac{\mathrm{d}x}{\sin^2 x \cos x}$.

解 作代换 $t = \sin x$, 则

$$\int \frac{\mathrm{d}x}{\sin^2 x \cos x} = \int \frac{\cos x \mathrm{d}x}{\sin^2 x (1 - \sin^2 x)} = \int \frac{\mathrm{d}t}{t^2 (1 - t^2)} = \int \left(\frac{1}{t^2} + \frac{1}{1 - t^2} \right) \mathrm{d}t$$

$$= -\frac{1}{t} + \frac{1}{2} \ln \frac{1+t}{1-t} + C = -\frac{1}{\sin x} + \frac{1}{2} \ln \frac{1 + \sin x}{1 - \sin x} + C$$

$$= -\frac{1}{\sin x} + \ln \tan \left(\frac{\pi}{4} + \frac{x}{2} \right) + C.$$

例 4.10 求 $\int \dfrac{\mathrm{d}x}{\cos^5 x}$.

解 作代换 $t = \sin x$, 则

$$\int \frac{\mathrm{d}x}{\cos^5 x} = \int \frac{\cos x \mathrm{d}x}{(1 - \sin^2 x)^3} = \int \frac{\mathrm{d}t}{(1 - t^2)^3} = \frac{1}{8} \int \left(\frac{1}{1-t} + \frac{1}{1+t} \right)^3 \mathrm{d}t$$

$$= \frac{1}{8} \int \left(\frac{1}{(1-t)^3} + \frac{3}{(1-t)^2(1+t)} + \frac{3}{(1-t)(1+t)^2} + \frac{1}{(1+t)^3} \right) \mathrm{d}t$$

$$= \frac{1}{8} \int \left(\frac{1}{(1-t)^3} + \frac{3}{2(1-t)^2} + \frac{3}{2(1-t)} + \frac{3}{2(1+t)} + \frac{3}{2(1+t)^2} + \frac{1}{(1+t)^3} \right) \mathrm{d}t$$

$$= \frac{1}{8}\left(\frac{1}{2(1-t)^2} + \frac{3}{2(1-t)} - \frac{3}{2}\ln(1-t) + \frac{3}{2}\ln(1+t) - \frac{3}{2(1+t)} - \frac{1}{2(1+t)^2}\right) + C$$

$$= \frac{1}{8}\left(\frac{2t}{(1-t^2)^2} + \frac{3t}{1-t^2} + \frac{3}{2}\ln\frac{1+t}{1-t}\right) + C$$

$$= \frac{\sin x}{4\cos^4 x} + \frac{3\sin x}{8\cos^2 x} + \frac{3}{8}\ln\tan\left(\frac{x}{2} + \frac{\pi}{4}\right) + C.$$

从例 4.7—例 4.10 可以看出, 被积函数为形如 $\sin^m x \cdot \cos^n x$ (m 和 n 为整数) 的积分, 如果指数 m 和 n 中至少有一个是正的 (或负的) 奇数, 则用替换 $t = \sin x$ (或 $t = \cos x$) 立即可以得到有理化.

例 4.11 求 $\displaystyle\int \frac{\mathrm{d}x}{\sin^4 x \cos^2 x}$.

解 作代换 $t = \tan x$, 则

$$\cos^2 x = \frac{1}{1+t^2}, \quad \sin^2 x = \frac{t^2}{1+t^2}, \quad \mathrm{d}x = \frac{\mathrm{d}t}{1+t^2}.$$

故

$$\int \frac{\mathrm{d}x}{\sin^4 x \cos^2 x} = \int \frac{(1+t^2)^2}{t^4}\mathrm{d}t = \int \left(1 + \frac{2}{t^2} + \frac{1}{t^4}\right)\mathrm{d}t$$

$$= t - \frac{2}{t} - \frac{1}{3t^3} + C = \tan x - 2\cot x - \frac{1}{3}\cot^3 x + C.$$

例 4.12 求 $\displaystyle\int \sin^2 x \cos^4 x\mathrm{d}x$.

解 同上例一样, 作代换 $t = \tan x$ 是合适的, 但是这种场合利用倍角公式更为简单,

$$\sin^2 x \cos^4 x = \frac{1}{8}\sin^2 2x(1 + \cos 2x) = \frac{1}{8}\sin^2 2x \cos 2x + \frac{1}{16}(1 - \cos 4x).$$

于是

$$\int \sin^2 x \cos^4 x\mathrm{d}x = \frac{1}{8}\int \sin^2 2x \cos 2x\mathrm{d}x + \frac{1}{16}\int (1 - \cos 4x)\mathrm{d}x$$

$$= \frac{1}{48}\sin^3 2x + \frac{x}{16} - \frac{1}{64}\sin 4x + C.$$

例 4.11 和例 4.12 说明, 当被积函数为形如 $\sin^m x \cdot \cos^n x$ (m 和 n 为整数) 的积分, 且指数 m 和 n 都是正的 (或负的) 偶数时, 作代换 $t = \tan x$ 立即可以得到有理化. 这样, 被积函数为形如 $\sin^m x \cdot \cos^n x$ 的积分, 通过正 (余) 弦代换或正切代换即可将被积函数有理化.

例 4.13 求 $\int \cos 3x \cos 2x \mathrm{d}x$.

解 利用三角学中的积化和差公式,

$$\int \cos 3x \cos 2x \mathrm{d}x = \frac{1}{2} \int (\cos x + \cos 5x) \mathrm{d}x = \frac{1}{2} \sin x + \frac{1}{10} \sin 5x + C.$$

例 4.14 求 $\int \dfrac{1 + \sin x}{\sin x(1 + \cos x)} \mathrm{d}x$.

解 作代换 $t = \tan \dfrac{x}{2}$, 则

$$\sin x = \frac{2 \tan \dfrac{x}{2}}{1 + \tan^2 \dfrac{x}{2}} = \frac{2t}{1 + t^2},$$

$$\cos x = \frac{1 - \tan^2 \dfrac{x}{2}}{1 + \tan^2 \dfrac{x}{2}} = \frac{1 - t^2}{1 + t^2},$$

$$\mathrm{d}x = \frac{2\mathrm{d}t}{1 + t^2}.$$

于是,

$$\int \frac{1 + \sin x}{\sin x(1 + \cos x)} \mathrm{d}x = \frac{1}{2} \int \left(t + 2 + \frac{1}{t} \right) \mathrm{d}t = \frac{1}{2} \left(\frac{t^2}{2} + 2t + \ln t \right) + C$$

$$= \frac{1}{4} \tan^2 \frac{x}{2} + \tan \frac{x}{2} + \frac{1}{2} \ln \tan \frac{x}{2} + C.$$

例 4.15 求 $\int \dfrac{\mathrm{d}x}{a + b \cos x}$, $a > b > 0$.

解 作和上例同样的代换, 则

$$\int \frac{\mathrm{d}x}{a + b \cos x} = \int \frac{2\mathrm{d}t}{(a - b)t^2 + (a + b)} = \frac{2}{a - b} \int \frac{\mathrm{d}t}{t^2 + \dfrac{a + b}{a - b}}$$

$$= \frac{2}{\sqrt{a^2 - b^2}} \arctan \left(\sqrt{\frac{a - b}{a + b}} t \right) + C$$

$$= \frac{2}{\sqrt{a^2 - b^2}} \arctan \left(\sqrt{\frac{a - b}{a + b}} \tan \frac{x}{2} \right) + C.$$

可以证明, 三角函数的有理式的原函数是初等函数.

7.4.3　简单无理函数的积分

历史上, 计算无理函数的不定积分曾经是人们很感兴趣的一个课题, 大家试图给出一些具有普遍意义的计算方法. 但事与愿违, 人们已经证明, 有些无理函数的不定积分是不能用初等函数来表达的, 通俗地说, 就是 "积不出来". 例如

$$\int e^{-x^2}dx, \quad \int \frac{\sin x}{x}dx, \quad \int \sin x^2 dx, \quad \int \sqrt{x}e^{-x^2}dx,$$

等等. 当然, 也还有大量的无理函数的不定积分是能积出来的, 但可以想象会遇到许多困难, 克服困难的办法只能是巧妙地使用一些合适的变量替换. 这里我们只举一些比较常见的无理函数的积分例子.

例 4.16　求 $\int \dfrac{\sqrt{x-1}}{x}dx$.

解　设 $t = \sqrt{x-1}$, 则 $x = t^2 + 1$, $dx = 2tdt$. 于是

$$\int \frac{\sqrt{x-1}}{x}dx = 2\int \frac{t^2}{t^2+1}dt = 2\int \left(1 - \frac{1}{t^2+1}\right)dt$$
$$= 2(t - \arctan t) + C = 2(\sqrt{x-1} - \arctan\sqrt{x-1}) + C.$$

例 4.17　求 $\int \dfrac{dx}{1 + \sqrt[3]{x+2}}$.

解　设 $t = \sqrt[3]{x+2}$, 则 $x = t^3 - 2$, $dx = 3t^2 dt$. 于是,

$$\int \frac{dx}{1+\sqrt[3]{x+2}} = \int \frac{3t^2}{1+t}dt = 3\int \left(t - 1 + \frac{1}{1+t}\right)dt$$
$$= 3\left(\frac{t^2}{2} - t + \ln(1+t)\right) + C$$
$$= \frac{3}{2}\sqrt[3]{(x+2)^2} - 3\sqrt[3]{x+2} + 3\ln(1 + \sqrt[3]{x+2}) + C.$$

例 4.18　求 $\int \dfrac{dx}{(1 + \sqrt[3]{x})\sqrt{x}}$.

解　为了能同时去掉被积函数中的两个根号 $\sqrt{x}$ 和 $\sqrt[3]{x}$, 令 $t = \sqrt[6]{x}$, 则 $x = t^6$, $dx = 6t^5 dt$. 从而

$$\int \frac{dx}{(1+\sqrt[3]{x})\sqrt{x}} = 6\int \frac{t^2}{1+t^2}dt = 6\int \left(1 - \frac{1}{1+t^2}\right)dt$$
$$= 6(t - \arctan t) + C = 6(\sqrt[6]{x} - \arctan\sqrt[6]{x}) + C.$$

例 4.19　求 $\int \dfrac{1}{x}\sqrt{\dfrac{1+x}{x}}dx$.

解　设 $\sqrt{\dfrac{1+x}{x}} = t$. 于是

$$x = \frac{1}{t^2 - 1}, \quad \mathrm{d}x = \frac{-2t\mathrm{d}t}{(t^2 - 1)^2}.$$

故

$$\int \frac{1}{x} \sqrt{\frac{1+x}{x}} \mathrm{d}x = -2 \int \frac{t^2}{t^2 - 1} \mathrm{d}t = -2 \int \left(1 + \frac{1}{t^2 - 1}\right) \mathrm{d}t = -2t - \ln \frac{t-1}{t+1} + C$$

$$= -2\sqrt{\frac{1+x}{x}} - \ln\left(x\left(\left(\sqrt{\frac{1+x}{x}} - 1\right)^2\right)\right) + C.$$

例 4.20 求 $\int \frac{\sqrt[3]{1 + \sqrt[4]{x}}}{\sqrt{x}} \mathrm{d}x$.

解 令 $u = \sqrt[4]{x}$, 则 $x = u^4$, $\mathrm{d}x = 4u^3\mathrm{d}u$. 于是,

$$\int \frac{\sqrt[3]{1 + \sqrt[4]{x}}}{\sqrt{x}} \mathrm{d}x = 4 \int u \cdot \sqrt[3]{1+u}\,\mathrm{d}u.$$

再令 $t = \sqrt[3]{1+u}$, 则 $u = t^3 - 1$, $\mathrm{d}u = 3t^2\mathrm{d}t$. 所以

$$\int u \cdot \sqrt[3]{1+u}\,\mathrm{d}u = 3 \int (t^6 - t^3)\mathrm{d}t = \frac{3}{7}t^7 - \frac{3}{4}t^4 + C.$$

于是所求的积分为

$$\int \frac{\sqrt[3]{1 + \sqrt[4]{x}}}{\sqrt{x}} \mathrm{d}x = \frac{12}{7} \sqrt[3]{\left(1 + \sqrt[4]{x}\right)^7} - 3 \cdot \sqrt[3]{\left(1 + \sqrt[4]{x}\right)^4} + C.$$

在计算具体的不定积分时, 情况是多种多样的, 要作具体分析, 灵活地运用前面介绍过的基本方法是至关重要的. 为了实际需要, 人们还编写了积分表以供查阅参考.

习　题　7.4

1. 求下列有理函数的积分:

(1) $\int \frac{x+2}{x^2 - 5x + 4} \mathrm{d}x$;

(2) $\int \frac{x\mathrm{d}x}{(x+1)(x+2)(x+3)}$;

(3) $\int \frac{x^2 + 1}{(x+1)^2 (x-1)} \mathrm{d}x$;

(4) $\int \frac{5x^2 + 6x + 9}{(x+1)^2 (x-3)^2} \mathrm{d}x$;

(5) $\int \frac{2x + 2}{(x-1)(x^2 + 1)} \mathrm{d}x$;

(6) $\int \frac{x^2}{1 - x^4} \mathrm{d}x$;

(7) $\int \frac{\mathrm{d}x}{(x-2)(x^2 + 4)}$;

(8) $\int \frac{\mathrm{d}x}{x^2(x+1)}$;

(9) $\int \frac{\mathrm{d}x}{x^3 - 1}$;

(10) $\int \frac{3x^2 - x + 4}{x^3 - x^2 + 2x - 2} \mathrm{d}x$;

(11) $\displaystyle\int \frac{x^9}{(x^5+1)(x^5+8)}\mathrm{d}x$;

(12) $\displaystyle\int \frac{\mathrm{d}x}{x(x^7+1)}$.

2. 求下列三角函数有理式的不定积分:

(1) $\displaystyle\int \cos^4 x\mathrm{d}x$;

(2) $\displaystyle\int \frac{\sin x\cos x}{1+\sin^2 x}\mathrm{d}x$;

(3) $\displaystyle\int \frac{\cos^5 x}{\sin^3 x}\mathrm{d}x$;

(4) $\displaystyle\int \sin^3 x\cos^5 x\mathrm{d}x$;

(5) $\displaystyle\int \frac{\cos^2 x}{\sin^6 x}\mathrm{d}x$;

(6) $\displaystyle\int \sec^6 x\mathrm{d}x$;

(7) $\displaystyle\int \sin 5x\cos 3x\mathrm{d}x$;

(8) $\displaystyle\int \sin 5x\sin 7x\mathrm{d}x$;

(9) $\displaystyle\int \frac{\mathrm{d}x}{1+\sin x+\cos x}$;

(10) $\displaystyle\int \frac{\mathrm{d}x}{\sin x+\tan x}$.

3. 求下列无理函数的不定积分:

(1) $\displaystyle\int \frac{x}{\sqrt[3]{1-3x}}\mathrm{d}x$;

(2) $\displaystyle\int \frac{\mathrm{d}x}{\sqrt{x}+\sqrt[4]{x}}$;

(3) $\displaystyle\int \frac{2-\sqrt{2x+3}}{1-2x}\mathrm{d}x$;

(4) $\displaystyle\int \frac{\sqrt[3]{x}}{x(\sqrt{x}+\sqrt[3]{x})}\mathrm{d}x$;

(5) $\displaystyle\int \sqrt{\frac{1-x}{1+x}}\cdot\frac{\mathrm{d}x}{x}$;

(6) $\displaystyle\int \frac{\sqrt{x}+1}{(\sqrt{x})^3+1}\mathrm{d}x$;

(7) $\displaystyle\int \frac{\mathrm{d}x}{\sqrt{2x+1}+\sqrt{x-1}}$;

(8) $\displaystyle\int \frac{\mathrm{d}x}{(2-x)\sqrt{1-x}}$;

(9) $\displaystyle\int \frac{\mathrm{d}x}{\sqrt{x+1}+1}$;

(10) $\displaystyle\int \frac{\sqrt{x+1}+2}{(x+1)^2-\sqrt{x+1}}\mathrm{d}x$.

第8章 定 积 分

从本章开始, 我们用五章的篇幅探讨积分的理论和计算问题. 首先从最简单的定积分开始. 定积分理论是积分学的中心, 本章着重介绍定积分的基本理论和计算方法.

8.1 微积分学基本定理

在第 6 章研究了空间流形上的积分, 定积分是积分流形为数轴上有界闭区间上的积分.

由积分的定义知道, 当 $f(x) \geqslant 0$ 时, 定积分 $\int_a^b f(x)\mathrm{d}x$ 表示由曲线 $y = f(x)$, 直线 $x = a$, $x = b$ 与 x 轴所围成的曲边梯形的面积; 当 $f(x) \leqslant 0$ 时, $\int_a^b f(x)\mathrm{d}x$ 表示由曲线 $y = f(x)$, 直线 $x = a$, $x = b$ 与 x 轴所围成的曲边梯形面积的负值; 当在 $[a,b]$ 上 $f(x)$ 既取得正值又取得负值时, 函数 $f(x)$ 的图形某些部分在 x 轴的上方, 而其他部分在 x 轴的下方 (图 8-1), 如果对面积赋以符号, 即对 x 轴上方图形的面积赋以正号, 对 x 轴下方图形的面积赋以负号, 则 $\int_a^b f(x)\mathrm{d}x$ 表示介于 x 轴, 函数 $f(x)$ 的图形及直线 $x = a$, $x = b$ 之间的各部分面积的代数和.

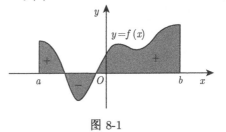

图 8-1

下面看一个实际应用中的例子.

例 1.1 (变速直线运动的路程) 设做变速直线运动物体的速度函数是 $v = v(t)$. 试计算它从时刻 T_1 到时刻 T_2 所走过的路程 S.

我们运用微元法解决这个问题.

解 利用微元法. 在闭区间 $[T_1, T_2]$ 上的任意一时刻 t, 取时间微元 Δt. 则在区间 $[t, t + \Delta t]$ 的时间内,

$$\Delta S \approx v(t)\Delta t \quad \text{或} \quad \mathrm{d}S = v(t)\mathrm{d}t.$$

于是,

$$S = \int_{T_1}^{T_2} v(t)\mathrm{d}t. \tag{1.1}$$

例 1.2 求 $\displaystyle\int_0^1 x\mathrm{d}x$.

解 将区间 $[0,1]$ 分成 n 等份, 分点满足

$$0 = 0 < \frac{1}{n} < \frac{2}{n} < \cdots < \frac{n-1}{n} < \frac{n}{n} = 1,$$

取点 $\xi_i = \dfrac{i}{n}$, $i = 1, 2, \cdots, n$. 则

$$\int_0^1 x\mathrm{d}x = \lim_{n\to+\infty} \sum_{i=1}^{n} \frac{i}{n} \cdot \frac{1}{n} = \lim_{n\to+\infty} \frac{1}{n^2}(1 + 2 + \cdots + n)$$

$$= \lim_{n\to+\infty} \frac{n(n+1)}{2n^2} = \frac{1}{2}.$$

读者可以把这个结果与这个定积分所代表的曲边梯形面积加以对照, 会发现两者是吻合的.

为了以后的方便, 我们规定:

(1) $\displaystyle\int_a^a f(x)\mathrm{d}x = 0$;

(2) 如果 $a > b$, 则 $\displaystyle\int_a^b f(x)\mathrm{d}x = -\int_b^a f(x)\mathrm{d}x$.

根据定积分定义, 上面二式之左端都没有意义, 作了上述规定之后, 定积分运算就变得更为灵活.

在历史上, 人们较早地就运用定积分的思想去理解曲边梯形的面积. 17 世纪后半叶, 在前人工作的基础上, 牛顿和莱布尼茨各自独立地揭示了定积分和原函数的关系, 给出了计算定积分的方法. 他们的研究成果奠定了微积分学的基础, 揭开了数学发展的新纪元.

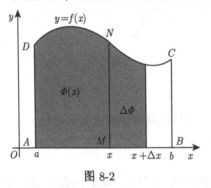

图 8-2

为了研究函数 $f(x)$ 的定积分与原函数之间的关系, 我们来考察在区间 $[a, x]$ 上所对应的曲边梯形 $AMND$ 的面积的性质, 如图 8-2 所示.

从几何直观上容易看出, 当 x 改变时, 曲边梯形的面积随之而变, 并且对应于每一个 x 值, 它有完全确定的面积值. 因此, 曲边梯形 $AMND$ 的面积是 x 的一个函数, 记作 $\Phi(x)$. 现在对 x 给以某个增量 Δx (为方便计, 设 $\Delta x > 0$), 则 $\Phi(x)$ 将获得增量 $\Delta\Phi$. 用 $m(x), M(x)$ 分别表示函数 $f(x)$ 在 $[x, x + \Delta x]$ 上的最小值和最大值, 显然

$$m(x) \cdot \Delta x \leqslant \Delta \Phi \leqslant M(x) \cdot \Delta x,$$

即

$$m(x) \leqslant \frac{\Delta \Phi}{\Delta x} \leqslant M(x).$$

若 $\Delta x \to 0$, 则由 $f(x)$ 的连续性, $m(x)$ 与 $M(x)$ 都趋于 $f(x)$, 因而

$$\Phi'(x) = \lim_{\Delta x \to 0} \frac{\Delta \Phi}{\Delta x} = f(x).$$

根据定积分的定义可知, 变动面积函数 $\Phi(x)$ 可表示为

$$\Phi(x) = \int_a^x f(t)\mathrm{d}t, \quad a \leqslant x \leqslant b.$$

由原函数的定义, 就可以从上述结论推知 $\Phi(x)$ 是连续函数 $f(x)$ 的一个原函数, 即变动上限的积分 $\int_a^x f(t)\mathrm{d}t$ 是 $f(x)$ 的一个原函数. 这样, 得到如下的原函数存在定理.

定理 1.1 (原函数存在定理)   如果函数 $f(x)$ 在区间 $[a,b]$ 上连续, 则积分上限函数

$$\Phi(x) = \int_a^x f(t)\mathrm{d}t, \quad a \leqslant x \leqslant b$$

是函数 $f(x)$ 在 $[a,b]$ 上的一个原函数.

证   只需证明 $\Phi'(x) = f(x)$. 先来计算 $\Phi(x)$ 的差商

$$\begin{aligned}
\frac{\Delta \Phi}{\Delta x} &= \frac{\Phi(x + \Delta x) - \Phi(x)}{\Delta x} \\
&= \frac{1}{\Delta x}\left(\int_a^{x+\Delta x} f(t)\mathrm{d}t - \int_a^x f(t)\mathrm{d}t \right) \\
&= \frac{1}{\Delta x} \int_x^{x+\Delta x} f(t)\mathrm{d}t.
\end{aligned}$$

根据积分中值定理, 存在位于 x 与 $x + \Delta x$ 之间的 ξ, 使得

$$\frac{\Delta \Phi}{\Delta x} = f(\xi).$$

因为函数 $f(x)$ 是连续的, 而当 $\Delta x \to 0$ 时, $\xi \to x$, 所以在上式两端取极限便得

$$\Phi'(x) = f(x).$$

证毕.

由定理 1.1 可以推出如下微积分学基本定理.

定理 1.2 (微积分学基本定理) 设函数 $f(x)$ 在区间 $[a,b]$ 上连续. 如果 $F(x)$ 是 $f(x)$ 的一个原函数, 那么

$$\int_a^b f(x)\mathrm{d}x = F(b) - F(a).\tag{1.2}$$

证 由于函数 $f(x)$ 的连续性, 根据定理 1.1 可知, $\int_a^x f(t)\mathrm{d}t$ 是函数 $f(x)$ 的一个原函数. 因此, 存在常数 C, 使得

$$F(x) - \int_a^x f(t)\mathrm{d}t = C.$$

注意到 $\int_a^a f(t)\mathrm{d}t = 0$, 所以 $F(a) = C$. 于是,

$$F(x) = \int_a^x f(t)\mathrm{d}t + F(a).$$

令 $x = b$. 则

$$F(b) = \int_a^b f(t)\mathrm{d}t + F(a),$$

即

$$\int_a^b f(x)\mathrm{d}x = F(b) - F(a).$$

定理证毕.

定理 1.2 的重要性在于, 它不仅给出了定积分计算的简明方法, 还将看上去无关的导数、不定积分和定积分概念联系起来. 公式 (1.2) 也称为**牛顿–莱布尼茨**(Newton-Leibniz)**公式**. 通常写成

$$\int_a^b f(x)\mathrm{d}x = [F(x)]_a^b,$$

式中右端表示 $F(b) - F(a)$. 由于不定积分是原函数的一般表达式, 所以上式还可以表示成

$$\int_a^b f(x)\mathrm{d}x = \left[\int f(x)\mathrm{d}x\right]_a^b.\tag{1.3}$$

此式两端的意义截然不同, 但形式又极为相似, 便于记忆和掌握, 从中可以体会到为什么当初不定积分和定积分采用相近符号的道理.

例 1.3 求 $\int_0^1 x^3\mathrm{d}x$.

解 由公式 (1.3) 得

$$\int_0^1 x^3 \mathrm{d}x = \left[\int x^3 \mathrm{d}x\right]_0^1 = \left[\frac{x^4}{4} + C\right]_0^1 = \frac{1}{4}.$$

在计算过程中不难发现, 常数 C 不再起作用. 实际上, 基本定理已经指出, 只要找到一个原函数 $F(x)$, 算出 $F(b) - F(a)$ 即可.

例 1.4　求 $\displaystyle\int_0^1 \frac{\mathrm{d}x}{1+x^2}$.

解　$\displaystyle\int_0^1 \frac{\mathrm{d}x}{1+x^2} = [\arctan x]_0^1 = \frac{\pi}{4}$.

例 1.5　求 $\displaystyle\int_0^{2\pi} |\sin x| \mathrm{d}x$.

解　注意到

$$\begin{cases} \sin x \geqslant 0, & 0 \leqslant x \leqslant \pi, \\ \sin x \leqslant 0, & \pi \leqslant x \leqslant 2\pi. \end{cases}$$

所以

$$\begin{aligned} \int_0^{2\pi} |\sin x| \mathrm{d}x &= \int_0^{\pi} |\sin x| \mathrm{d}x + \int_{\pi}^{2\pi} |\sin x| \mathrm{d}x \\ &= \int_0^{\pi} \sin x \mathrm{d}x - \int_{\pi}^{2\pi} \sin x \mathrm{d}x \\ &= [-\cos x]_0^{\pi} - [-\cos x]_{\pi}^{2\pi} = 4. \end{aligned}$$

例 1.6　求极限

$$\lim_{n\to\infty} \left(\frac{1}{n+1} + \frac{1}{n+2} + \cdots + \frac{1}{2n}\right).$$

解　利用积分的定义,

$$\lim_{n\to+\infty} \sum_{k=1}^n \frac{1}{n+k} = \lim_{n\to+\infty} \sum_{k=1}^n \frac{1}{1+\dfrac{k}{n}} \cdot \frac{1}{n} = \int_0^1 \frac{\mathrm{d}x}{1+x} = [\ln(1+x)]_0^1 = \ln 2.$$

故

$$\lim_{n\to\infty} \left(\frac{1}{n+1} + \frac{1}{n+2} + \cdots + \frac{1}{2n}\right) = \ln 2.$$

习　题　8.1

1. 设 $f(x)$ 在 $[a, b]$ 上连续, $F(x) = \displaystyle\int_x^b f(t)\mathrm{d}t$, $x \in [a, b]$. 证明 $F(x)$ 在 $[a, b]$ 上可微, 且 $F'(x) = -f(x)$.

2. 求下列函数的导数:

(1) $F(x) = \int_x^b \sin t\,dt$;

(2) $F(x) = \int_x^b \ln t\,dt,\ x > 0$;

(3) $F(x) = \int_x^0 \sqrt{1+t^4}\,dt$;

(4) $F(x) = \int_x^1 \dfrac{\sin t}{t}\,dt,\ x > 0$.

3. 求下列极限:

(1) $\lim\limits_{x \to 0} \dfrac{\displaystyle\int_0^x (t - \tan t)\,dt}{x^2}$;

(2) $\lim\limits_{x \to 0} \dfrac{\left(\displaystyle\int_0^x t\cos t^2\,dt\right)^2}{\displaystyle\int_0^x \sin t^2\,dt}$.

4. 设函数 $f(x)$ 连续, 且满足方程

$$\int_0^x f(t)\,dt = -\frac{1}{2} + x^2 + x\sin 2x + \frac{1}{2}\cos 2x.$$

试计算 $f\left(\dfrac{\pi}{4}\right)$ 和 $f'\left(\dfrac{\pi}{4}\right)$.

5. 计算下列定积分:

(1) $\displaystyle\int_1^3 x^3\,dx$;

(2) $\displaystyle\int_1^2 \left(x^2 + \dfrac{1}{x^4}\right)dx$;

(3) $\displaystyle\int_0^{\frac{\pi}{4}} \tan^2\theta\,d\theta$;

(4) $\displaystyle\int_{-\frac{1}{2}}^{\frac{1}{2}} \dfrac{dx}{\sqrt{1-x^2}}$;

(5) $\displaystyle\int_{-1-e}^{-2} \dfrac{dx}{1+x}$;

(6) $\displaystyle\int_0^{\sqrt{3}} \dfrac{dx}{1+x^2}$;

(7) $\displaystyle\int_0^1 (e^x - 1)\,dx$;

(8) $\displaystyle\int_0^{\frac{\pi}{2}} (2\sin x + 5\cos x)\,dx$.

6. 计算下列定积分:

(1) $\displaystyle\int_0^2 f(x)\,dx$, 其中 $f(x) = \begin{cases} x+1, & x \leqslant 1, \\ \dfrac{1}{2}x^2, & x > 1; \end{cases}$

(2) $\displaystyle\int_0^2 |1-x|\,dx$;

(3) $\displaystyle\int_0^{\frac{\pi}{2}} f(x)\,dx$, 其中 $f(x) = \max\left\{\dfrac{1}{2}, \sin x\right\}$.

7. 利用积分的定义及定理 1.2, 求下列极限:

(1) $\lim\limits_{n \to \infty} \dfrac{1}{n}\left(\dfrac{1}{n^4} + \dfrac{2^4}{n^4} + \cdots + \dfrac{n^4}{n^4}\right)$;

(2) $\lim\limits_{n \to \infty} \left(\dfrac{n}{n^2+1^2} + \dfrac{n}{n^2+2^2} + \cdots + \dfrac{n}{n^2+n^2}\right)$.

8. 设 $F(x)$ 是 $[a,b]$ 上的连续函数 $f(x)$ 的一个原函数, 利用积分中值定理推出微分中值公式: $F(b) - F(a) = (b-a)f(\xi), a \leqslant \xi \leqslant b$.

9. 设 $f(x)$ 在 $[a,b]$ 上连续, 且 $f(x)>0$, 又

$$F(x) = \int_a^x f(t)\mathrm{d}t + \int_b^x \frac{\mathrm{d}t}{f(t)}.$$

试证: (1) $F'(x) \geqslant 2$; (2) 方程 $F(x)=0$ 在 (a,b) 内仅有一个实根.

8.2 定积分的计算法

微积分学基本定理告诉我们, 可以通过不定积分来计算定积分. 自然地可以想到, 不定积分的分部积分法与换元积分法在定积分的计算中也应该有相应的结果.

8.2.1 定积分的分部积分法

设函数 $u(x),v(x)$ 在区间 $[a,b]$ 上具有连续导数 $u'(x),v'(x)$. 由不定积分的分部积分法,

$$\int u(x)v'(x)\mathrm{d}x = u(x)v(x) - \int u'(x)v(x)\mathrm{d}x.$$

根据牛顿–莱布尼茨公式, 可得

$$\int_a^b u(x)v'(x)\mathrm{d}x = \left[\int u(x)v'(x)\mathrm{d}x\right]_a^b$$

$$= [u(x)v(x)]_a^b - \left[\int u'(x)v(x)\mathrm{d}x\right]_a^b$$

$$= [u(x)v(x)]_a^b - \int_a^b u'(x)v(x)\mathrm{d}x,$$

或简写成

$$\int_a^b u\mathrm{d}v = [uv]_a^b - \int_a^b v\mathrm{d}u. \tag{2.1}$$

例 2.1 求 $\int_0^1 x\mathrm{e}^{-x}\mathrm{d}x$.

解 由分部积分公式,

$$\int_0^1 x\mathrm{e}^{-x}\mathrm{d}x = -\int_0^1 x\mathrm{d}(\mathrm{e}^{-x}) = \left[-x\mathrm{e}^{-x}\right]_0^1 + \int_0^1 \mathrm{e}^{-x}\mathrm{d}x$$

$$= -\mathrm{e}^{-1} + \left[-\mathrm{e}^{-x}\right]_0^1 = 1 - 2\mathrm{e}^{-1}.$$

例 2.2 求 $\int_{\frac{1}{\mathrm{e}}}^{\mathrm{e}} |\ln x|\mathrm{d}x$.

解 设 $u = \ln x$, $\mathrm{d}v = \mathrm{d}x$. 则

$$\int_{\frac{1}{\mathrm{e}}}^{\mathrm{e}} |\ln x|\mathrm{d}x = -\int_{\frac{1}{\mathrm{e}}}^{1} \ln x\mathrm{d}x + \int_1^{\mathrm{e}} \ln x\mathrm{d}x$$

$$= -[x\ln x]^1_{\frac{1}{e}} + \int^1_{\frac{1}{e}} \mathrm{d}x + [x\ln x]^e_1 - \int^e_1 \mathrm{d}x$$

$$= 2\left(1 - \frac{1}{e}\right).$$

例 2.3　求 $I_n = \displaystyle\int^{\frac{\pi}{2}}_0 \sin^n x\mathrm{d}x$, n 为正整数.

解　容易算出

$$I_0 = \int^{\frac{\pi}{2}}_0 \mathrm{d}x = \frac{\pi}{2}, \quad I_1 = \int^{\frac{\pi}{2}}_0 \sin\,\mathrm{d}x = 1.$$

当 $n > 1$ 时, 由分部积分公式, 有

$$I_n = \int^{\frac{\pi}{2}}_0 \sin^{n-1} x\mathrm{d}(-\cos x)$$

$$= -\left[\sin^{n-1} x \cdot \cos x\right]^{\frac{\pi}{2}}_0 + (n-1)\int^{\frac{\pi}{2}}_0 \sin^{n-2} x \cdot \cos^2 x\mathrm{d}x$$

$$= (n-1)\int^{\frac{\pi}{2}}_0 \sin^{n-2} x\mathrm{d}x - (n-1)\int^{\frac{\pi}{2}}_0 \sin^n x\mathrm{d}x$$

$$= (n-1)I_{n-2} - (n-1)I_n,$$

由此得出

$$I_n = \frac{n-1}{n}I_{n-2},$$

这是一个关于下标 n 的递推公式, 当 $n = 2k$ 时,

$$I_{2k} = \frac{2k-1}{2k}I_{2k-2} = \frac{2k-1}{2k} \cdot \frac{2k-3}{2k-2}I_{2k-4} = \cdots$$

$$= \frac{2k-1}{2k} \cdot \frac{2k-3}{2k-2} \cdots \frac{3}{4} \cdot \frac{1}{2} \cdot I_0.$$

引进记号 $(2k)!! = 2k \cdot (2k-2)\cdots 4 \cdot 2$, $(2k-1)!! = (2k-1) \cdot (2k-3)\cdots 3 \cdot 1$. 则

$$I_{2k} = \frac{(2k-1)!!}{(2k)!!}I_0 = \frac{(2k-1)!!}{(2k)!!} \cdot \frac{\pi}{2}. \tag{2.2}$$

同理, 当 $n = 2k+1$ 时,

$$I_{2k+1} = \frac{(2k)!!}{(2k+1)!!}I_1 = \frac{(2k)!!}{(2k+1)!!}. \tag{2.3}$$

8.2.2 定积分的换元积分法

设函数 $F(u)$ 是 $f(u)$ 的一个原函数, 且 $u = \varphi(x)$ 是可微函数, 则根据不定积分的变量替换公式, 有

$$\int f(\varphi(x))\varphi'(x)\mathrm{d}x = F(\varphi(x)) + C.$$

如果函数 $f(u)$ 在区间 $[\alpha, \beta]$ 上连续, 而函数 $\varphi(x)$ 在 $[a, b]$ 上有连续的导数, 并且当自变量 x 在 $[a, b]$ 上变化时, 函数值 $\varphi(x)$ 不超出 $[\alpha, \beta]$ 这个范围, 则由微积分学基本定理, 有

$$\int_a^b f(\varphi(x))\varphi'(x)\mathrm{d}x = [F(\varphi(x))]_a^b = F(\varphi(b)) - F(\varphi(a)).$$

另外, 又有

$$\int_{\varphi(a)}^{\varphi(b)} f(u)\mathrm{d}u = [F(u)]_{\varphi(a)}^{\varphi(b)} = F(\varphi(b)) - F(\varphi(a)).$$

比较上面两式的右端, 便得

$$\int_a^b f(\varphi(x))\varphi'(x)\mathrm{d}x = \int_{\varphi(a)}^{\varphi(b)} f(u)\mathrm{d}u. \tag{2.4}$$

公式 (2.4) 称为定积分的**换元积分公式**.

换元积分公式 (2.4) 也可以反向使用. 为了计算定积分 $\int_\alpha^\beta f(x)\mathrm{d}x$, 作变量替换 $x = \varphi(t)$, 要求函数 $\varphi(t)$ 是可导的, 而且存在反函数 $t = \varphi^{-1}(x)$, $a = \varphi^{-1}(\alpha)$, $b = \varphi^{-1}(\beta)$. 那么

$$\int_\alpha^\beta f(x)\mathrm{d}x = \int_a^b f(\varphi(t))\varphi'(t)\mathrm{d}t. \tag{2.5}$$

例 2.4 求 $\int_0^{\frac{\pi}{2}} \cos^5 x \sin x\mathrm{d}x$.

解 令 $u = \cos x$, 则 $\cos\dfrac{\pi}{2} = 0$, $\cos 0 = 1$. 由公式 (2.4), 有

$$\int_0^{\frac{\pi}{2}} \cos^5 x \sin x\mathrm{d}x = -\int_1^0 u^5\mathrm{d}u = \int_0^1 u^5\mathrm{d}u = \left[\frac{1}{6}u^6\right]_0^1 = \frac{1}{6}.$$

例 2.5 求 $\int_0^a \sqrt{a^2 - x^2}\mathrm{d}x$.

解　令 $x = a \sin t$. 则当 $x = 0$ 时, $t = 0$; 当 $x = a$ 时, $t = \dfrac{\pi}{2}$. 因此

$$\int_0^a \sqrt{a^2 - x^2}\mathrm{d}x = \int_0^{\frac{\pi}{2}} a^2 \cos^2 t \mathrm{d}t = \frac{a^2}{2} \int_0^{\frac{\pi}{2}} (1 + \cos 2t)\mathrm{d}t$$

$$= \frac{a^2}{2} \left[t + \frac{1}{2} \sin 2t \right]_0^{\frac{\pi}{2}} = \frac{\pi a^2}{4}.$$

从例 2.5 会发现, 算出变换后的原函数后, 不必像不定积分换元法那样还原成原来变量的函数, 可以直接算出结果, 这自然减少一些工作量. 不仅如此, 使用定积分的换元法, 还可以使许多问题化难为易.

例 2.6　求 $\displaystyle\int_0^{\pi} x \sin^3 x \mathrm{d}x$.

解　令 $x = \pi - t$, 则

$$\int_{\frac{\pi}{2}}^{\pi} x \sin^3 x \mathrm{d}x = -\int_{\frac{\pi}{2}}^{0} (\pi - t) \sin^3 t \mathrm{d}t = \pi \int_0^{\frac{\pi}{2}} \sin^3 t \mathrm{d}t - \int_0^{\frac{\pi}{2}} t \sin^3 t \mathrm{d}t.$$

利用例 2.3 的结果,

$$\int_0^{\pi} x \sin^3 x \mathrm{d}x = \int_0^{\frac{\pi}{2}} x \sin^3 x \mathrm{d}x + \int_{\frac{\pi}{2}}^{\pi} x \sin^3 x \mathrm{d}x$$

$$= \int_0^{\frac{\pi}{2}} t \sin^3 t \mathrm{d}t + \left(\pi \int_0^{\frac{\pi}{2}} \sin^3 t \mathrm{d}t - \int_0^{\frac{\pi}{2}} t \sin^3 t \mathrm{d}t \right)$$

$$= \pi \int_0^{\frac{\pi}{2}} \sin^3 t \mathrm{d}t = \frac{2}{3}\pi.$$

例 2.7　求 $\displaystyle\int_0^{\pi} \sqrt{\sin^3 x - \sin^5 x}\,\mathrm{d}x$.

解　$\displaystyle\int_0^{\pi} \sqrt{\sin^3 x - \sin^5 x}\,\mathrm{d}x$

$$= \int_0^{\pi} \sqrt{\sin^3 x (1 - \sin^2 x)}\,\mathrm{d}x = \int_0^{\pi} \sin^{\frac{3}{2}} x \, |\cos x|\,\mathrm{d}x$$

$$= \int_0^{\frac{\pi}{2}} \sin^{\frac{3}{2}} x \cos x \mathrm{d}x - \int_{\frac{\pi}{2}}^{\pi} \sin^{\frac{3}{2}} x \cos x \mathrm{d}x$$

$$= \int_0^{\frac{\pi}{2}} \sin^{\frac{3}{2}} x \mathrm{d}(\sin x) - \int_{\frac{\pi}{2}}^{\pi} \sin^{\frac{3}{2}} x \mathrm{d}(\sin x)$$

$$= \frac{2}{5}\left[\sin^{\frac{5}{2}}x\right]_0^{\frac{\pi}{2}} - \frac{2}{5}\left[\sin^{\frac{5}{2}}x\right]_{\frac{\pi}{2}}^{\pi}$$

$$= \frac{2}{5} - \left(-\frac{2}{5}\right) = \frac{4}{5}.$$

例 2.8 求 $\int_0^4 \frac{x+2}{\sqrt{2x+1}}\mathrm{d}x$.

解 设 $\sqrt{2x+1} = t$. 则 $x = \frac{t^2-1}{2}$, $\mathrm{d}x = t\mathrm{d}t$, 且当 $x = 0$ 时, $t = 1$; 当 $x = 4$ 时, $t = 3$. 于是,

$$\int_0^4 \frac{x+2}{\sqrt{2x+1}}\mathrm{d}x = \frac{1}{2}\int_1^3 (t^2+3)\mathrm{d}t = \frac{1}{2}\left[\frac{t^3}{3} + 3t\right]_1^3 = \frac{22}{3}.$$

例 2.9 证明: 若 $f(x)$ 在 $[-a, a]$ 上连续且为偶函数, 则

$$\int_{-a}^a f(x)\mathrm{d}x = 2\int_0^a f(x)\mathrm{d}x. \tag{2.6}$$

证 注意到

$$\int_{-a}^a f(x)\mathrm{d}x = \int_{-a}^0 f(x)\mathrm{d}x + \int_0^a f(x)\mathrm{d}x. \tag{2.7}$$

而对 $\int_{-a}^0 f(x)\mathrm{d}x$ 作变换 $x = -t$, 则

$$\int_{-a}^0 f(x)\mathrm{d}x = -\int_a^0 f(-t)\mathrm{d}t = \int_0^a f(t)\mathrm{d}t,$$

代入 (2.7) 式便得要证明的结果.

同理可证, 当 $f(x)$ 在 $[-a, a]$ 上连续且为奇函数时, 有

$$\int_{-a}^a f(x)\mathrm{d}x = 0. \tag{2.8}$$

需要指出的是, 利用换元积分法时特别要注意换元法所需要的条件, 不能盲目使用, 否则容易出错. 比如, 在变换 $x = \frac{1}{t}$ 之下, 有

$$\int_{-1}^1 \frac{\mathrm{d}x}{x^2+x+1} = -\int_{-1}^1 \frac{\mathrm{d}t}{t^2+t+1}.$$

因此, 就有

$$\int_{-1}^1 \frac{\mathrm{d}x}{x^2+x+1} = 0.$$

但实际上

$$\int_{-1}^{1} \frac{\mathrm{d}x}{x^2 + x + 1} = \int_{-1}^{1} \frac{\mathrm{d}t}{\left(x + \dfrac{1}{2}\right)^2 + \dfrac{3}{4}} = \left[\frac{2}{\sqrt{3}} \arctan \frac{2x+1}{\sqrt{3}}\right]_{-1}^{1} = \frac{\pi}{\sqrt{3}}.$$

上述错误的原因在于, 变换 $x = \dfrac{1}{t}$ 在 $[-1, 1]$ 上不满足换元法所需要的条件, 所以不能用这个变换.

习　题　8.2

1. 用分部积分法计算下列定积分:

(1) $\displaystyle\int_{0}^{1} x \arctan x \mathrm{d}x$;

(2) $\displaystyle\int_{0}^{\frac{2\pi}{\omega}} t \sin \omega t \mathrm{d}t$;

(3) $\displaystyle\int_{1}^{e} x \ln x \mathrm{d}x$;

(4) $\displaystyle\int_{0}^{\frac{\pi}{2}} \mathrm{e}^{2x} \cos x \mathrm{d}x$;

(5) $\displaystyle\int_{1}^{4} \frac{\ln x}{\sqrt{x}} \mathrm{d}x$;

(6) $\displaystyle\int_{0}^{\frac{1}{2}} \frac{x \arcsin x}{\sqrt{1 - x^2}} \mathrm{d}x$.

2. 用换元法计算下列定积分:

(1) $\displaystyle\int_{0}^{\pi} \frac{\sin x}{1 + \cos^2 x} \mathrm{d}x$;

(2) $\displaystyle\int_{-2}^{-1} \frac{\mathrm{d}x}{(11 + 5x)^3}$;

(3) $\displaystyle\int_{0}^{\frac{\pi}{2}} \sin \varphi \cos^3 \varphi \mathrm{d}\varphi$;

(4) $\displaystyle\int_{1}^{2} \frac{\mathrm{e}^{\frac{1}{x}}}{x^2} \mathrm{d}x$;

(5) $\displaystyle\int_{0}^{1} t \mathrm{e}^{-\frac{t^2}{2}} \mathrm{d}t$;

(6) $\displaystyle\int_{-\frac{\pi}{2}}^{\frac{\pi}{2}} \cos x \cos 2x \mathrm{d}x$;

(7) $\displaystyle\int_{-2}^{0} \frac{\mathrm{d}x}{x^2 + 2x + 2}$;

(8) $\displaystyle\int_{1}^{2} \frac{\sqrt{x^2 - 1}}{x} \mathrm{d}x$;

(9) $\displaystyle\int_{1}^{\sqrt{3}} \frac{\mathrm{d}x}{x^2 \sqrt{1 + x^2}}$;

(10) $\displaystyle\int_{\frac{1}{\sqrt{2}}}^{1} \frac{\sqrt{1 - x^2}}{x^2} \mathrm{d}x$.

3. 计算下列定积分:

(1) $\displaystyle\int_{-1}^{1} \frac{x \mathrm{d}x}{\sqrt{5 - 4x}}$;

(2) $\displaystyle\int_{0}^{1} \sqrt{\frac{\mathrm{e}^x}{\mathrm{e}^x + \mathrm{e}^{-x}}} \mathrm{d}x$;

(3) $\displaystyle\int_{0}^{1} x^{15} \sqrt{1 + 3x^8} \mathrm{d}x$;

(4) $\displaystyle\int_{-\frac{\pi}{2}}^{\frac{\pi}{2}} \sqrt{\cos x - \cos^3 x} \mathrm{d}x$;

(5) $\displaystyle\int_{0}^{\pi} \sin^6 \frac{x}{2} \mathrm{d}x$;

(6) $\displaystyle\int_{\frac{1}{2}}^{1} \frac{\arcsin \sqrt{x}}{\sqrt{x(1 - x)}} \mathrm{d}x$;

(7) $\displaystyle\int_{0}^{-\ln 2} \sqrt{1 - \mathrm{e}^{2x}} \mathrm{d}x$;

(8) $\displaystyle\int_{0}^{1} (1 - x^2)^{\frac{m}{2}} \mathrm{d}x$, m 为自然数;

(9) $\displaystyle\int_0^6 |x^2 - 2x - 3| \mathrm{d}x$;

(10) $\displaystyle\int_0^5 \frac{\mathrm{d}x}{2x + \sqrt{3x+1}}$;

(11) $\displaystyle\int_{-\pi}^\pi x^3 \cos x \mathrm{d}x$;

(12) $\displaystyle\int_{-\frac{\pi}{2}}^{\frac{\pi}{2}} 4 \cos^4 \theta \mathrm{d}\theta$;

(13) $\displaystyle\int_{-1}^1 (x^2 - x + 1) \arcsin x \mathrm{d}x$;

(14) $\displaystyle\int_{-\sqrt{2}}^{\sqrt{2}} (t+5) \sqrt{2 - t^2} \mathrm{d}t$.

4. 设 k 及 l 为正整数, 且 $k \neq l$. 证明:

(1) $\displaystyle\int_{-\pi}^\pi \cos kx \mathrm{d}x = 0$;

(2) $\displaystyle\int_{-\pi}^\pi \sin kx \mathrm{d}x = 0$;

(3) $\displaystyle\int_{-\pi}^\pi \cos^2 kx \mathrm{d}x = \pi$;

(4) $\displaystyle\int_{-\pi}^\pi \sin^2 kx \mathrm{d}x = \pi$;

(5) $\displaystyle\int_{-\pi}^\pi \cos kx \sin lx \mathrm{d}x = 0$;

(6) $\displaystyle\int_{-\pi}^\pi \cos kx \cos lx \mathrm{d}x = 0$;

(7) $\displaystyle\int_{-\pi}^\pi \sin kx \sin lx \mathrm{d}x = 0$.

5. 利用平移变换 $x = \pi - t$ 求下列定积分:

(1) $\displaystyle\int_0^\pi \frac{x \sin x}{1 + \cos^2 x} \mathrm{d}x$;

(2) $\displaystyle\int_0^\pi x \sin x \sqrt{1 + \cos^2 x} \mathrm{d}x$.

6. 设 $f(x)$ 为连续函数, 证明下列等式:

(1) $\displaystyle\int_{-a}^a f(x) \mathrm{d}x = \int_{-a}^a f(-x) \mathrm{d}x$;

(2) $\displaystyle\int_a^b f(x) \mathrm{d}x = (b-a) \int_0^1 f(a + (b-a)x) \mathrm{d}x$;

(3) $\displaystyle\int_0^{\frac{\pi}{2}} f(\sin x) \mathrm{d}x = \int_0^{\frac{\pi}{2}} f(\cos x) \mathrm{d}x$.

7. 设 $f(x)$ 是以一个连续周期函数, 其周期为 T. 证明对任意一个常数 a, 都有

$$\int_a^{a+T} f(x) \mathrm{d}x = \int_0^T f(x) \mathrm{d}x.$$

试说明上式的几何意义.

8. 若 $f(t)$ 是连续的奇函数, 证明 $\displaystyle\int_0^x f(t) \mathrm{d}t$ 是偶函数; 若 $f(t)$ 是连续的偶函数, 证明 $\displaystyle\int_0^x f(t) \mathrm{d}t$ 是奇函数.

8.3 广 义 积 分

前面讨论的定积分的积分区间是有限的, 被积函数是有界的, 但在一些实际问题中, 常常遇到积分区间为无穷区间, 或者被积函数在积分区间上无界的情形. 例

如, 在概率论中, 我们将遇到著名的概率积分 $\displaystyle\int_0^{+\infty} \mathrm{e}^{-x^2}\mathrm{d}x$, 这是在整个半轴上的积分, 其积分区间是无限的. 我们称这类积分为无穷积分. 另外, 有时也要求考虑被积函数在积分区间上是无界的情形, 这就产生了所谓的瑕积分. 无穷积分和瑕积分统称为**广义积分**.

8.3.1 无穷积分

设函数 $f(x)$ 在 $[a, +\infty)$ 上连续, 如果极限

$$\lim_{\lambda\to+\infty}\int_a^\lambda f(x)\mathrm{d}x \tag{3.1}$$

存在, 则称无穷积分 $\displaystyle\int_a^{+\infty} f(x)\mathrm{d}x$**收敛**, 并且定义

$$\int_a^{+\infty} f(x)\mathrm{d}x = \lim_{\lambda\to+\infty}\int_a^\lambda f(x)\mathrm{d}x. \tag{3.2}$$

如果极限 (3.1) 不存在, 则称 $\displaystyle\int_a^{+\infty} f(x)\mathrm{d}x$**发散**.

类似地, 定义

$$\int_{-\infty}^b f(x)\mathrm{d}x = \lim_{\mu\to-\infty}\int_\mu^b f(x)\mathrm{d}x, \tag{3.3}$$

其中要求极限 $\displaystyle\lim_{\mu\to-\infty}\int_\mu^b f(x)\mathrm{d}x$ 存在; 定义

$$\int_{-\infty}^{+\infty} f(x)\mathrm{d}x = \lim_{\mu\to-\infty}\int_\mu^0 f(x)\mathrm{d}x + \lim_{\lambda\to+\infty}\int_0^\lambda f(x)\mathrm{d}x, \tag{3.4}$$

其中要求右端两个极限都存在.

例 3.1 求 $\displaystyle\int_{-\infty}^{+\infty} \dfrac{\mathrm{d}x}{1+x^2}$.

解 $\displaystyle\int_{-\infty}^{+\infty} \frac{\mathrm{d}x}{1+x^2} = \lim_{\mu\to-\infty}\int_\mu^0 \frac{\mathrm{d}x}{1+x^2} + \lim_{\lambda\to+\infty}\int_0^\lambda \frac{\mathrm{d}x}{1+x^2}$

$\qquad\qquad = \lim_{\mu\to-\infty}[\arctan x]_\mu^0 + \lim_{\lambda\to+\infty}[\arctan x]_0^\lambda$

$\qquad\qquad = -\lim_{\mu\to-\infty}\arctan\mu + \lim_{\lambda\to+\infty}\arctan\lambda = \pi.$

例 3.2 讨论 $\displaystyle\int_1^{+\infty} \dfrac{\mathrm{d}x}{x^p}$ 的敛散性.

解 当 $p=1$ 时,

$$\int_1^{+\infty} \frac{\mathrm{d}x}{x^p} = \int_1^{+\infty} \frac{\mathrm{d}x}{x} = \lim_{\lambda\to+\infty}\int_1^\lambda \frac{\mathrm{d}x}{x} = \lim_{\lambda\to+\infty}\ln\lambda = +\infty.$$

当 $p \neq 1$ 时,

$$\int_1^{+\infty} \frac{\mathrm{d}x}{x^p} = \lim_{\lambda \to +\infty} \int_1^\lambda \frac{\mathrm{d}x}{x^p} = \lim_{\lambda \to +\infty} \left[\frac{x^{1-p}}{1-p} \right]_1^\lambda = \begin{cases} +\infty, & p < 1, \\ \dfrac{1}{p-1}, & p > 1. \end{cases}$$

因此, 当 $p > 1$ 时, 广义积分 $\displaystyle\int_1^{+\infty} \frac{\mathrm{d}x}{x^p}$ 收敛, 其值为 $\dfrac{1}{p-1}$; 当 $p \leqslant 1$ 时, 广义积分发散.

利用例 3.2 即可推出如下定理.

定理 3.1 设在区间 $[a, +\infty), a > 0$ 上 $f(x)$ 非负连续. 如果存在常数 $M > 0$ 及 $p > 1$, 使得

$$f(x) \leqslant \frac{M}{x^p}, \quad a \leqslant x < +\infty, \tag{3.5}$$

则积分 $\displaystyle\int_a^{+\infty} f(x)\mathrm{d}x$ 收敛; 如果存在常数 N, 使得

$$f(x) \geqslant \frac{N}{x}, \quad a \leqslant x < +\infty, \tag{3.6}$$

则积分 $\displaystyle\int_a^{+\infty} f(x)\mathrm{d}x$ 发散.

证 对任意 $\lambda, a < \lambda < +\infty$, 由 (3.5) 式及 $f(x)$ 的非负性, 得

$$\int_a^\lambda f(x)\mathrm{d}x \leqslant \int_a^\lambda \frac{M}{x^p}\mathrm{d}x \leqslant \int_a^{+\infty} \frac{M}{x^p}\mathrm{d}x.$$

因为 $p > 1$, 故由例 3.2 知 $\displaystyle\int_a^{+\infty} \frac{M}{x^p}\mathrm{d}x$ 收敛, 从而上式右端是个定数. 而其左端随 λ 增大而增大, 故当 $\lambda \to +\infty$ 时, 极限 $\displaystyle\lim_{\lambda \to +\infty} \int_a^\lambda f(x)\mathrm{d}x$ 也存在, 也就是广义积分 $\displaystyle\int_a^{+\infty} f(x)\mathrm{d}x$ 收敛.

如果 (3.6) 式成立, 则对任意 $\lambda, a < \lambda < +\infty$,

$$\int_a^\lambda f(x)\mathrm{d}x \geqslant \int_a^\lambda \frac{N}{x}\mathrm{d}x.$$

而右端积分必随 λ 增大而趋于无穷, 故极限 $\displaystyle\lim_{\lambda \to +\infty} \int_a^\lambda f(x)\mathrm{d}x$ 不存在, 也就是广义积分 $\displaystyle\int_a^{+\infty} f(x)\mathrm{d}x$ 发散.

例 3.3 讨论概率积分 $\displaystyle\int_a^{+\infty} \mathrm{e}^{-x^2}\mathrm{d}x$ 的敛散性.

解 由于当 $x \geqslant 1$ 时, 显然有 $\mathrm{e}^{x^2} > x^2$, 故

$$e^{-x^2} < \frac{1}{x^2}, \quad 1 \leqslant x < +\infty.$$

根据定理 3.1, $\displaystyle\int_1^{+\infty} e^{-x^2} \mathrm{d}x$ 收敛. 于是, $\displaystyle\int_a^{+\infty} e^{-x^2} \mathrm{d}x$ 也收敛.

8.3.2　瑕积分

现在我们把定积分推广到被积函数具有无穷间断点的情形. 设函数 $f(x)$ 在有限区间 $(a, b]$ 上连续, 且

$$\lim_{x \to a+0} f(x) = \infty,$$

则称 $x = a$ 为瑕点. 如果极限

$$\lim_{\varepsilon \to +0} \int_{a+\varepsilon}^b f(x)\mathrm{d}x \tag{3.7}$$

存在, 则称瑕积分 $\displaystyle\int_a^b f(x)\mathrm{d}x$ **收敛**, 并且定义

$$\int_a^b f(x)\mathrm{d}x = \lim_{\varepsilon \to +0} \int_{a+\varepsilon}^b f(x)\mathrm{d}x; \tag{3.8}$$

如果极限 (3.7) 不存在, 则称 $\displaystyle\int_a^b f(x)\mathrm{d}x$ **发散**.

类似定义: 若 $f(x)$ 在 $[a, b)$ 上连续, 而 $\displaystyle\lim_{x \to b-0} f(x) = \infty$, 则定义

$$\int_a^b f(x)\mathrm{d}x = \lim_{\varepsilon \to +0} \int_a^{b-\varepsilon} f(x)\mathrm{d}x, \tag{3.9}$$

其中要求右端极限存在; 又若 $f(x)$ 在 $[a, b]$ 上除点 $c, a < c < b$ 外连续, 而 $\displaystyle\lim_{x \to c} f(x) = \infty$, 则定义

$$\int_a^b f(x)\mathrm{d}x = \lim_{\varepsilon \to +0} \int_a^{c-\varepsilon} f(x)\mathrm{d}x + \lim_{\delta \to +0} \int_{c+\delta}^b f(x)\mathrm{d}x, \tag{3.10}$$

其中要求右端两个极限都存在.

例 3.4　计算 $\displaystyle\int_0^a \frac{\mathrm{d}x}{\sqrt{a^2 - x^2}}, a > 0$.

解　因为 $\displaystyle\lim_{x \to a-0} \frac{1}{\sqrt{a^2 - x^2}} = +\infty$, 所以 $x = a$ 为瑕点. 由公式 (3.9), 有

$$\int_0^a \frac{\mathrm{d}x}{\sqrt{a^2 - x^2}} = \lim_{\varepsilon \to +0} \int_0^{a-\varepsilon} \frac{\mathrm{d}x}{\sqrt{a^2 - x^2}} = \lim_{\varepsilon \to +0} \left[\arcsin \frac{x}{a} \right]_0^{a-\varepsilon}$$

$$= \lim_{\varepsilon \to +0} \arcsin \frac{a-\varepsilon}{a} = \frac{\pi}{2}.$$

例 3.5 讨论瑕积分 $\displaystyle\int_0^1 \frac{\mathrm{d}x}{x^q}$ 的敛散性.

证 当 $q = 1$ 时,

$$\int_0^1 \frac{\mathrm{d}x}{x^q} = \int_0^1 \frac{\mathrm{d}x}{x} = \lim_{\varepsilon \to +0} \int_\varepsilon^1 \frac{\mathrm{d}x}{x} = \lim_{\varepsilon \to +0} [\ln x]_\varepsilon^1 = +\infty.$$

当 $q \neq 1$ 时,

$$\int_0^1 \frac{\mathrm{d}x}{x^q} = \lim_{\varepsilon \to +0} \int_\varepsilon^1 \frac{\mathrm{d}x}{x^q} = \lim_{\varepsilon \to +0} \left[\frac{x^{1-q}}{1-q}\right]_\varepsilon^1 = \begin{cases} \dfrac{1}{1-q}, & q < 1, \\ +\infty, & q > 1. \end{cases}$$

因此, 当 $q < 1$ 时, 广义积分 $\displaystyle\int_0^1 \frac{\mathrm{d}x}{x^q}$ 收敛, 其值为 $\dfrac{1}{1-q}$; 当 $q \geqslant 1$ 时, 广义积分发散.

利用例 3.5 也可以推出类似于定理 3.1 的结果.

定理 3.2 设在区间 $(0,1]$ 上 $f(x)$ 非负连续, $\lim\limits_{x \to +0} f(x) = \infty$. 如果存在常数 M 及 $q < 1$, 使得

$$f(x) \leqslant \frac{M}{x^q}, \quad 0 < x \leqslant 1,$$

则积分 $\displaystyle\int_0^1 f(x)\mathrm{d}x$ 收敛; 如果存在常数 N, 使得

$$f(x) \geqslant \frac{N}{x}, \quad 0 < x \leqslant 1,$$

则积分 $\displaystyle\int_0^1 f(x)\mathrm{d}x$ 发散.

这个定理的证明和定理 3.1 的证明完全类似, 我们不详细叙述.

习 题 8.3

1. 利用定理 3.1 判断下列各无穷积分的敛散性:

(1) $\displaystyle\int_1^{+\infty} \frac{\arctan x}{x^2}\mathrm{d}x$;

(2) $\displaystyle\int_1^{+\infty} \sin \frac{1}{x^2}\mathrm{d}x$;

(3) $\displaystyle\int_e^{+\infty} \frac{\ln x}{x^2}\mathrm{d}x$;

(4) $\displaystyle\int_1^{+\infty} \frac{\mathrm{d}x}{\sqrt[4]{x^3+1}}$;

(5) $\displaystyle\int_1^{+\infty} \frac{x}{\sqrt{1+x^6}}\mathrm{d}x$;

(6) $\displaystyle\int_1^{+\infty} \frac{1}{x^2(x+1)}\mathrm{d}x$.

2. 利用定理 3.2 判断下列各积分的敛散性:

(1) $\displaystyle\int_0^1 \frac{\mathrm{d}x}{x^2(x+5)}$;

(2) $\displaystyle\int_0^1 \frac{\sin x}{x^{\frac{3}{2}}}\mathrm{d}x$;

(3) $\displaystyle\int_0^1 \frac{\mathrm{d}x}{\sqrt{x(x+1)}}$.

3. 计算下列广义积分:

(1) $\int_{-1}^{1} \dfrac{\mathrm{d}x}{\sqrt[3]{x}}$;

(2) $\int_{-1}^{1} \dfrac{\mathrm{d}x}{\sqrt{1-x^2}}$;

(3) $\int_{0}^{1} \dfrac{x\mathrm{d}x}{\sqrt{1-x^2}}$;

(4) $\int_{0}^{+\infty} \mathrm{e}^{-t} \sin t \mathrm{d}t$;

(5) $\int_{0}^{+\infty} x^n \mathrm{e}^{-x} \mathrm{d}x$;

(6) $\int_{1}^{2} \dfrac{x\mathrm{d}x}{\sqrt{x-1}}$;

(7) $\int_{1}^{e} \dfrac{\mathrm{d}x}{x\sqrt{1-(\ln x)^2}}$;

(8) $\int_{0}^{+\infty} x\mathrm{e}^{-x^2} \mathrm{d}x$;

(9) $\int_{0}^{1} \sin \ln x \mathrm{d}x$;

(10) $\int_{0}^{1} x^3 \ln x \mathrm{d}x$.

4. 已知 $\int_{0}^{+\infty} \dfrac{\sin x}{x} \mathrm{d}x = \dfrac{\pi}{2}$. 计算:

(1) $\int_{0}^{+\infty} \dfrac{\sin 2x}{x} \mathrm{d}x$;

(2) $\int_{0}^{+\infty} \dfrac{\sin^2 x}{x^2} \mathrm{d}x$.

8.4   定积分的应用

前面介绍了定积分的计算问题. 本节介绍定积分在几何和物理上的一些应用.

8.4.1   曲线的弧长

设曲线的参数方程为

$$x = \varphi(t), \quad y = \psi(t), \quad z = \zeta(t), \quad \alpha \leqslant t \leqslant \beta.$$

取参变量 t 作为积分变量, 其变化范围为区间 $[\alpha, \beta]$. 那么, 根据弧微分公式, 对应于小区间 $[t, t+\mathrm{d}t]$ 的弧长的微元

$$\mathrm{d}s = \sqrt{(\mathrm{d}x)^2 + (\mathrm{d}y)^2 + (\mathrm{d}z)^2} = \sqrt{\varphi'^2(t) + \psi'^2(t) + \zeta'^2(t)}\mathrm{d}t.$$

因此, 根据微元法可知, 所要讨论的曲线的弧长为

$$s = \int_{\alpha}^{\beta} \sqrt{\varphi'^2(t) + \psi'^2(t) + \zeta'^2(t)}\mathrm{d}t. \tag{4.1}$$

特别地, 如果曲线是平面曲线, 并且方程为

$$y = f(x), \quad a \leqslant x \leqslant b,$$

则可将变量 x 视为参数, 即 $x = x, y = f(x), z = 0, a \leqslant x \leqslant b$, 由公式 (4.1), 得

$$s = \int_{a}^{b} \sqrt{1 + f'^2(x)}\mathrm{d}x. \tag{4.2}$$

如果平面曲线是由极坐标给出, 即

$$r = r(\theta), \quad \alpha \leqslant \theta \leqslant \beta.$$

注意到极坐标与直角坐标之间的关系:

$$\begin{cases} x = r(\theta)\cos\theta, \\ y = r(\theta)\sin\theta, \end{cases} \quad \alpha \leqslant \theta \leqslant \beta.$$

因此,

$$\mathrm{d}x = (r'(\theta)\cos\theta - r(\theta)\sin\theta)\,\mathrm{d}\theta,$$
$$\mathrm{d}y = (r'(\theta)\sin\theta + r(\theta)\cos\theta)\,\mathrm{d}\theta.$$

于是,

$$\begin{aligned} (\mathrm{d}s)^2 &= (\mathrm{d}x)^2 + (\mathrm{d}y)^2 \\ &= (r'(\theta)\cos\theta - r(\theta)\sin\theta)^2(\mathrm{d}\theta)^2 + (r'(\theta)\sin\theta - r(\theta)\cos\theta)^2(\mathrm{d}\theta)^2 \\ &= (r'^2(\theta) + r^2(\theta))(\mathrm{d}\theta)^2, \end{aligned}$$

即弧长微元

$$\mathrm{d}s = \sqrt{r'^2(\theta) + r^2(\theta)}\,\mathrm{d}\theta.$$

从而,

$$s = \int_\alpha^\beta \sqrt{r'^2(\theta) + r^2(\theta)}\,\mathrm{d}\theta. \tag{4.3}$$

例 4.1 计算摆线 $\begin{cases} x = a(\theta - \sin\theta), \\ y = a(1 - \cos\theta) \end{cases}$ 的一拱 $(0 \leqslant \theta \leqslant 2\pi)$ 的长度 (图 8-3).

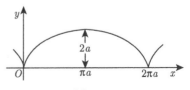

图 8-3

解 弧长微元为

$$\begin{aligned} \mathrm{d}s &= \sqrt{a^2(1 - \cos\theta)^2 + a^2\sin^2\theta}\,\mathrm{d}\theta \\ &= a\sqrt{2(1 - \cos\theta)}\,\mathrm{d}\theta = 2a\sin\frac{\theta}{2}\,\mathrm{d}\theta, \end{aligned}$$

从而, 所求弧长为

$$s = \int_0^{2\pi} 2a\sin\frac{\theta}{2}\,\mathrm{d}\theta = 2a\left[-2\cos\frac{\theta}{2}\right]_0^{2\pi} = 8a.$$

例 4.2 铁索桥的铁链, 由于其本身的重量, 下垂成曲线形, 这样的曲线叫**悬链线**(图 8-4), 其方程为

$$y = a\,\mathrm{ch}\frac{x}{a}, \quad -b \leqslant x \leqslant b,$$

其中 a 为常数. 计算悬链线上介于 $x = -b$ 与 $x = b$ 之间一段弧的长度.

解 由弧长微元

$$\mathrm{d}s = \sqrt{1 + \mathrm{sh}^2\frac{x}{a}}\mathrm{d}x = \mathrm{ch}\frac{x}{a}\mathrm{d}x$$

以及公式 (4.2) 得

$$s = 2\int_0^b \mathrm{ch}\frac{x}{a}\mathrm{d}x = 2a\left[\mathrm{sh}\frac{x}{a}\right]_0^b = 2a\mathrm{sh}\frac{b}{a}.$$

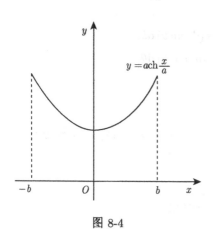

图 8-4   图 8-5

例 4.3 (追踪问题)   设有一目标物在半径为 a 的圆周上以匀速度 v 运动, 导弹从圆心出发追踪 (图 8-5). 当 $t = 0$ 时目标物在 $A(a,0)$ 处, 导弹在圆心, 若导弹的速度也是 v, 且圆心、导弹、目标物总在一条直线上, 问导弹在什么位置上正好追上目标物.

解 设导弹轨迹的极坐标方程为 $r = r(\theta)$. 当目标在 (θ, a) 处时, 导弹在 $(\theta, r(\theta))$ 处,

$$s_{\overset{\frown}{OQ}} = \int_0^\theta \mathrm{d}s = \int_0^\theta \sqrt{r^2 + (r')^2}\mathrm{d}\theta,$$

$$s_{\overset{\frown}{AP}} = a\theta,$$

且目标物从 A 飞到 P 所经过的时间和导弹从原点飞到 Q 所经过的时间相等. 所以,

$$\frac{1}{v}\int_0^\theta \sqrt{r^2 + (r')^2}\mathrm{d}\theta = \frac{a\theta}{v}.$$

消去 v 并对 θ 求导数, 便得到

$$\sqrt{r^2 + (r')^2} = a.$$

由此可得

$$\frac{\mathrm{d}r}{\sqrt{a^2 - r^2}} = \mathrm{d}\theta.$$

两端积分, 便得

$$\arcsin \frac{r}{a} = \theta + c.$$

当 $\theta = 0$ 时, $r = 0$, 从而 $c = 0$. 于是, 我们得到导弹轨迹的极坐标标方程

$$r = a \sin \theta.$$

由此令 $r = a$ 就得到 $\theta = \dfrac{\pi}{2}$ 时导弹正好追上目标物, 即当目标物行至 $\left(\dfrac{\pi}{2}, a\right)$ 时被导弹追上.

8.4.2 平面图形的面积

1. 直角坐标情形

设函数 $f(x)$ 和 $g(x)$ 在 $[a,b]$ 上连续, 且 $f(x) \geqslant g(x)$, $a \leqslant x \leqslant b$. 试求由曲线 $y = f(x)$, $y = g(x)$, $x = a$ 和 $x = b$ 所围成图形的面积 (图 8-6).

取横坐标 x 为积分变量, 积分区间为 $[a,b]$. 那么, 对任一 $x \in [a,b]$, 对应于区间 $[x, x + \mathrm{d}x]$ 的面积微元 (图 8-6)

$$\mathrm{d}A = (f(x) - g(x))\mathrm{d}x.$$

在区间 $[a,b]$ 上积分, 使得所求面积

$$A = \int_a^b (f(x) - g(x))\mathrm{d}x. \tag{4.4}$$

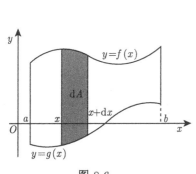

图 8-6

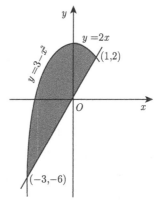

图 8-7

例 4.4 求曲线 $y = 3 - x^2$ 和 $y = 2x$ 所围成的图形的面积.

解 容易算出所给两条曲线的交点 (图 8-7) 分别为 $(-3, -6)$ 和 $(1, 2)$, 确定积分区间为 $[-3, 1]$. 由公式 (4.4) 得所求面积

$$A = \int_{-3}^1 (3 - x^2 - 2x)\mathrm{d}x = \left[3x - \frac{x^3}{3} - x^2\right]_{-3}^1 = \frac{32}{3}.$$

例 4.5 计算抛物线 $y^2 = 2x$ 与直线 $y = x - 4$ 所围成的图形的面积 (图 8-8).

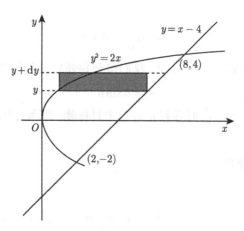

图 8-8

解   选取纵坐标 y 为积分变量, 解方程组

$$\begin{cases} y^2 = 2x, \\ y = x - 4, \end{cases}$$

得交点 $(2, -2)$ 和 $(8, 4)$, 从而得知 y 的变化区间为 $[-2, 4]$. 根据公式 (4.4), 得

$$A = \int_{-2}^{4} (f(y) - g(y)) \, \mathrm{d}y$$

$$= \int_{-2}^{4} \left((y + 4) - \frac{y^2}{2} \right) \mathrm{d}y$$

$$= \left[\frac{y^2}{2} + 4y - \frac{y^3}{6} \right]_{-2}^{4} = 18.$$

如果取 x 为积分变量, 那么 x 的变化范围分成 $[0, 2]$ 和 $[2, 8]$ 两部分, 而在 $[0, 2]$ 上, 上曲线和下曲线分别为 $y = \sqrt{2x}$ 和 $y = -\sqrt{2x}$; 在 $[2, 8]$ 上, 上曲线和下曲线分别为 $y = \sqrt{2x}$ 和 $y = x - 4$, 再用公式 (4.4) 来计算即可. 由此可以看出, 积分变量选得适当, 可以使计算简单.

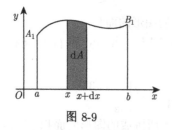

图 8-9

2. 参数方程情形

当曲边梯形的曲线由参数方程 (图 8-9)

$$\begin{cases} x = \varphi(t), \\ y = \psi(t) \end{cases}$$

给出时, 以参变量 t 作为积分变量, 在公式

$$A = \int_a^b f(x)\mathrm{d}x$$

中作变量替换: $x = \varphi(t)$, 则 $f(x) = y = \psi(t)$. 因此,

$$A = \int_{t_1}^{t_2} \psi(t)\varphi'(t)\mathrm{d}t, \tag{4.5}$$

其中 t_1 和 t_2 分别是对应于曲边的起点 A_1 和终点 B_1 的参数值.

例 4.6 求椭圆 $\dfrac{x^2}{a^2} + \dfrac{y^2}{b^2} = 1$ 所围成图形的面积.

解 利用椭圆的参数方程

$$\begin{cases} x = a\cos t, \\ y = b\sin t \end{cases}$$

和公式 (4.5), 并注意到当 x 由 0 变到 a 时, t 由 $\dfrac{\pi}{2}$ 变到 0, 所以

$$A = 4\int_{\frac{\pi}{2}}^0 b\sin t(-a\sin t)\mathrm{d}t$$

$$= 4ab\int_0^{\frac{\pi}{2}} \sin^2 t\mathrm{d}t = 4ab\int_0^{\frac{\pi}{2}} \frac{1 - \cos 2t}{2}\mathrm{d}t$$

$$= \pi ab - 4ab\left[\frac{\sin 2t}{4}\right]_0^{\frac{\pi}{2}} = \pi ab.$$

3. 极坐标情形

设有一个由曲线 $r = \varphi(\theta)$ 及射线 $\theta = \alpha$ 和 $\theta = \beta$ 所围成的图形 (简称曲边扇形). 现在要计算它的面积 (图 8-10). 这里, 当 θ 在 $[\alpha, \beta]$ 上取值时, $\varphi(\theta) \geqslant 0$. 取角度 θ 作为积分变量, 其变化范围为 $[\alpha, \beta]$, 对于任一 $\theta \in [\alpha, \beta]$, 对应于区间 $[\theta, \theta + \mathrm{d}\theta]$ 的面积微元为

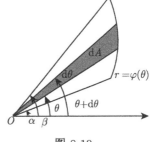

图 8-10

$$\mathrm{d}A = \frac{1}{2}\varphi^2(\theta)\mathrm{d}\theta,$$

从而所求面积

$$A = \frac{1}{2}\int_\alpha^\beta \varphi^2(\theta)\mathrm{d}\theta. \tag{4.6}$$

例 4.7   求阿基米德螺线

$$r = a\theta, \quad a > 0$$

上相应于 θ 从 0 变到 2π 的一段弧与极轴围成的图形 (图 8-11) 的面积.

解   根据公式 (4.6),

$$A = \frac{1}{2}\int_0^{2\pi}(a\theta)^2\mathrm{d}\theta = \frac{a^2}{2}\left[\frac{\theta^3}{3}\right]_0^{2\pi} = \frac{4}{3}a^2\pi^3.$$

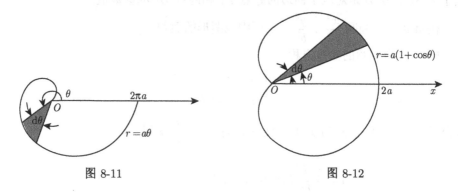

图 8-11   图 8-12

例 4.8   计算心形线 $r = a(1 + \cos\theta)$, $a > 0$ 所围成图形的面积.

解   心形线所围成的图形如图 8-12 所示.

这个图形对称于极轴, 因此所求图形的面积 A 是极轴以上部分图形面积 A_1 的两倍. 根据公式 (4.6),

$$A = 2A_1 = 2\int_0^\pi \frac{1}{2}a^2(1+\cos\theta)^2\mathrm{d}\theta$$

$$= a^2\int_0^\pi \left(\frac{3}{2} + 2\cos\theta + \frac{1}{2}\cos 2\theta\right)\mathrm{d}\theta$$

$$= a^2\left[\frac{3}{2}\theta + 2\sin\theta + \frac{1}{4}\sin 2\theta\right]_0^\pi$$

$$= \frac{3}{2}\pi a^2.$$

8.4.3 立体的体积

假设有一立体位于过点 $(a,0,0),(b,0,0)$ 且垂直于 x 轴的两个平面之间, 如果用任意一个垂直于 x 轴的平面来切割该立体所得到截面面积为已知, 那么我们称这个立体为 "平行截面面积为已知" 的立体, 现在来计算它的体积 (图 8-13).

显然, 截面的面积是由截面的位置 x 来确定的, 即它是 x 的函数, 我们把它记作 $A(x)$. 于是, 相应于 $[x, x + \mathrm{d}x]$ 的那一块薄片的体积微元

$$dV = A(x)dx.$$

因此, 根据微元法便得

$$V = \int_a^b A(x)dx. \tag{4.7}$$

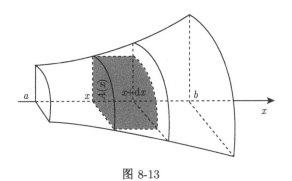

图 8-13

例 4.9 (旋转体体积)　设函数 $y = f(x)$ 在区间 $[a, b]$ 上连续. 求曲线 $y = f(x)$ 和直线 $x = a$, $x = b$ 及 x 轴围成图形绕 x 轴旋转一周所得的旋转体体积.

解　如图 8-14 所示. 由题意, 平行截面都是圆, 其面积

$$A(x) = \pi f^2(x).$$

所以, 由公式 (4.7) 便得

$$V = \pi \int_a^b f^2(x)dx.$$

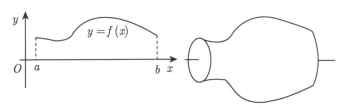

图 8-14

例如, 椭圆

$$\frac{x^2}{a^2} + \frac{y^2}{b^2} = 1$$

绕 x 轴旋转而成的旋转体 (叫做旋转椭球体) 的体积为

$$V = \int_{-a}^a \pi \frac{b^2}{a^2}(a^2 - x^2)dx = \pi \frac{b^2}{a^2}\left[a^2 x - \frac{x^3}{3}\right]_{-a}^a = \frac{4}{3}\pi ab^2.$$

当 $a = b$ 时, 旋转椭球就成为半径为 a 的球体, 它的体积为 $\dfrac{4}{3}\pi a^3$.

例 4.10　汽车的轮胎是一个半径为 R 的圆, 绕轮轴旋转而成的旋转体. 设该圆圆心到轮轴的距离为 ρ, 求轮胎的体积.

解　选取轮轴为 x 轴, 把轮胎视为圆

$$x^2 + (y - \rho)^2 = R^2$$

绕 x 轴旋转而生成的立体. 因此, 它的体积就等于以上半圆 $y = \rho + \sqrt{R^2 - x^2}$ 为曲边的曲边梯形和以下半圆 $y = \rho - \sqrt{R^2 - x^2}$ 为曲边的曲边梯形分别绕 x 轴旋转而生成的立体的体积之差 (图 8-15), 即

$$V = \pi \int_{-R}^{R} (\rho + \sqrt{R^2 - x^2})^2 \mathrm{d}x - \pi \int_{-R}^{R} (\rho - \sqrt{R^2 - x^2})^2 \mathrm{d}x$$

$$= 4\pi\rho \int_{-R}^{R} \sqrt{R^2 - x^2}\,\mathrm{d}x = 2\pi^2 \rho R^2 = 2\pi\rho \cdot \pi R^2.$$

由此可以看出, 轮胎的体积等于旋转圆的面积 πR^2 与其圆心到旋转轴的距离为半径的圆的周长 $2\pi\rho$ 之乘积, 一般来说, 一个平面图形, 绕不与其相交的轴旋转而成的立体的体积, 等于此图形的面积 A 与图形重心到旋转轴距离 ρ 为半径的圆的周长 $2\pi\rho$ 的乘积: $V = A \cdot 2\pi\rho$, 这个定理通常叫做**古鲁金**(P. Guldin)**第二定理**.

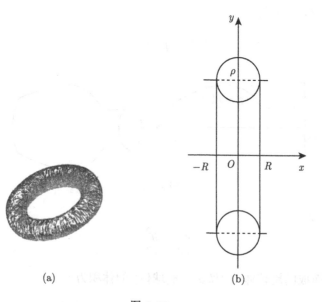

(a)　　　　　　　　　　　　　(b)

图 8-15

例 4.11 一平面经过半径为 R 的圆柱体的底圆中心, 并与底面交成角 α (图 8-16), 计算这个平面截圆柱体所得立体的体积.

图 8-16

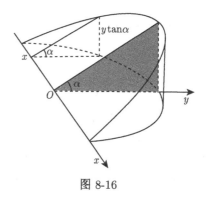

解 取这个平面与圆柱体的底面的交线为 x 轴, 底面上过圆心, 且垂直于 x 轴的直线为 y 轴, 那么底圆的方程为

$$x^2 + y^2 = R^2.$$

立体中过点 x 且垂直于 x 轴的截面是一个直角三角形, 其两条直角边的长度分别为 y 和 $y\tan\alpha$, 即

$$\sqrt{R^2 - x^2}, \quad \sqrt{R^2 - x^2}\tan\alpha.$$

因而截面面积 $A(x) = \dfrac{1}{2}(R^2 - x^2)\tan\alpha$, 从而根据公式 (4.7) 得

$$\begin{aligned} V &= \int_{-R}^{R} A(x)\mathrm{d}x = \int_{-R}^{R} \frac{1}{2}(R^2 - x^2)\tan\alpha \mathrm{d}x \\ &= \frac{1}{2}\left[R^2 x - \frac{x^3}{3}\right]_{-R}^{R} \tan\alpha \\ &= \frac{2}{3}R^3\tan\alpha. \end{aligned}$$

8.4.4 定积分的物理应用

微积分学是物理学的基本数学工具, 许多物理学的原理和定律都是通过微分和积分形式来表述的. 在这一节, 通过几个具体实例说明定积分理论在物理上的应用.

例 4.12 把一个带 $+q$ 电量的点电荷放在 r 轴上坐标原点处, 它产生一个电场. 如果有一个单位正电荷放在这个电场中距离原点 O 为 r 的地方 (图 8-17), 当这个单位正电荷在电场中从 $r = a$ 处沿 r 轴移动到 $r = b$, $a < b$ 处时, 计算电场力对它所做的功.

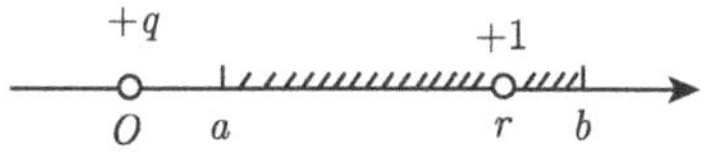

图 8-17

解 由物理学知道, 电场对它的作用力的大小为

$$F = \frac{kq}{r^2}, \quad k \text{ 是常数}.$$

它是一个变量. 取 r 为积分变量, 它的变化区间为 $[a, b]$. 那么, 对应于 $[r, r + \mathrm{d}r]$ 的功的微元为

$$\mathrm{d}W = \frac{kq}{r^2}\mathrm{d}r.$$

因此, 根据微元法,

$$W = \int_a^b \frac{kq}{r^2}\mathrm{d}r = kq\left[-\frac{1}{r}\right]_a^b = kq\left(\frac{1}{a} - \frac{1}{b}\right).$$

例 4.13 有一水池为正圆锥形 (图 8-18), 内蓄满水 (密度 ρ). 欲将水全部抽出水池, 需要做多少功?

解 设水池深为 h, 圆锥的半顶角为 α, 取 x 轴如图所示, x 为积分变量, 它的变化范围为 $[0, h]$. 那么, 在深度 $h - x$ 处, 相应于 $[x, x + \mathrm{d}x]$ 的一层水的质量为 $\pi r^2 \rho \mathrm{d}x$ (此处 r 表示这层水面的半径). 将这层水抽到池外需要做功

$$\mathrm{d}W = \pi r^2 \rho(h - x)g\mathrm{d}x, \quad g \text{ 为重力加速度}.$$

注意 $r = x\tan\alpha$, 从而

$$\mathrm{d}W = \pi\rho g x^2(h - x)\tan^2\alpha\mathrm{d}x.$$

于是, 共需做功

$$W = \pi\rho g\tan^2\alpha \int_0^h x^2(h - x)\mathrm{d}x = \frac{\pi}{12}\rho g h^4 \tan^2\alpha.$$

但池中全部水的质量为

$$M = \frac{1}{3}\pi\rho h(h\tan\alpha)^2 = \frac{1}{3}\pi\rho h^3 \tan^2\alpha,$$

故

$$W = \frac{1}{4}Mgh.$$

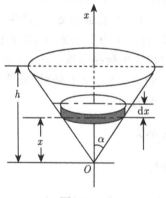

图 8-18

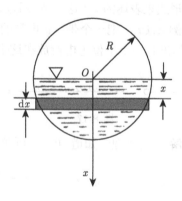

图 8-19

例 4.14 一个半径为 R 的圆形溢水洞, 求水半满时, 水对闸门的压力 (图 8-19).

解 从流体力学知道, 在液面下深度为 h 的地方. 液体重量产生的压强为 $p = \rho h$, 其中 ρ 表示液体的比重, 由于闸门各部位深度不等, 所以深度不同的部位其压强也不等.

取深度 x 作为积分变量, 它的变化范围为 $[0, R]$. 将闸门分成若干个水平横条, 那么相应于 $[x, x + \mathrm{d}x]$ 的横条所受压力 (压力 = 压强 × 面积) 为

$$\mathrm{d}P = g\rho x \cdot 2\sqrt{R^2 - x^2}\mathrm{d}x = 2g\rho x\sqrt{R^2 - x^2}\mathrm{d}x.$$

所以, 闸门所受压力

$$P = 2\rho g \int_0^R x\sqrt{R^2 - x^2}\mathrm{d}x = -\frac{2\rho g}{3}\left[(R^2 - x^2)^{\frac{3}{2}}\right]_0^R = \frac{2}{3}\rho R^3 g.$$

习 题 8.4

1. 求下列各曲线所围成图形的面积:

(1) 抛物线 $y = 2 - x^2$ 和直线 $x + y = 0$;

(2) 抛物线 $y = \frac{1}{2}x^2$ 与 $x^2 + y^2 = 8$ (两部分都计算);

(3) $y = \mathrm{e}^x, y = \mathrm{e}^{-x}$ 与 $x = 1$;

(4) $(x^2 + 4)y = 8$, 直线 $2y = x$ 与 y 轴;

(5) $y = 1, y = x, y = 2x$ 与 $y = 6 - x$;

(6) 曲线 $y = x^3$ 在点 $(1,1)$ 处的切线与抛物线 $y = -x^2 + 4x - 2$;

(7) x 轴与摆线 $x = a(t - \sin t), y = a(1 - \cos t)$ 的一拱 $(0 \leqslant t \leqslant 2\pi)$;

(8) 星形线 $x = a\cos^3 t, y = a\sin^3 t$;

(9) 对数螺线 $r = a\mathrm{e}^\theta$ 与射线 $\theta = -\pi, \theta = \pi$.

2. 求下列各曲线所围成图形公共部分面积:

(1) $r = 3\cos\theta$ 及 $r = \cos\theta + 1$;   (2) $r = \sqrt{2}\sin\theta$ 及 $r^2 = \cos 2\theta$.

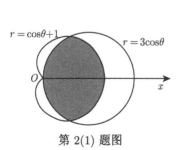

第 2(1) 题图

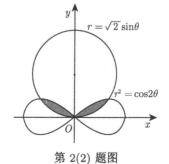

第 2(2) 题图

3. 求位于曲线 $y = e^x$ 的下方, 该曲线过原点的切线的左方及 x 轴上方之间的图形的面积.

4. 已知函数 $f(x) = xe^{-x^2}$, 求: (1) $f(x)$ 的最大值; (2) 函数曲线下方及 x 轴上方图形的面积.

5. 一抛物线 $y = ax^2 + bx + c$ 通过点 $(0,0)$, $(1,2)$ 两点, 且 $a < 0$, 试确定 a, b, c 的值, 使曲线与 x 轴所围成图形的面积为最小.

6. 求下列已知曲线所围成图形绕 x 轴旋转所得的旋转体体积:

(1) $y = x^2, x = y^2$;

(2) $y = x^3, x = 2$ 与 $y = 0$;

(3) $x^2 + (y-5)^2 = 16, x^2 + (y-5)^2 = 9$;

(4) $y = \cos x - \sin x, x \in \left[0, \dfrac{\pi}{2}\right], x = 0$ 及 $y = 0$;

(5) 摆线 $x = a(t - \sin t), y = a(1 - \cos t)$ 的一拱与 $y = 0$;

(6) 星形线 $x^{\frac{2}{3}} + y^{\frac{2}{3}} = a^{\frac{2}{3}}$.

7. 设函数 $x = \varphi(y)$ 在区间 $[c, d]$ 上连续. 求曲线 $x = \varphi(y)$, 直线 $y = c$ 与 $y = d$ 及 y 轴所围成图形, 绕 y 轴旋转一周所得旋转体体积.

8. 有一铁铸件, 它是由抛物线 $y = \dfrac{1}{10}x^2, y = \dfrac{1}{10}x^2 + 1$ 与直线 $y = 10$ 围成的图形, 绕 y 轴旋转而成的旋转体, 求出它的质量 (长度单位是厘米, 铁的密度是 7.8 克/厘米^3).

9. 沿高为 h, 底半径为 r 的圆锥体轴线钻一个半径为 $\dfrac{r}{2}$ 的孔, 求此圆锥体剩余部分的体积.

10. 证明如图所示的球缺体积为 $V = \dfrac{1}{3}\pi H^2(3R - H)$.

11. 如图, 计算底面是半径为 R 的圆, 而垂直于底面上一条固定直径的所有截面都是等边三角形的立体体积.

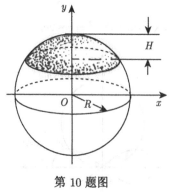

第 10 题图

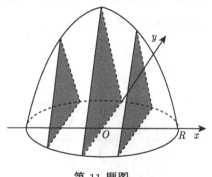

第 11 题图

12. 证明底面为椭圆、高为 h 的正椭圆锥的体积为 $\dfrac{sh}{3}$, 其中 s 为底面面积.

13. 求下列曲线在给定区间段的弧长:

(1) 半立方抛物线 $y^2 = x^3$, 从 $x = 0$ 到 $x = 4$;

(2) 抛物线 $x^2 = 6y$, 从点 $(0,0)$ 到点 $\left(4, \dfrac{8}{3}\right)$;

(3) 曲线 $y = \ln x$, 从 $x = \sqrt{3}$ 到 $x = \sqrt{8}$;

(4) 曲线 $x = \mathrm{e}^t \sin t, y = \mathrm{e}^t \cos t$, 从 $t = 0$ 到 $t = \dfrac{\pi}{2}$;

(5) 曲线 $r = a \sin^3 \dfrac{\varphi}{3}$, 从 $\varphi = 0$ 到 $\varphi = \dfrac{\pi}{3}$.

14. 计算心形线 $r = a(1 + \cos \theta)$ 的全长.

15. 计算星形线 $x = a \cos^3 t, y = a \sin^3 t$ 的全长.

16. 由实验知道, 弹簧在拉伸过程中, 需要的力 F (单位: 千克) 与伸长量 (单位: 厘米) 成正比, 即: $F = ks$, k 是比例常数. 如果把弹簧由原长拉伸 6 厘米, 计算力所做的功.

17. 两个带电小球, 中心距离为 r, 各带电荷 Q_1, Q_2, 其相互推拒之力可由库仑定律 $F = k\dfrac{Q_1 Q_2}{r^2}$, k 为常数计算. 设当 $r = 50$ 厘米时, $F = 20$ 牛. 求两球距离自 $r = 75$ 厘米变为 $r = 100$ 厘米时力 F 所做的功.

18. 半径为 r 米的半球形水池, 其中充满了水, 把池中的水全部吸尽, 需做多少功?

19. 如图, 设某潜艇的观察窗的形状是半轴为 4 和 3 的半椭圆, 其短轴水平, 且位于水下 a 米处, 试求水对观察窗的压力.

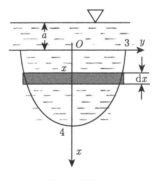

第 19 题图

20. 一底为 8 厘米, 高为 6 厘米的等腰三角形片, 铅直地沉没在水中, 顶在上, 底在下且与水平面平行, 而顶离水平面 3 厘米. 试求它每面所受的压力.

第 9 章 线　积　分

第 8 章介绍的定积分, 是特殊的第一型曲线积分. 本章在第 8 章的基础上继续讨论线积分的计算问题. 我们将分两节分别介绍第一型曲线积分和第二型曲线积分的理论和计算问题.

9.1　第一型曲线积分计算

考虑线积分

$$I = \int_C f(x, y, z) \mathrm{d}s, \tag{1.1}$$

其中积分曲线 C 的参数式方程为

$$\begin{cases} x = x(t), \\ y = y(t), \\ z = z(t), \end{cases} \tag{1.2}$$

$t \in [\alpha, \beta]$. 根据积分定义, 线积分 (1.1) 的微分形式为

$$\mathrm{d}I = f(x, y, z) \mathrm{d}s. \tag{1.3}$$

根据弧微分公式,

$$\mathrm{d}s = \sqrt{x'^2(t) + y'^2(t) + z'^2(t)} \mathrm{d}t, \quad \alpha \leqslant t \leqslant \beta. \tag{1.4}$$

将 (1.4) 式和曲线的参数表达式代入 (1.3) 式, 得到

$$\mathrm{d}I = f(x(t), y(t), z(t)) \sqrt{x'^2(t) + y'^2(t) + z'^2(t)} \mathrm{d}t.$$

于是, (1.1) 式的计算转化为计算在区间 $[\alpha, \beta]$ 上, 被积函数为

$$f(x(t), y(t), z(t)) \sqrt{x'^2(t) + y'^2(t) + z'^2(t)}$$

的定积分问题, 即

$$\int_C f(x, y, z) \mathrm{d}s = \int_\alpha^\beta f(x(t), y(t), z(t)) \sqrt{x'^2(t) + y'^2(t) + z'^2(t)} \mathrm{d}t. \tag{1.5}$$

公式 (1.5) 表明, 计算线积分 $\displaystyle\int_C f(x,y,z)\mathrm{d}s$ 时, 只要把 x, y, z, $\mathrm{d}s$ 依次换为 $x(t)$, $y(t)$, $z(t)$, $\sqrt{x'^2(t)+y'^2(t)+z'^2(t)}\mathrm{d}t$, 然后, 从 α 到 β 作定积分即可. 这里必须注意, 由弧微分公式可见, 弧长 s 的增加对应于参变量 t 的增加, 因此, 公式 (1.5) 右端的积分下限 α 一定要小于上限 β.

例 1.1　若 C 是圆 $x^2+y^2=R^2$ 在第一象限内的部分, 计算 $\displaystyle\int_C xy\mathrm{d}s$.

解　C 的参数方程为

$$x=R\cos t,\quad y=R\sin t,\quad 0\leqslant t\leqslant \frac{\pi}{2}.$$

由于

$$\mathrm{d}s=\sqrt{R^2\sin^2 t+R^2\cos^2 t}\,\mathrm{d}t=R\mathrm{d}t,$$

故

$$\int_C xy\mathrm{d}s=\int_0^{\frac{\pi}{2}}R^2\cos t\cdot\sin t\cdot R\mathrm{d}t=\left[\frac{R^3}{2}\sin^2 t\right]_0^{\frac{\pi}{2}}=\frac{R^3}{2}.$$

如果平面曲线 C 是用显函数形式给出的, 即 $C:y=y(x)$, $z=0$, $x\in[a,b]$, 则视 x 为公式 (1.5) 中的积分变量 x. 此时,

$$\int_C f(x,y)\mathrm{d}s=\int_a^b f(x,y(x))\sqrt{1+y'^2(x)}\,\mathrm{d}x. \tag{1.6}$$

例 1.2　计算 $\displaystyle\int_C \sqrt{y}\mathrm{d}s$, 其中平面曲线 C 是抛物线 $y=x^2$ 上点 $(0,0)$ 与 $(1,1)$ 之间的一段弧.

解　由 C 的方程 $y=x^2$ 得

$$\mathrm{d}s=\sqrt{1+4x^2}\mathrm{d}x.$$

因此,

$$\int_C \sqrt{y}\mathrm{d}s=\int_0^1 x\sqrt{1+4x^2}\mathrm{d}x$$
$$=\left[\frac{1}{12}(1+4x^2)^{\frac{3}{2}}\right]_0^1=\frac{1}{12}(5\sqrt{5}-1).$$

例 1.3　设有椭圆柱面 $\dfrac{x^2}{5}+\dfrac{y^2}{9}=1$, $y\geqslant 0$, $z\geqslant 0$. 求其为平面 $z=y$ 和 $z=0$ 所截部分的面积 (图 9-1).

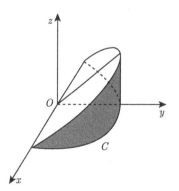

图 9-1

解 用 C 表示椭圆曲线弧:

$$\frac{x^2}{5} + \frac{y^2}{9} = 1, \quad y \geqslant 0.$$

则其参数方程为

$$\begin{cases} x = \sqrt{5}\cos t, \\ y = 3\sin t, \end{cases}$$

$0 \leqslant t \leqslant \pi$. 故由 6.2 节的例 2.1 知, 侧面积

$$\begin{aligned}
A &= \int_C |y|\mathrm{d}s = \int_0^\pi 3\sin t \cdot \sqrt{9\cos^2 t + 5\sin^2 t}\,\mathrm{d}t \\
&= 3\int_0^\pi \sin t \cdot \sqrt{4\cos^2 t + 5}\,\mathrm{d}t \\
&= -3\int_1^{-1} \sqrt{4u^2 + 5}\,\mathrm{d}u \\
&= 6\int_0^1 \sqrt{4u^2 + 5}\,\mathrm{d}u \\
&= 12\left[\frac{u}{2}\sqrt{\frac{5}{4} + u^2} + \frac{5}{8}\ln\left(u + \sqrt{\frac{5}{4} + u^2}\right)\right]_0^1 \\
&= 9 + \frac{15}{4}\ln 5.
\end{aligned}$$

如果曲线 C 是分段光滑的, 则规定函数在 C 上的曲线积分等于在光滑的各段上的曲线积分之和. 例如, 设 C_1 和 C_2 都是光滑的, 则

$$\int_{C_1+C_2} f(x,y,z)\mathrm{d}s = \int_{C_1} f(x,y,z)\mathrm{d}s + \int_{C_2} f(x,y,z)\mathrm{d}s.$$

例 1.4 计算 $\displaystyle\int_C (x^2 + y^2 + z^2)\mathrm{d}s$, 其中 C 为螺旋线 $x = a\cos t$, $y = a\sin t$, $z = kt$ 上相应于 t 从 0 到 2π 的一段弧.

解 在 C 上,

$$x^2 + y^2 + z^2 = (a\cos t)^2 + (a\sin t)^2 + (kt)^2 = a^2 + k^2 t^2,$$
$$\mathrm{d}s = \sqrt{(-a\sin t)^2 + (a\cos t)^2 + k^2}\,\mathrm{d}t = \sqrt{a^2 + k^2}\,\mathrm{d}t.$$

于是,

$$\begin{aligned}
\int_C (x^2 + y^2 + z^2)\mathrm{d}s &= \int_0^{2\pi} (a^2 + k^2 t^2)\sqrt{a^2 + k^2}\,\mathrm{d}t \\
&= \frac{2}{3}\pi\sqrt{a^2 + k^2}(3a^2 + 4\pi^2 k^2).
\end{aligned}$$

习　题　9.1

1. 计算下列第一型曲线积分:

(1) $\int_C (x+y)\mathrm{d}s$, 其中 C 为以 $O(0,0), A(1,0), B(0,1)$ 为顶点的三角形回路;

(2) $\int_C x\mathrm{d}s$, 其中 C 为由直线 $y=x$ 及抛物线 $y=x^2$ 所围成的区域的整个边界;

(3) $\int_C (x^2+y^2)\mathrm{d}s$, 其中 C 是由 $x^2+y^2=r^2$ 从点 $(r,0)$ 到点 $(0,r)$ 的一段弧;

(4) $\int_C y\mathrm{d}s$, 其中 C 为曲线 $y^2=2px$, $p>0$ 从点 (x_0,y_0) 到点 $(x_0,-y_0)$ 的一段弧;

(5) $\int_C (x^2+y^2)\mathrm{d}s$, 其中 C 为曲线 $x=a(\cos t+t\sin t)$, $y=a(\sin t-t\cos t)$, $0\leqslant t\leqslant 2\pi$;

(6) $\int_C \left(x^{\frac{4}{3}}+y^{\frac{4}{3}}\right)\mathrm{d}s$, 其中 C 为曲线 $x=a\cos^3 t$, $y=a\sin^3 t$, $0\leqslant t\leqslant \dfrac{\pi}{2}$;

(7) $\int_C |y|\mathrm{d}s$, 其中 C 为圆周 $x^2+y^2=1$;

(8) $\int_C xy\mathrm{d}s$, 其中 C 为正方形 $|x|+|y|=a$, $a>0$ 的边界;

(9) $\int_C \mathrm{e}^{\sqrt{x^2+y^2}}\mathrm{d}s$, 其中 C 为圆周 $x^2+y^2=a^2$, 直线 $y=x$ 及 x 轴在第一象限内所围成的扇形的整个边界;

(10) $\int_C \sqrt{x^2+y^2}\mathrm{d}s$, 其中 C 为圆周 $x^2+y^2=ax$.

2. 求以 xOy 面上曲线段 $y=1-x^2$, $0\leqslant x\leqslant 1$ 为准线、母线平行 z 轴的柱面被 xOy 面和平面 $z=3x$ 所截得的部分的面积.

3. 设曲线 $y=\ln x$ 上每一点的密度等于该点的横坐标的平方. 试求曲线在横坐标 $x=x_1$ 和 $x=x_2$ 间的一段弧的质量, 其中 $0<x_1<x_2$.

4. 设物质曲线 $xy=1$, $a\leqslant x\leqslant b$ 上每一点的线密度与该点的横坐标的 5 次方成正比, 求其质量.

5. 求曲线 $x=\mathrm{e}^{-t}\cos t$, $y=\mathrm{e}^{-t}\sin t$, $z=\mathrm{e}^{-t}$, $0<t<+\infty$ 的长度.

9.2　第二型曲线积分

在 6.2 节, 我们讨论了变力 $\boldsymbol{F}$ 沿着有向曲线 L_{AB} 所做的功, 其微分表达式为

$$\mathrm{d}W = (P(x,y,z)\cos\alpha + Q(x,y,z)\cos\beta + R(x,y,z)\cos\gamma)\mathrm{d}s,$$

其中 $\mathrm{d}s$ 为对弧长的微分, $\{\cos\alpha, \cos\beta, \cos\gamma\}$ 为有向曲线 L_{AB} 在点 (x,y,z) 处与曲线方向一致的单位切向量. 下面, 我们利用这个表达式来计算第二型曲线积分

$$W=\int_{L_{AB}}(P(x,y,z)\cos\alpha+Q(x,y,z)\cos\beta+R(x,y,z)\cos\gamma)\mathrm{d}s. \tag{2.1}$$

假设曲线 L 的参数方程为

$$\begin{cases} x=x(t), \\ y=y(t), \quad t\in[a,b], \\ z=z(t), \end{cases}$$

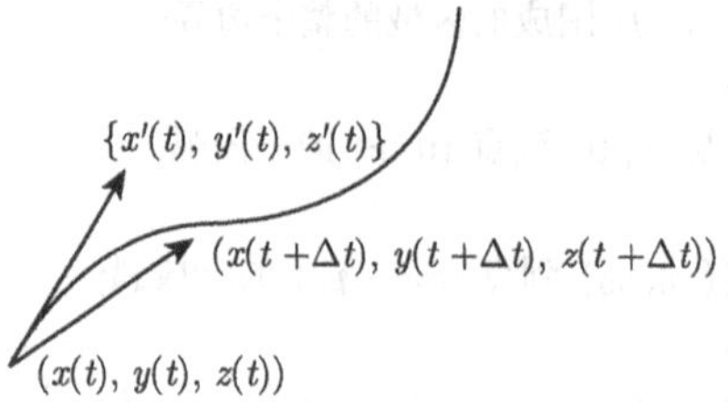

图 9-2

并且函数 $x(t)$, $y(t)$ 和 $z(t)$ 在 $[a,b]$ 上具有一阶连续导数, 并假设有向曲线 L_{AB} 的方向与参数 t 增加的方向一致 (起点 A 和终点 B 分别对应参数值 a 和 b).

注意到沿曲线 L 在参数 t 增加的方向上取割线向量 (图 9-2)

$$\left\{\frac{x(t+\Delta t)-x(t)}{\Delta t},\frac{y(t+\Delta t)-y(t)}{\Delta t},\frac{z(t+\Delta t)-z(t)}{\Delta t}\right\},\quad \Delta t>0.$$

则当 $\Delta t\to 0^+$ 时, 上述割线的极限为 $\{x'(t),y'(t),z'(t)\}$. 显然, 它恰好是与曲线方向一致的切向量. 因此,

$$\begin{aligned} \cos\alpha&=\frac{x'(t)}{\sqrt{x'^2(t)+y'^2(t)+z'^2(t)}}, \\ \cos\beta&=\frac{y'(t)}{\sqrt{x'^2(t)+y'^2(t)+z'^2(t)}}, \\ \cos\gamma&=\frac{z'(t)}{\sqrt{x'^2(t)+y'^2(t)+z'^2(t)}}, \end{aligned} \tag{2.2}$$

及

$$\mathrm{d}s=\sqrt{x'^2(t)+y'^2(t)+z'^2(t)}\mathrm{d}t.$$

将 (2.2) 式和弧微分公式代入 (2.1) 式, 得到

$$\begin{aligned} &\int_{L_{AB}}P(x,y,z)\mathrm{d}x+Q(x,y,z)\mathrm{d}y+R(x,y,z)\mathrm{d}z \\ =&\int_a^b(P(x(t),y(t),x(t))x'(t)+Q(x(t),y(t),z(t))y'(t)+R(x(t),y(t),z(t))z'(t))\mathrm{d}t. \end{aligned} \tag{2.3}$$

如果起点 A 和终点 B 分别对应参数值 b 和 a, 那么 L_{AB} 的方向与参数 t 增加的方向相反, 即切向量的方向与 t 增加的方向相反, 从而 (2.3) 式右端根号前应取负号.

因此,

$$\int_{L_{AB}} P\mathrm{d}x + Q\mathrm{d}y + R\mathrm{d}z = -\int_a^b (Px'(t) + Qy'(t) + Rz'(t))\mathrm{d}t. \tag{2.4}$$

由 (2.3) 式和 (2.4) 式最后得到

$$\int_{L_{AB}} P\mathrm{d}x + Q\mathrm{d}y + R\mathrm{d}z$$
$$= \int_{t(A)}^{t(B)} (P(x(t),y(t),z(t))x'(t) + Q(x(t),y(t),z(t))y'(t) + R(x(t),y(t),z(t))z'(t))\mathrm{d}t,$$
$$\tag{2.5}$$

其中 $t(A)$ 和 $t(B)$ 分别表示 L_{AB} 的起点 A 和终点 B 所对应的参数值.

由 (2.5) 式容易知道,

$$\int_{L_{AB}} P\mathrm{d}x + Q\mathrm{d}y + R\mathrm{d}z = -\int_{L_{BA}} P\mathrm{d}x + Q\mathrm{d}y + R\mathrm{d}z,$$

$$\int_{L_1+L_2} P\mathrm{d}x + Q\mathrm{d}y + R\mathrm{d}z$$
$$= \int_{L_1} P\mathrm{d}x + Q\mathrm{d}y + R\mathrm{d}z + \int_{L_2} P\mathrm{d}x + Q\mathrm{d}y + R\mathrm{d}z.$$

例 2.1 计算 $\displaystyle\int_L xy\mathrm{d}x + x^2\mathrm{d}y$, 其中 L 是从 $A(R, 0)$ 到 $B(0, R)$ 沿着圆周 $x^2+y^2 = R^2$ 在第一象限内的部分 (图 9-3).

解 L 的参数方程为 $x = R\cos t,\ y = R\sin t$. 因此,

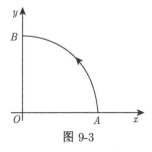

图 9-3

$$\int_L xy\mathrm{d}x + x^2\mathrm{d}y = \int_0^{\frac{\pi}{2}} (-R^3 \cos t \cdot \sin^2 t + R^3\cos^3 t)\mathrm{d}t$$
$$= R^3 \int_0^{\frac{\pi}{2}} (1 - 2\sin^2 t) \cos t\mathrm{d}t$$
$$= R^3 \left[\sin t - \frac{2}{3}\sin^3 t \right]_0^{\frac{\pi}{2}} = \frac{R^3}{3}.$$

如果平面曲线 L 的方程由显函数 $y = y(x)$ 给出, 则视 x 为参变量, 得到

$$\int_L P(x,y)\mathrm{d}x + Q(x,y)\mathrm{d}y = \int_a^b (P(x,y(x)) + Q(x,y(x))y'(x))\mathrm{d}x.$$

这里积分下限 a 和上限 b 分别对应于曲线 L 的起点和终点, 对 $x = x(y)$ 的情形也有类似的结果.

例 2.2　计算 $I = \displaystyle\int_L 2xy\mathrm{d}x + x^2\mathrm{d}y$, 其中 L (图 9-4) 为

(1) 在抛物线 $y = x^2$ 上, 从 $(0,0)$ 到 $(1,1)$ 的一段弧;

(2) 抛物线 $x = y^2$ 上, 从 $(0,0)$ 到 $(1,1)$ 的一段弧;

(3) 有向折线 OAB, 其中 $O(0,0)$, $A(1,0)$, $B(1,1)$.

解　利用公式 (2.5) 容易得到

(1) $I = \displaystyle\int_0^1 (2x \cdot x^2 + x^2 \cdot 2x)\mathrm{d}x = 4\int_0^1 x^3\mathrm{d}x = 1.$

(2) $I = \displaystyle\int_0^1 (2y^2 \cdot y \cdot 2y + y^4)\mathrm{d}y = 5\int_0^1 y^4\mathrm{d}y = 1.$

(3) 注意到

$$I = \int_{OA} 2xy\mathrm{d}x + x^2\mathrm{d}y + \int_{AB} 2xy\mathrm{d}x + x^2\mathrm{d}y.$$

在 OA 上, $y = 0, 0 \leqslant x \leqslant 1$, 故

$$\int_{OA} 2xy\mathrm{d}x + x^2\mathrm{d}y = \int_0^1 (2x \cdot 0 + x^2 \cdot 0)\mathrm{d}x = 0;$$

在 AB 上, $x = 1, 0 \leqslant y \leqslant 1$, 因此,

$$\int_{AB} 2xy\mathrm{d}x + x^2\mathrm{d}y = \int_0^1 (2y \cdot 0 + 1)\mathrm{d}y = 1.$$

于是, $I = 1$.

从这个例子可见, 虽然沿不同路径, 曲线积分值也可以相等.

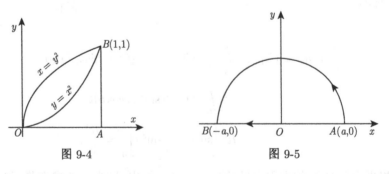

图 9-4　　　　　　　　　　　　　　图 9-5

例 2.3　计算 $I = \displaystyle\int_L y^2\mathrm{d}x$, 其中 L (图 9-5) 为

(1) 半径为 a, 圆心在原点, 按逆时针方向绕行的上半圆周;

(2) 从点 $A(a,0)$ 沿 x 轴到点 $B(-a,0)$ 的直线段.

解 (1) 因 $L : x = a\cos\theta, y = a\sin\theta$, 故

$$\int_L y^2 dx = \int_0^\pi a^2\sin^2\theta(-a\sin\theta)d\theta = a^3\int_0^\pi (1-\cos^2\theta)d\cos\theta = -\frac{4}{3}a^3.$$

(2) $L : y = 0$, x 从 a 变到 $-a$. 所以,

$$\int_L y^2 dx = \int_a^{-a} 0 dx = 0.$$

这个例子说明, 虽然两个曲线积分的被积函数相同, 起点和终点也相同, 但沿不同的路径得出的值并不相等.

例 2.4 计算 $\int_L x^3 dx + 3zy^2 dy - x^2 y dz$, 其中 L 是从 $A(3,2,1)$ 到 $B(0,0,0)$ 的直线段.

解 直线 AB 的方程为

$$\frac{x}{3} = \frac{y}{2} = \frac{z}{1}.$$

化为参数方程得, $x = 3t, y = 2t, z = t$, t 从 1 变到 0. 所以,

$$\int_L x^3 dx + 3zy^2 dy - x^2 y dz = \int_1^0 ((3t)^3 \cdot 3 + 3t(2t)^2 \cdot 2 - (3t)^2 \cdot 2t)dt$$

$$= 87\int_1^0 t^3 dt = -\frac{87}{4}.$$

例 2.5 在位于原点处的电荷 q 所产生的静电场中, 计算单位正电荷沿着光滑曲线 $L : x = x(t), y = y(t), z = z(t)$, $a \leqslant t \leqslant b$ 从 $A(x(a), y(a), z(a))$ 移动到 $B(x(b), y(b), z(b))$ 时, 该电场所做的功 W.

解 由物理学知识知道, 位于点 $M(x, y, z)$ 处的单位正电荷在该电场内所受的作用力的大小与电荷 q 成正比, 而与 $r = |\overrightarrow{OM}| = \sqrt{x^2 + y^2 + z^2}$ 的平方成反比, 即

$$\boldsymbol{F} = \frac{q}{r^2}\boldsymbol{r}^0 = \frac{q}{r^2}\left(\frac{x}{r}\boldsymbol{i} + \frac{y}{r}\boldsymbol{j} + \frac{z}{r}\boldsymbol{k}\right) = \frac{q}{(x^2 + y^2 + z^2)^{\frac{3}{2}}}(x\boldsymbol{i} + y\boldsymbol{j} + z\boldsymbol{k}),$$

其中 $\boldsymbol{r}^0$ 表示 M 点的向径 $\boldsymbol{r}$ 的单位向量. 因此, 力 $\boldsymbol{F}$ 沿 L 所做的功

$$W = q\int_L \frac{x dx + y dy + z dz}{(x^2 + y^2 + z^2)^{\frac{3}{2}}} = q\int_a^b \frac{x(t)x'(t) + y(t)y'(t) + z(t)z'(t)}{(x^2(t) + y^2(t) + z^2(t))^{\frac{3}{2}}}dt$$

$$= q\int_a^b \frac{d\sqrt{x^2(t) + y^2(t) + z^2(t)}}{x^2(t) + y^2(t) + z^2(t)} = q\int_{r(a)}^{r(b)} \frac{dr}{r^2}$$

$$= q\left(\frac{1}{r(a)} - \frac{1}{r(b)}\right).$$

这里 $r = r(t) = \sqrt{x^2(t) + y^2(t) + z^2(t)}, r(a)$ 和 $r(b)$ 分别是 A 点和 B 点到原点的距离.

这个例子表明, 静电场做功只与单位电荷运动的起点和终点有关, 而与它所走的具体路线无关. 重力场也具有这种性质.

设 $\boldsymbol{F} = \{P(x,y,z), Q(x,y,z), R(x,y,z)\}$ 为空间向量场. 它沿空间起点为 A, 终点为 B 的有向曲线 $\overset{\frown}{AB}$ 所做的功可以用第二型曲线积分表示

$$W = \int_{\overset{\frown}{AB}} P(x,y,z)\mathrm{d}x + Q(x,y,z)\mathrm{d}y + R(x,y,z)\mathrm{d}z.$$

定义 2.1 若向量场 $\boldsymbol{F}$ 沿任何分段光滑曲线所做的功只与曲线的起点和终点有关, 而与曲线的形状无关, 则称 $\boldsymbol{F}$ 为**保守场**.

设 $\boldsymbol{F}$ 是保守场, $A(x_0, y_0, z_0)$ 是给定点. 对于任意点 $M(x,y,z)$, 场 $\boldsymbol{F}$ 沿有向曲线 $\overset{\frown}{AM}$ 所做的功只与 M 点的坐标有关. 记

$$u(x,y,z) = \int_{(x_0,y_0,z_0)}^{(x,y,z)} P\mathrm{d}x + Q\mathrm{d}y + R\mathrm{d}z = \int_{\overset{\frown}{AM}} P\mathrm{d}x + Q\mathrm{d}y + R\mathrm{d}z.$$

定义 2.2 函数 $u(x,y,z)$ 称为保守场 $\boldsymbol{F}$ 的**势函数**.

由例 2.5 知, 静电场是保守场. 通过取折线路径, 我们可以证明: 若 u 是保守场 $\boldsymbol{F} = \{P, Q, R\}$ 的势函数, 则有 $\mathrm{grad}\, u = \boldsymbol{F}$.

习 题 9.2

1. 计算下列第二型曲线积分:

(1) $\displaystyle\int_L \sin y \mathrm{d}x + \sin x \mathrm{d}y$, 其中 L 为由点 $A(0, \pi)$ 到点 $B(\pi, 0)$ 的直线段;

(2) $\displaystyle\int_L 8x^3 \mathrm{d}x - 2xy \mathrm{d}y$, 其中 L 为圆 $x^2 + y^2 = 1$ 上由点 $A(1,0)$ 到点 $B(-1,0)$ 沿逆时针方向的一段圆弧;

(3) $\displaystyle\int_L y\mathrm{d}x + z\mathrm{d}y + x\mathrm{d}z$, 其中 L 为曲线 $x = a\cos t, y = a\sin t, z = bt$ 上从 $t = 0$ 到 $t = 2\pi$ 的一段有向弧;

(4) $\displaystyle\int_L \frac{x\mathrm{d}x + y\mathrm{d}y + z\mathrm{d}z}{\sqrt{x^2 + y^2 + z^2 - x - y + 2z}}$, 其中 L 为从点 $(1,1,1)$ 到点 $(4,4,4)$ 的一段直线;

(5) $\displaystyle\int_L (2a - y)\mathrm{d}x - (a - y)\mathrm{d}y$, 其中 L 为摆线 $x = a(t - \sin t), y = a(1 - \cos t)$ 上对应于从 $t = 0$ 到 $t = 2\pi$ 的一段弧;

(6) $\displaystyle\int_L (x^2 + y^2)\mathrm{d}x + (x^2 - y^2)\mathrm{d}y$, 其中 L 为折线 $y = 1 - |1 - x|$ 上自 $x = 0$ 到 $x = 2$ 的

一段有向弧;

(7) $\displaystyle\int_L \frac{-y}{x^2+y^2}\mathrm{d}x + \frac{x}{x^2+y^2}\mathrm{d}y$, 其中 L 为圆周 $x^2+y^2=1$, 方向取逆时针;

(8) $\displaystyle\int_L xy\mathrm{d}x$, 其中 L 为半圆 $(x-2)^2+y^2 \leqslant 4, y \geqslant 0$ 的边界曲线, 方向取逆时针;

(9) $\displaystyle\int_L (2xy-x^2)\mathrm{d}x + (x+y^2)\mathrm{d}y$, 其中 L 是由 $y=x^2, x=y^2$ 所围成区域的边界曲线, 方向取逆时针.

2. 在力 $\boldsymbol{F}=(1+y^2)\boldsymbol{i}+(x+y)\boldsymbol{j}$ 作用下, 一质点沿曲线 $y=ax(1-x)$ 从点 $(0,0)$ 移动到 $(1,0)$, 求 a 使 $\boldsymbol{F}$ 所做的功最小.

3. 一力场由沿着横轴正方向的常力 $\boldsymbol{F}$ 所构成, 试求当一质量为 m 的质点沿圆周 $x^2+y^2=R^2$ 按逆时针方向移过位于第一象限的那一段弧时, 常力所做的功.

第10章 面 积 分

本章主要讨论第一型曲面积分和第二型曲面积分. 首先从二重积分开始, 以此为基础将两类积分的计算问题转化成二重积分的计算.

10.1 二重积分的累次积分公式

二重积分是被积函数定义在平面的 2 维流形 D 上的面积分. 其一般形式为 $I = \iint_D f(x,y)\mathrm{d}\sigma$, D 称为积分域, $\mathrm{d}\sigma$ 称为面积元素.

如果 $f(x,y) \geqslant 0$, 那么二重积分在几何上就表示, 以 xOy 平面上的区域 D 的边界曲线为准线, 母线平行于 z 轴的柱面, 介于曲面 $z = f(x,y)$ 和 xOy 坐标平面之间的曲顶柱体的体积; 如果 $f(x,y) \leqslant 0$, 那么柱体就在 xOy 面的下方, 二重积分的值与柱体的体积相差一个负号; 如果对 xOy 面上方的柱体体积赋予正号, 对 xOy 面下方的柱体体积赋予负号, 那么 $f(x,y)$ 在 D 上的二重积分表示展布在 xOy 面上的曲顶柱体体积的代数和.

在直角坐标系上, 常用平行于 x 轴和 y 轴的直线来分割区域 D, 因而不难想到 $\Delta\sigma = \Delta x \cdot \Delta y$, 所以有时把 $\mathrm{d}\sigma$ 方便地写成 $\mathrm{d}x\mathrm{d}y$, 即

$$\iint_D f(x,y)\mathrm{d}\sigma = \iint_D f(x,y)\mathrm{d}x\mathrm{d}y.$$

下面, 根据二重积分的几何意义, 来推出二重积分的计算公式. 它将二重积分的计算归结为两次定积分的计算.

设有二重积分

$$I = \iint_D f(x,y)\mathrm{d}\sigma, \tag{1.1}$$

其中假定 $f(x,y) \geqslant 0$; 积分流形可表示为

$$D = \{(x,y) : \varphi_1(x) \leqslant y \leqslant \varphi_2(x),\ a \leqslant x \leqslant b\},$$

如图 10-1 所示. 称曲线 $y = \varphi_1(x)$ 和 $y = \varphi_2(x)$ 分别为流形 D 的 "下曲线" 和 "上曲线", 点 $x = a$ 和 $x = b$ 为 D 的 "左端点" 和 "右端点".

按二重积分的几何意义, 二重积分 (1.1) 的值等于以 D 为底, 曲面 $z = f(x,y)$ 为顶的曲顶柱体 (图 10-2) 的体积. 下面, 我们用微元法来求它的体积.

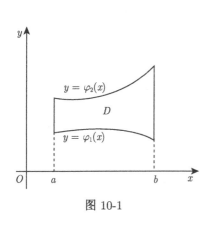

图 10-1

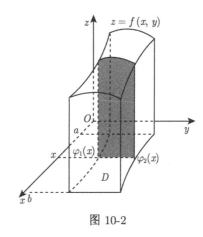

图 10-2

在 x 轴上, 坐标为 x 的点处, 用垂直于 x 轴的平面去截这一曲顶柱体, 得一截面. 设此截面的面积为 $A(x)$. 于是, 按微元法 (平行截面面积为已知的立体的体积求法), 这个曲顶柱体的体积为

$$V = \int_a^b A(x)\mathrm{d}x. \tag{1.2}$$

另外, 对每个固定的 x 来说, 把截面投影到 yOz 平面去看, 它是以曲线 $z = f(x,y)$ 为曲边, 以区间 $[\varphi_1(x), \varphi_2(x)]$ 为底的曲边梯形 (图 10-3). 所以,

$$A(x) = \int_{\varphi_1(x)}^{\varphi_2(x)} f(x,y)\mathrm{d}y. \tag{1.3}$$

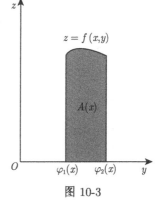

图 10-3

从而, 把 (1.3) 式代入 (1.2) 式得到曲顶柱体的体积

$$V = \int_a^b \left(\int_{\varphi_1(x)}^{\varphi_2(x)} f(x,y)\mathrm{d}y \right) \mathrm{d}x,$$

这个体积也就是所求二重积分 (1.1) 的值,

$$\iint_D f(x,y)\mathrm{d}\sigma = \int_a^b \left(\int_{\varphi_1(x)}^{\varphi_2(x)} f(x,y)\mathrm{d}y \right) \mathrm{d}x. \tag{1.4}$$

上式右端是一个先对 y, 后对 x 积分的两次定积分, 通常叫做二重积分的**累次积分公式**. 对 y 积分时, 把 x 看作常数而 y 是积分变量, 其积分上限和下限都依赖于 x, 所以积分结果是 x 的函数. 然后, 将所得到的函数再对 x 积分. 这时积分上、下限一定为常数. 形象地说, 计算二重积分, 必须作两次定积分, 第一次对 y 积分, 积分

限是从区域 D 的 "下曲线 $y = \varphi_1(x)$" 到 "上曲线 $y = \varphi_2(x)$"; 第二次对 x 积分, 积分限从区域 D 的 "左端点 $x = a$" 到 "右端点 $x = b$".

习惯上把 (1.4) 式记成

$$\iint_D f(x,y)\mathrm{d}\sigma = \int_a^b \mathrm{d}x \int_{\varphi_1(x)}^{\varphi_2(x)} f(x,y)\mathrm{d}y. \tag{1.5}$$

在上述讨论中, 我们假定了 $f(x,y) \geqslant 0$, 但公式 (1.5) 并不受这个条件限制.

如果积分区域 (图 10-4) 为

$$D = \{(x,y) | c \leqslant y \leqslant d, \psi_1(y) \leqslant x \leqslant \psi_2(y)\},$$

那么可完全类似地得出 "先对 x 后对 y 积分" 的累次积分公式:

$$\iint_D f(x,y)\mathrm{d}\sigma = \int_c^d \mathrm{d}y \int_{\psi_1(y)}^{\psi_2(y)} f(x,y)\mathrm{d}x. \tag{1.6}$$

这时, 对 x 的积分限是从 "左曲线" 到 "右曲线", 对 y 则是从 "下端点" 到 "上端点" 积分.

需要指出的是, 在推导公式 (1.5) 和 (1.6) 时, 我们实际上假定了积分 D 必须满足这样的条件: 穿过区域 D 内部且垂直于 x 轴 (y 轴) 的直线与 D 的边界曲线的交点不多于两点. 这样的区域称为 x-型区域 (y-型区域). 如果区域既不是 x-型区域, 也不是 y-型区域, 那么我们把它们分解成有限多个除边界外无公共点的 x-型或 y-型区域 (图 10-5). 这样, 我们便可以对它们分别利用公式 (1.5) 和公式 (1.6) 计算, 然后把结果加起来就得到整个区域上的二重积分值.

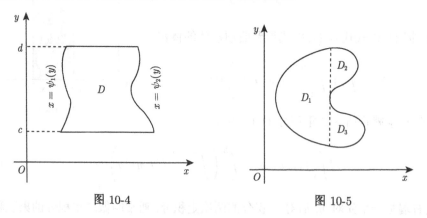

图 10-4   图 10-5

化二重积分为累次积分时, 关键的问题就在于如何根据积分区域 D 来确定两次定积分的上、下限. 为此, 先画出区域 D 的图形, 并写出 D 所有边界曲线方程, 确定一种积分次序, 便可写出累次积分.

例 1.1 计算 $\displaystyle\iint_D \frac{x^2}{1+y^2}\mathrm{d}\sigma,\ D:1\leqslant x\leqslant 2,\ 0\leqslant y\leqslant 1.$

解 根据累次积分公式,

$$\iint_D \frac{x^2}{1+y^2}\mathrm{d}\sigma = \int_1^2 \mathrm{d}x \int_0^1 \frac{x^2}{1+y^2}\mathrm{d}y = \int_1^2 \left[x^2\arctan y\right]_0^1 \mathrm{d}x$$

$$= \int_1^2 \frac{\pi}{4}x^2\mathrm{d}x = \left[\frac{\pi}{12}x^3\right]_1^2 = \frac{7\pi}{12}.$$

例 1.2 计算 $\displaystyle\iint_D x^2\mathrm{e}^{xy}\mathrm{d}x\mathrm{d}y,$ 其中 $D:0\leqslant x\leqslant 1, 0\leqslant y\leqslant x.$

解 根据累次积分法,

$$\iint_D x^2\mathrm{e}^{xy}\mathrm{d}x\mathrm{d}y = \int_0^1 \mathrm{d}x \int_0^x x^2\mathrm{e}^{xy}\mathrm{d}y = \int_0^1 [x\mathrm{e}^{xy}]_0^x \mathrm{d}x = \int_0^1 \left(x\mathrm{e}^{x^2}-x\right)\mathrm{d}x$$

$$= \left[\frac{1}{2}(\mathrm{e}^{x^2}-x^2)\right]_0^1 = \frac{\mathrm{e}}{2}-1.$$

例 1.3 计算 $\displaystyle\iint_D \frac{x^2}{y^2}\mathrm{d}x\mathrm{d}y,$ 其中 D 是由直线 $x=2, y=x$ 和双曲线 $xy=1$ 围成的区域.

解 先求曲线 $xy=1$ 和直线 $y=x$ 的交点得 $(1,1),(-1,-1).$ 因此, 区域 D 可表示为

$$1\leqslant x\leqslant 2, \quad \frac{1}{x}\leqslant y\leqslant x.$$

于是, 把原来的二重积分化为累次积分得

$$\iint_D \frac{x^2}{y^2}\mathrm{d}x\mathrm{d}y = \int_1^2 \mathrm{d}x \int_{\frac{1}{x}}^x \frac{x^2}{y^2}\mathrm{d}y = \int_1^2 \left[-\frac{x^2}{y}\right]_{\frac{1}{x}}^x \mathrm{d}x$$

$$= \int_1^2 (-x+x^3)\mathrm{d}x = \left[-\frac{x^2}{2}+\frac{x^4}{4}\right]_1^2 = \frac{9}{4}.$$

如果先对 x 后对 y 积分, 那么对 x 积分时, 区域 D 的左曲线由两条曲线 $x=y$ 和 $x=\dfrac{1}{y}$ 所组成, 因而不能直接写出累次积分式子. 这时, 把区域 D 分成两个区域 D_1 和 D_2 (图 10-6). 那么,

$$D_1: \frac{1}{2}\leqslant y\leqslant 1, \frac{1}{y}\leqslant x\leqslant 2,$$
$$D_2: 1\leqslant y\leqslant 2, y\leqslant x\leqslant 2.$$

于是,

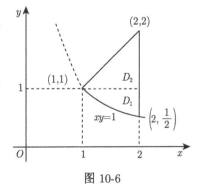

图 10-6

$$\iint_D \frac{x^2}{y^2}\mathrm{d}x\mathrm{d}y = \iint_{D_1} \frac{x^2}{y^2}\mathrm{d}x\mathrm{d}y + \iint_{D_2} \frac{x^2}{y^2}\mathrm{d}x\mathrm{d}y$$

$$= \int_{\frac{1}{2}}^1 \mathrm{d}y \int_{\frac{1}{y}}^2 \frac{x^2}{y^2}\mathrm{d}x + \int_1^2 \mathrm{d}y \int_y^2 \frac{x^2}{y^2}\mathrm{d}x$$

$$= \int_{\frac{1}{2}}^1 \left[\frac{x^3}{3y^2}\right]_{\frac{1}{y}}^2 \mathrm{d}y + \int_1^2 \left[\frac{x^3}{3y^2}\right]_y^2 \mathrm{d}y$$

$$= \int_{\frac{1}{2}}^1 \left(\frac{8}{3y^2} - \frac{1}{3y^5}\right)\mathrm{d}y + \int_1^2 \left(\frac{8}{3y^2} - \frac{y}{3}\right)\mathrm{d}y$$

$$= \left[-\frac{8}{3y} + \frac{1}{12y^4}\right]_{\frac{1}{2}}^1 + \left[-\frac{8}{3y} - \frac{y^2}{6}\right]_1^2$$

$$= \frac{9}{4}.$$

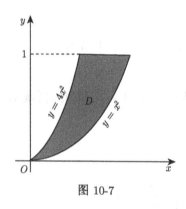

图 10-7

这个例子说明, 如果积分区域的边界曲线是分段函数, 那么用平行于坐标轴的直线把 D 分成若干个子区域, 然后在每个子区域上用累次积分公式计算. 另外, 这个例子表明, 第二种方法计算起来明显地比第一种方法麻烦. 这是积分次序选择不当而引起的.

例 1.4　计算 $\iint_D (x+y)\mathrm{d}\sigma$, 其中 D 为抛物线 $y = x^2, y = 4x^2$ 和直线 $y = 1, x \geqslant 0$ 所围成的区域 (图 10-7).

解　由于积分区域 D 的上曲线是由 $y = 4x^2$ 和 $y = 1$ 所组成的分段函数, 所以, 如果先对 y 积分, 就需要把 D 分成两部分来计算. 现在先对 x 积分, 得

$$\iint_D (x+y)\mathrm{d}\sigma = \int_0^1 \mathrm{d}y \int_{\frac{\sqrt{y}}{2}}^{\sqrt{y}} (x+y)\mathrm{d}x = \int_0^1 \left[\frac{x^2}{2} + yx\right]_{\frac{\sqrt{y}}{2}}^{\sqrt{y}} \mathrm{d}y$$

$$= \int_0^1 \left(\frac{3}{8}y + \frac{1}{2}y\sqrt{y}\right)\mathrm{d}y = \left[\frac{3}{16}y^2 + \frac{1}{5}y^{\frac{5}{2}}\right]_0^1 = \frac{31}{80}.$$

例 1.5　计算 $\iint_D \mathrm{e}^{y^2}\mathrm{d}\sigma$, 其中 D 是由直线 $y = -x,\ y = 1$ 和 $x = 0$ 所围成 (图 10-8).

解　如果先对 y 积分, 则

$$\iint_D \mathrm{e}^{y^2}\mathrm{d}\sigma = \int_{-1}^0 \mathrm{d}x \int_{-x}^1 \mathrm{e}^{y^2}\mathrm{d}y,$$

其中定积分 $\displaystyle\int_{-x}^{1} e^{y^2}\mathrm{d}y$ 不能用初等函数来表示, 因此无法继续计算.

现在交换积分次序, 那么

$$\iint_D e^{y^2}\mathrm{d}\sigma = \int_0^1 \mathrm{d}y \int_{-y}^0 e^{y^2}\mathrm{d}x = \int_0^1 y e^{y^2}\mathrm{d}y = \left[\frac{1}{2}e^{y^2}\right]_0^1 = \frac{e}{2} - 1.$$

这些例子说明, 把二重积分化为累次积分时, 究竟是先对 y 后对 x 积分, 还是先对 x 后对 y 积分要视具体情况确定. 有些问题, 两种次序的难易程度差别不大, 有些问题则差别很大, 甚至对一种次序的积分可以 "积出来", 对另一种次序积分却 "积不出来".

无论要写出累次积分, 或者为了积分方便, 需要改变积分的次序, 一般的解题步骤是先画出积分区域 D 的图形, 再根据图形定出累次积分的上、下限. 初学者在这一点上会感到困难, 细心领会下述例题是很有帮助的.

例 1.6 改变累次积分 $\displaystyle\int_0^a \mathrm{d}y \int_{\sqrt{a^2-y^2}}^{y+a} f(x,y)\mathrm{d}x, \ a > 0$ 的次序.

解 由公式 (1.6) 知, 积分区域 D 满足不等式

$$\sqrt{a^2 - y^2} \leqslant x \leqslant y + a, \quad 0 \leqslant y \leqslant a.$$

注意到 $x = y + a$ 是一个直线, $x = \sqrt{a^2 - y^2}$ 是圆 $x^2 + y^2 = a^2$ 的右半部分. 因此, $\sqrt{a^2 - y^2} \leqslant x$ 蕴含 $x^2 + y^2 \geqslant a^2$. 故 D 在圆 $x^2 + y^2 = a^2$ 之外. 又 $x - y - a \leqslant 0$, 故 D 位于直线 $x = y + a$ 上侧. 再由 $0 \leqslant y \leqslant a$ 知道, D 是直线 $x = y + a, y = a$ 和曲线 $x^2 + y^2 = a^2$ 所围成的, 如图 10-9 所示.

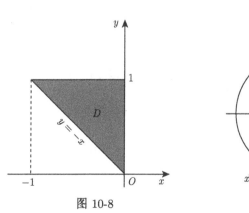

图 10-8

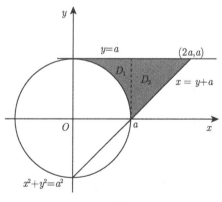

图 10-9

因此,

$$\int_0^a \mathrm{d}y \int_{\sqrt{a^2-y^2}}^{y+a} f(x,y)\mathrm{d}x = \iint_D f(x,y)\mathrm{d}\sigma = \iint_{D_1} f(x,y)\mathrm{d}\sigma + \iint_{D_2} f(x,y)\mathrm{d}\sigma.$$

而

$$D_1 : 0 \leqslant x \leqslant a, \sqrt{a^2 - x^2} \leqslant y \leqslant a,$$
$$D_2 : a \leqslant x \leqslant 2a, \ x - a \leqslant y \leqslant a.$$

于是,

$$\iint_{D_1} f(x,y)\mathrm{d}\sigma = \int_0^a \mathrm{d}x \int_{\sqrt{a^2-x^2}}^a f(x,y)\mathrm{d}y,$$
$$\iint_{D_2} f(x,y)\mathrm{d}\sigma = \int_a^{2a} \mathrm{d}x \int_{x-a}^a f(x,y)\mathrm{d}y.$$

从而,

$$\int_0^a \mathrm{d}y \int_{\sqrt{a^2-y^2}}^{y+a} f(x,y)\mathrm{d}x = \int_0^a \mathrm{d}x \int_{\sqrt{a^2-x^2}}^a f(x,y)\mathrm{d}y + \int_a^{2a} \mathrm{d}x \int_{x-a}^a f(x,y)\mathrm{d}y.$$

习 题 10.1

1. 计算下列二重积分:

(1) $\displaystyle\iint_D \frac{1}{(x-y)^2}\mathrm{d}x\mathrm{d}y$, 其中 $D : 1 \leqslant x \leqslant 2, \ 3 \leqslant y \leqslant 4$;

(2) $\displaystyle\iint_D x\mathrm{e}^{xy}\mathrm{d}x\mathrm{d}y$, 其中 $D : 0 \leqslant x \leqslant 1, \ -1 \leqslant y \leqslant 0$;

(3) $\displaystyle\iint_D x\cos(x+y)\mathrm{d}x\mathrm{d}y$, 其中 D 是三顶点分别为 $(0,0),\ (\pi,0),\ (\pi,\pi)$ 的三角形区域;

(4) $\displaystyle\iint_D x\mathrm{d}x\mathrm{d}y$, 其中 D 是由 $y = x^2,\ y = x^3$ 所围成的区域;

(5) $\displaystyle\iint_D \frac{y}{x}\mathrm{d}x\mathrm{d}y$, 其中 D 是由 $y = 2x,\ y = x,\ x = 4,\ x = 2$ 所围成的区域;

(6) $\displaystyle\iint_D x\mathrm{e}^{xy}\mathrm{d}x\mathrm{d}y$, 其中 D 是由 $x = 1,\ x = 2,\ y = 2,\ xy = 1$ 所围成的区域;

(7) $\displaystyle\iint_D (x^2 - y^2)\mathrm{d}x\mathrm{d}y$, 其中 D 是由 $0 \leqslant y \leqslant \sin x,\ 0 \leqslant x \leqslant \pi$ 所围成的区域.

2. 选择正确的积分次序, 计算下列二重积分:

(1) $\displaystyle\iint_D \frac{\sin y}{y}\mathrm{d}x\mathrm{d}y$, 其中 D 是由 $x = 0,\ y = x,\ y = 1$ 所围成的区域;

(2) $\displaystyle\iint_D \sqrt{xy - y^2}\mathrm{d}x\mathrm{d}y$, 其中 D 是三顶点分别为 $(0,0),\ (10,1),\ (1,1)$ 的三角形区域;

(3) $\displaystyle\int_0^1 \mathrm{d}y \int_y^1 \sin x^2\mathrm{d}x.$

3. 计算下列积分:

(1) $\iint_D \mathrm{e}^{-|x|-|y|}\mathrm{d}x\mathrm{d}y$, 其中 $D: |x| \leqslant a, |y| \leqslant a$;

(2) $\iint_D |y - x^2|\mathrm{d}x\mathrm{d}y$, 其中 $D: 0 \leqslant x \leqslant 1, 0 \leqslant y \leqslant 1$;

(3) $\iint_D f(x,y)\mathrm{d}x\mathrm{d}y$, 其中 $f(x,y) = \begin{cases} 1 - x - y, & x + y \leqslant 1, \\ 0, & x + y > 1, \end{cases}$ $D: 0 \leqslant x \leqslant 1, 0 \leqslant y \leqslant 1$.

4. 改变下列积分的积分次序:

(1) $\int_1^{\mathrm{e}} \mathrm{d}x \int_0^{\ln x} f(x,y)\mathrm{d}y$;

(2) $\int_0^1 \mathrm{d}y \int_y^{\sqrt{y}} f(x,y)\mathrm{d}x$;

(3) $\int_{-1}^1 \mathrm{d}x \int_0^{\sqrt{1-x^2}} f(x,y)\mathrm{d}y$;

(4) $\int_1^2 \mathrm{d}x \int_{2-x}^{\sqrt{2x-x^2}} f(x,y)\mathrm{d}y$;

(5) $\int_0^1 \mathrm{d}y \int_0^{2y} f(x,y)\mathrm{d}x + \int_1^3 \mathrm{d}y \int_0^{3-y} f(x,y)\mathrm{d}x$.

5. 计算由四个平面 $x = 0, y = 0, x = 1, y = 1$ 所围成的柱体被平面 $z = 0$ 及 $2x + 3y + z = 6$ 截得的立体的体积.

6. 求柱面 $y^2 + z^2 = 1$, $z \geqslant 0$, $y \geqslant 0$ 和平面 $x = 0, y = 0, z = 0, x + y = 1$ 所围成的立体体积.

10.2　利用极坐标计算二重积分

有些二重积分, 其被积函数 $f(x,y)$ 和积分区域 D 的边界曲线, 用区域 D 上的点 (x,y) 的极坐标变量 (r,θ) 表示比较方便、简单. 这时, 可以考虑利用极坐标变换

$$x = r\cos\theta, \quad y = r\sin\theta$$

计算二重积分 $\iint_D f(x,y)\mathrm{d}\sigma$. 为此, 必须将积分区域 D 和被积函数都用极坐标表示, 并求出极坐标下的面积元素.

我们知道, 二重积分的值与区域 D 的分割方式无关. 假定从极点 O 出发且穿过区域 D 内部的射线与 D 的边界曲线的交点不多于两点. 我们用以极点为中心的一族同心圆 $r =$ 常数和从极点出发的一族射线 $\theta =$ 常数, 把区域 D 分成几个小区域 (图 10-10).

设 $\Delta\sigma$ 是介于 r 到 $r + \Delta r$ 和 θ 到 $\theta + \Delta\theta$ 之间的小区域 (图 10-11). 那么, $\Delta\sigma$ 等于两个扇形面积之差

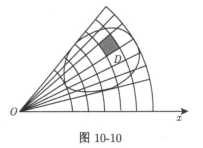

图 10-10

$$\Delta\sigma = \frac{1}{2}(r + \Delta r)^2 \cdot \Delta\theta - \frac{1}{2} \cdot r^2 \cdot \Delta\theta = r \cdot \Delta r \Delta\theta + \frac{1}{2}(\Delta r)^2 \cdot \Delta\theta \approx r\Delta r\Delta\theta.$$

因此, $\mathrm{d}\sigma$ 的极坐标表达式为

$$\mathrm{d}\sigma = r\mathrm{d}r\mathrm{d}\theta. \tag{2.1}$$

这时, 被积函数 $f(x,y)$ 也相应地化成 $f(r\cos\theta, r\sin\theta)$. 根据积分定义, 得到

$$\iint_D f(x, y)\mathrm{d}\sigma = \iint_D f(r\cos\theta, r\sin\theta)r\mathrm{d}r\mathrm{d}\theta. \tag{2.2}$$

这就是二重积分的极坐标变换公式, 其中 $r\mathrm{d}r\mathrm{d}\theta$ 就是极坐标系中的面积元素.

公式 (2.2) 表明, 要把二重积分中的变量从直角坐标变换为极坐标, 需要把被积函数中的 x, y 分别换成 $r\cos\theta, r\sin\theta$, 并把直角坐标系中的面积元素 $\mathrm{d}x\mathrm{d}y$ 换成极坐标系中的面积元素 $r\mathrm{d}r\mathrm{d}\theta$.

需要指出的是, 在公式 (2.2) 右端中, 将 (r, θ) 看作 xOy 平面上的点 (x,y) 的极坐标, 所以积分区域仍然是 D, 这一点很重要. 因此, 将公式 (2.2) 右端化成 r, θ 的累次积分时, 仍然要在区域 D 上进行讨论. 例如, 区域 D 是一个曲边扇形 (图 10-12)

$$r_1(\theta) \leqslant r \leqslant r_2(\theta), \quad \alpha \leqslant \theta \leqslant \beta \tag{2.3}$$

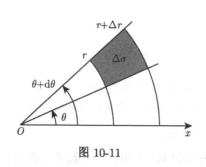

图 10-11

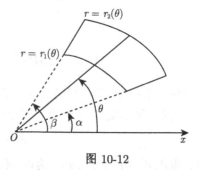

图 10-12

时, 对区间 $[\alpha, \beta]$ 上任意取定的 θ 值, 区域 D 上的点的极径 r 从 $r_1(\theta)$ 变到 $r_2(\theta)$, θ 从 α 变到 β. 于是,

$$\iint_D f(r\cos\theta, r\sin\theta)r\mathrm{d}r\mathrm{d}\theta = \int_\alpha^\beta \left(\int_{r_1(\theta)}^{r_2(\theta)} f(r\cos\theta, r\sin\theta)r\mathrm{d}r \right) \mathrm{d}\theta$$

$$= \int_\alpha^\beta \mathrm{d}\theta \int_{r_1(\theta)}^{r_2(\theta)} f(r\cos\theta, r\sin\theta)r\mathrm{d}r.$$

如果极点在积分区域 D 的内部(图10-13), 那么可以把它看成(2.3)式中当 $\alpha = 0$, $\beta = 2\pi, r_1(\theta) = 0, r_2(\theta) = r(\theta)$ 的特例. 这时, 区域 D 可表示为

$$0 \leqslant r \leqslant r(\theta), \quad 0 \leqslant \theta \leqslant 2\pi.$$

因此, 有

$$\iint_D f(r\cos\theta, r\sin\theta)r\mathrm{d}r\mathrm{d}\theta = \int_0^{2\pi}\mathrm{d}\theta\int_0^{r(\theta)} f(r\cos\theta, r\sin\theta)r\mathrm{d}r.$$

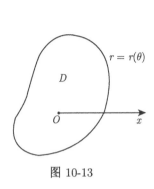

图 10-13

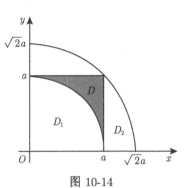

图 10-14

例 2.1 计算 $\iint_D \mathrm{e}^{-x^2-y^2}\mathrm{d}x\mathrm{d}y$, 其中 $D = \{(x, y) : x^2 + y^2 \leqslant a^2\}$.

解 由于积分 $\int \mathrm{e}^{-x^2}\mathrm{d}x$ 不能用初等函数表示, 所以本题不能用直角坐标计算. 现在采用极坐标. 那么,

$$D : 0 \leqslant r \leqslant a, 0 \leqslant \theta \leqslant 2\pi,$$

所以,

$$\iint_D \mathrm{e}^{-x^2-y^2}\mathrm{d}x\mathrm{d}y = \iint_D \mathrm{e}^{-r^2}r\mathrm{d}r\mathrm{d}\theta = \int_0^{2\pi}\left(\int_0^a \mathrm{e}^{-r^2}r\mathrm{d}r\right)\mathrm{d}\theta$$
$$= \int_0^{2\pi}\left[-\frac{1}{2}\mathrm{e}^{-r^2}\right]_0^a\mathrm{d}\theta = \pi(1 - \mathrm{e}^{-a^2}). \tag{2.4}$$

利用上述结果可以计算有名的概率积分 $\int_0^\infty \mathrm{e}^{-x^2}\mathrm{d}x$. 在第一象限内 (图 10-14), 分别设

$$D_1 = \{(x, y) : x^2 + y^2 \leqslant a^2, x \geqslant 0, y \geqslant 0\},$$
$$D_2 = \{(x, y) : x^2 + y^2 \leqslant 2a^2, x \geqslant 0, y \geqslant 0\},$$
$$D = \{(x, y) : 0 \leqslant x \leqslant a, 0 \leqslant y \leqslant a\},$$

其中 D_1 和 D_2 分别为以原点为心, 半径分别为 a 和 $\sqrt{2}a$ 的圆形区域的四分之一; D 为两边在坐标轴上的边长等于 a 的正方形区域. 显然, D 包含 D_1 而含在 D_2 之内. 由于 $\mathrm{e}^{-x^2-y^2} > 0$, 故

$$\iint_{D_1} \mathrm{e}^{-x^2-y^2}\mathrm{d}x\mathrm{d}y < \iint_D \mathrm{e}^{-x^2-y^2}\mathrm{d}x\mathrm{d}y < \iint_{D_2} \mathrm{e}^{-x^2-y^2}\mathrm{d}x\mathrm{d}y.$$

因为

$$\iint_D \mathrm{e}^{-x^2-y^2}\mathrm{d}x\mathrm{d}y = \int_0^a \mathrm{e}^{-x^2}\mathrm{d}x \int_0^a \mathrm{e}^{-y^2}\mathrm{d}y = \left(\int_0^a \mathrm{e}^{-x^2}\mathrm{d}x\right)^2,$$

由 (2.6) 式得

$$\iint_{D_1} \mathrm{e}^{-x^2-y^2}\mathrm{d}x\mathrm{d}y = \frac{\pi}{4}(1 - \mathrm{e}^{-a^2}),$$

$$\iint_{D_2} \mathrm{e}^{-x^2-y^2}\mathrm{d}x\mathrm{d}y = \frac{\pi}{4}(1 - \mathrm{e}^{-2a^2}).$$

于是, 上面的不等式可写成

$$\frac{\pi}{4}(1 - \mathrm{e}^{-a^2}) < \left(\int_0^a \mathrm{e}^{-x^2}\mathrm{d}x\right)^2 < \frac{\pi}{4}(1 - \mathrm{e}^{-2a^2}).$$

令 $a \to +\infty$. 由夹挤定理,

$$\int_0^{+\infty} \mathrm{e}^{-x^2}\mathrm{d}x = \frac{\sqrt{\pi}}{2}.$$

例 2.2　求球体 $x^2 + y^2 + z^2 \leqslant 4a^2$ 被圆柱面 $x^2 + y^2 = 2ax$ 所截出的那一部分体积 V (图 10-15 表示体积 V 在第一卦限部分).

解　由对称性,

$$V = 4 \iint_D \sqrt{4a^2 - x^2 - y^2}\mathrm{d}x\mathrm{d}y,$$

其中 D 为半圆周 $y = \sqrt{2ax - x^2}$ 及 x 轴所围成的闭区域. 利用极坐标把区域 D (图 10-16) 表示为

$$0 \leqslant r \leqslant 2a\cos\theta, \quad 0 \leqslant \theta \leqslant \frac{\pi}{2}.$$

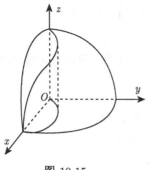

图 10-15

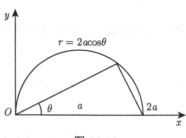

图 10-16

于是,

$$V = 4 \iint_D \sqrt{4a^2 - r^2}r\mathrm{d}r\mathrm{d}\theta$$

$$= 4 \int_0^{\frac{\pi}{2}} \mathrm{d}\theta \int_0^{2a\cos\theta} \sqrt{4a^2 - r^2} r \mathrm{d}r$$

$$= \frac{32}{3} a^3 \int_0^{\frac{\pi}{2}} (1 - \sin^3\theta)\mathrm{d}\theta$$

$$= \frac{32}{3} a^3 \left(\frac{\pi}{2} - \frac{2}{3} \right).$$

习 题 10.2

1. 利用极坐标变换计算下列二重积分:

(1) $\iint_D (x^2 + 4y^2 + 9)\mathrm{d}x\mathrm{d}y$, 其中 $D: x^2 + y^2 \leqslant 4$;

(2) $\iint_D y^2(R^2 - x^2)\mathrm{d}x\mathrm{d}y$, 其中 $D: x^2 + y^2 \leqslant R^2$, $y \geqslant 0$;

(3) $\iint_D \ln(1 + x^2 + y^2)\mathrm{d}x\mathrm{d}y$, 其中 D 是由圆周 $x^2 + y^2 = 1$ 及坐标轴围成的在第一象限内的区域;

(4) $\iint_D \arctan\frac{y}{x}\mathrm{d}x\mathrm{d}y$, 其中 D 是由圆周 $x^2 + y^2 = 4$, $x^2 + y^2 = 1$ 及直线 $y = 0$, $y = x$ 围成的在第一象限内的区域;

(5) $\iint_D \sqrt{x^2 + y^2}\mathrm{d}x\mathrm{d}y$, 其中 D 是圆环形区域 $a^2 \leqslant x^2 + y^2 \leqslant b^2$;

(6) $\iint_D \frac{y}{\sqrt{x^2 + y^2}}\mathrm{d}x\mathrm{d}y$, 其中 D 是圆域 $x^2 + y^2 \leqslant ay$, 其中常数 $a > 0$;

(7) $\iint_D \frac{\mathrm{d}x\mathrm{d}y}{\sqrt{x^2 + y^2}}$, 其中 D 是 $y = x^2$, $y = x$ 围成的区域.

2. 选用适当的坐标计算下列二重积分:

(1) $\iint_D (x^2 + y^2)\mathrm{d}x\mathrm{d}y$, 其中 D 是由直线 $y = x$, $y = x + a$, $y = a$, $y = 3a$ 围成的区域, 这里常数 $a > 0$;

(2) $\iint_D \sin\sqrt{x^2 + y^2}\mathrm{d}x\mathrm{d}y$, 其中 D 是圆环形区域 $\pi^2 \leqslant x^2 + y^2 \leqslant 4\pi^2$;

(3) $\iint_D \sqrt{R^2 - x^2 - y^2}\mathrm{d}x\mathrm{d}y$, 其中 D 是圆周 $x^2 + y^2 = Rx$ 围成的区域;

(4) $\iint_D \sqrt{\frac{1 - x^2 - y^2}{1 + x^2 + y^2}}\mathrm{d}x\mathrm{d}y$, 其中 D 是圆周 $x^2 + y^2 = 1$ 及坐标轴围成的在第一象限的区域;

(5) $\iint_D \frac{x + y}{x^2 + y^2}\mathrm{d}x\mathrm{d}y$, 其中 D 是由 $x^2 + y^2 \leqslant 1$, $x + y \geqslant 1$ 围成的区域;

(6) $\iint_D \sqrt{x^2 + y^2}\mathrm{d}x\mathrm{d}y$, 其中 D 是由 $x^2 + y^2 = 4$, $x^2 + y^2 = 2x$ 围成的区域;

(7) $\iint_D xy\mathrm{e}^{x^2+y^2}\mathrm{d}x\mathrm{d}y$, 其中 D 是矩形区域 $0 \leqslant x \leqslant 1$, $0 \leqslant y \leqslant 1$.

3. $F(t) = \iint_D \mathrm{e}^{\sin\sqrt{x^2+y^2}}\mathrm{d}x\mathrm{d}y$, 其中 D 为 $x^2 + y^2 \leqslant t^2$. 求 $F'(t)$. (提示: 利用极坐标, 把 $F(t)$ 表成关于 t 的定积分.)

4. 计算以 xOy 面上的圆周 $x^2 + y^2 = ax$ 围成的区域为底, 而以曲面 $z = x^2 + y^2$ 为顶的曲顶柱体的体积.

5. 计算抛物面 $z = 1 - x^2 - y^2$ 与平面 $z = 0$ 围成的区域的体积.

10.3　第一型曲面积分

本节介绍第一型曲面积分的计算方法. 首先从计算曲面的面积开始. 事实上, 这是计算被积函数为 1 的第一型曲面积分. 然后, 利用曲面的面积元素公式, 将第一型曲面积分化为二重积分计算.

10.3.1　曲面面积

先来证明一个空间平面片 Σ 的面积 S 和它在 xOy 面上的投影区域 D 的面积 σ 之间的关系

$$S = \frac{\sigma}{\cos\gamma}, \tag{3.1}$$

其中 γ 为平面 Σ 上的法线 (指向朝上) 与 z 轴正向的夹角.

事实上, 由立体几何知识知道, 当 Σ 是一个矩形并且它的一条边和 Σ 所在的平面与 xOy 面的交线相平行时 (图 10-17), (3.1) 式是显然成立的. 在一般情况下, 可以把 Σ 分成上述类型的 m 个小矩形区域 (除靠边界的不规则部分外), 则小矩形区域的面积 S_k 及其投影区域的面积 σ_k 之间满足 (3.1) 式, 从而

$$\sum_{k=1}^{m} S_k = \frac{1}{\cos\gamma} \sum_{k=1}^{m} \sigma_k.$$

使各小区域的直径中的最大者趋于零, 取极限便得 (3.1) 式.

现在来求任意曲面的面积. 设有一空间曲面 Σ, 它的方程为

$$z = f(x, y), \quad (x, y) \in D,$$

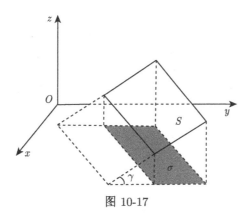

图 10-17

其中 D 为 Σ 在 xOy 面上的投影区域. 假设函数 $f(x,y)$ 在 D 上有连续偏导数. 在 D 上任取一小块区域 ΔD, 它的面积记作 $\Delta\sigma$. 在 ΔD 内任取一点 $P(x,y)$, 对应地在 Σ 上有一点 $M(x,y,f(x,y))$, 点 P 就是点 M 在 xOy 面上的投影点. 点 M 处曲面 Σ 的切平面为 T (图 10-18).

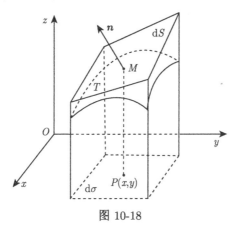

图 10-18

现在, 以 ΔD 的边界曲线为准线作其母线平行于 z 轴的柱面, 该柱面在曲面 Σ 和切平面 T 上分别截下小片曲面 $\Delta\Sigma$ 和小片平面 ΔT, $\Delta\Sigma$ 的面积记为 ΔS. 由于 ΔD 的直径很小, 用 ΔT 近似地代替 $\Delta\Sigma$. 设曲面 Σ 在点 M 处的单位法向量为 $\boldsymbol{n}$. 则

$$\boldsymbol{n} = \left\{ \frac{\pm f_x}{\sqrt{1 + f_x^2 + f_y^2}}, \frac{\pm f_y}{\sqrt{1 + f_x^2 + f_y^2}}, \frac{\mp 1}{\sqrt{1 + f_x^2 + f_y^2}} \right\}.$$

因此, 由 (3.1) 式知

$$\mathrm{d}S = \frac{\mathrm{d}\sigma}{|\cos\gamma|} = \sqrt{1 + f_x^2 + f_y^2}\,\mathrm{d}\sigma. \tag{3.2}$$

积分得曲面 Σ 的面积

$$S = \iint_D \sqrt{1 + f_x^2 + f_y^2}\,\mathrm{d}\sigma. \tag{3.3}$$

称 (3.2) 式为曲面的面积元素公式, 它和弧长微分公式是类似的.

例 3.1　证明: 球面上任意两个高为 H 的球带的面积都相同.

证　设在上半球面 $x^2 + y^2 + z^2 = R^2$ 上, 球带的上、下圆半径分别为 r_1 和 r_2, $r_1 < r_2$ (图 10-19). 则它在 xOy 面上的投影区域是分别以 r_1 和 r_2 为内外半径的环:

$$D : r_1^2 \leqslant x^2 + y^2 \leqslant r_2^2.$$

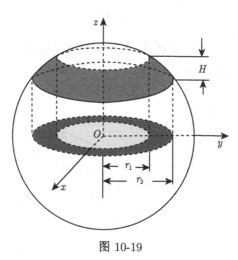

图 10-19

由于球带的面积元素

$$\begin{aligned}
\mathrm{d}S &= \sqrt{1 + z_x^2 + z_y^2}\,\mathrm{d}x\mathrm{d}y \\
&= \left(1 + \frac{x^2}{R^2 - x^2 - y^2} + \frac{y^2}{R^2 - x^2 - y^2}\right)^{\frac{1}{2}} \mathrm{d}x\mathrm{d}y \\
&= \frac{R\mathrm{d}x\mathrm{d}y}{\sqrt{R^2 - x^2 - y^2}},
\end{aligned}$$

从而利用极坐标变换, 便知

$$\begin{aligned}
S &= \iint_D \frac{R\mathrm{d}x\mathrm{d}y}{\sqrt{R^2 - x^2 - y^2}} = \int_0^{2\pi} \mathrm{d}\theta \int_{r_1}^{r_2} \frac{Rr\mathrm{d}r}{\sqrt{R^2 - r^2}} \\
&= -2\pi R\left(\sqrt{R^2 - r_2^2} - \sqrt{R^2 - r_1^2}\right) = 2\pi RH,
\end{aligned}$$

其中 $H = -\sqrt{R^2 - r_2^2} + \sqrt{R^2 - r_1^2}$ 表示球带的高. 这说明, 球带的面积只与它的高和球的半径有关, 这是所要证明的. 特别当 $H = R$ 时, 我们得到球面面积 $S = 4\pi R^2$.

例 3.2　求球面 $x^2 + y^2 + z^2 = a^2$, $z \geqslant 0$ 被柱面 $\left(x - \dfrac{a}{2}\right)^2 + y^2 = \dfrac{a^2}{4}$ 所截下的面积 (图 10-20).

解　注意到所求曲面在 xOy 面上的投影区域为

$$D : \left(x - \frac{a}{2}\right)^2 + y^2 \leqslant \frac{a^2}{4},$$

而曲面 $z = \sqrt{a^2 - x^2 - y^2}$ 的面积微元

$$\mathrm{d}S = \frac{a}{\sqrt{a^2 - x^2 - y^2}}\mathrm{d}x\mathrm{d}y.$$

因此,

$$S = \iint_D \frac{a}{\sqrt{a^2 - x^2 - y^2}}\mathrm{d}x\mathrm{d}y = 2a\int_0^{\frac{\pi}{2}} \mathrm{d}\theta \int_0^{a\cos\theta} \frac{r\mathrm{d}r}{\sqrt{a^2 - r^2}} = a^2(\pi - 2).$$

10.3.2　第一型曲面积分的计算

现在, 我们来计算第一型曲面积分 $I = \iint_\Sigma f(x, y, z)\mathrm{d}S$. 假设曲面 Σ 的方程为

$$z = z(x, y), \quad (x, y) \in D, \tag{3.4}$$

其中 D 为 Σ 在 xOy 平面上的投影 (图 10-21). 于是, 根据 (3.2) 式有

$$\mathrm{d}I = f(x, y, z)\mathrm{d}S = f(x, y, z(x, y))\sqrt{1 + z_x^2(x, y) + z_y^2(x, y)}\mathrm{d}x\mathrm{d}y, \quad (x, y) \in D.$$

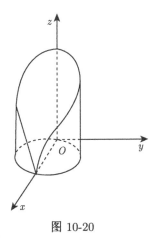

图 10-20

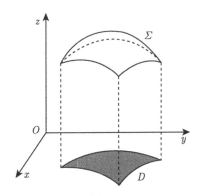

图 10-21

根据微元法, 得到

$$I = \iint_D f(x, y, z(x, y))\sqrt{1 + z_x^2(x, y) + z_y^2(x, y)}\mathrm{d}x\mathrm{d}y. \tag{3.5}$$

公式 (3.5) 表明, 要计算第一型曲面积分 $\iint_\Sigma f(x, y, z)\mathrm{d}S$, 只需把被积函数中的变量 z 换成曲面 Σ 上点的坐标表达式, $\mathrm{d}S$ 换成曲面 Σ 的面积微分表达式, 然后在 Σ 于 xOy 面上的投影区域 D 上积分即可.

例 3.3 计算 $\iint_\Sigma \dfrac{1}{z}\mathrm{d}S$, 其中 Σ 是球面 $x^2 + y^2 + z^2 = a^2$ 被平面 $z = h$, $0 < h < a$ 截出的上部.

解 曲面 Σ 的方程为

$$z = \sqrt{a^2 - x^2 - y^2}, \quad h \leqslant z \leqslant a,$$

而 Σ 在 xOy 面上的投影区域

$$D_{xy} : x^2 + y^2 \leqslant a^2 - h^2.$$

注意

$$z_x = \frac{-x}{\sqrt{a^2 - x^2 - y^2}}, \quad z_y = \frac{-y}{\sqrt{a^2 - x^2 - y^2}}.$$

因此,

$$\mathrm{d}S = \frac{a}{\sqrt{a^2 - x^2 - y^2}}\mathrm{d}\sigma.$$

这样, 得到

$$
\begin{aligned}
\iint_\Sigma \frac{1}{z}\mathrm{d}S &= \iint_{D_{xy}} \frac{a}{a^2 - x^2 - y^2}\mathrm{d}x\mathrm{d}y \\
&= a \int_0^{2\pi} \mathrm{d}\theta \int_0^{\sqrt{a^2-h^2}} \frac{r}{a^2 - r^2}\mathrm{d}r \\
&= 2\pi a \left[-\frac{1}{2}\ln(a^2 - r^2) \right]_0^{\sqrt{a^2-h^2}} \\
&= 2\pi a \ln \frac{a}{h}.
\end{aligned}
$$

例 3.4 计算 $\iint_\Sigma xyz\,\mathrm{d}S$, 其中 Σ 是由平面 $x + y + z = 1$ 和三个坐标面所围成的四面体的边界面.

解 设 Σ 在平面 $x = 0, y = 0, z = 0$ 和 $x + y + z = 1$ 上各部分依次记为 Σ_1, Σ_2, Σ_3 及 Σ_4, 则

$$\iint_\Sigma xyz\,\mathrm{d}S = \iint_{\Sigma_1} xyz\,\mathrm{d}S + \iint_{\Sigma_2} xyz\,\mathrm{d}S + \iint_{\Sigma_3} xyz\,\mathrm{d}S + \iint_{\Sigma_4} xyz\,\mathrm{d}S.$$

由于在 $\Sigma_1, \Sigma_2, \Sigma_3$ 上 $f(x, y, z) = xyz$ 均为零, 所以上述右端积分的前三个积分都为零. 在 Σ_4 上,

$$z = 1 - x - y.$$

故

$$\mathrm{d}S = \sqrt{1 + z_x^2 + z_y^2}\mathrm{d}x\mathrm{d}y = \sqrt{3}\mathrm{d}x\mathrm{d}y, \quad D_{xy}: 0 \leqslant x \leqslant 1, 0 \leqslant y \leqslant 1 - x.$$

于是,

$$\iint_{\Sigma} xyz\mathrm{d}S = \iint_{D_{xy}} \sqrt{3}xy(1 - x - y)\mathrm{d}x\mathrm{d}y$$

$$= \sqrt{3} \int_0^1 x\mathrm{d}x \int_0^{1-x} y(1 - x - y)\mathrm{d}y$$

$$= \sqrt{3} \int_0^1 x \cdot \frac{(1 - x)^3}{6}\mathrm{d}x = \frac{\sqrt{3}}{120}.$$

习　题　10.3

1. 求平面 $\dfrac{x}{a} + \dfrac{y}{b} + \dfrac{z}{c} = 1$ 被三坐标面割出的有限部分的面积.

2. 求平面 $2x + 3y - z + 1 = 0$ 被柱面 $x^2 + y^2 = 1$ 所截部分的面积.

3. 求球面 $x^2 + y^2 + z^2 = 25$ 被平面 $z = 3$ 所截的上半部分曲面面积.

4. 求锥面 $z = \sqrt{x^2 + y^2}$ 被柱面 $z^2 = 2x$ 所截下半部分的曲面面积.

5. 求曲面 $z = xy$ 被柱面 $x^2 + y^2 = 1$ 所截部分的面积.

6. 求两个直交圆柱面 $x^2 + y^2 = R^2$ 及 $x^2 + z^2 = R^2$ 所围成立体的表面积.

7. 计算下列第一型曲面积分:

(1) $\displaystyle\iint_{\Sigma}(7x + 4y + 3z - 12)\mathrm{d}S$, 其中 Σ 为 $\dfrac{x}{2} + \dfrac{y}{3} + \dfrac{z}{4} = 1$ 在第一卦限部分;

(2) $\displaystyle\iint_{\Sigma}30z\mathrm{d}S$, 其中 Σ 为 xOy 面上方的抛物面 $z = 2 - (x^2 + y^2)$;

(3) $\displaystyle\iint_{\Sigma}(x^2 + y^2)\mathrm{d}S$, 其中 Σ 为 $z^2 = 3(x^2 + y^2)$ 被平面 $z = 0$, $z = 3$ 截得部分;

(4) $\displaystyle\iint_{\Sigma}\sin\sqrt{a^2 - x^2 - y^2}\mathrm{d}S$, 其中 Σ 为球面 $x^2 + y^2 + z^2 = a^2$ 在第一卦限部分;

(5) $\displaystyle\iint_{\Sigma}\frac{\mathrm{d}S}{(1 + x + y)^2}$, 其中 Σ 为平面 $x + y + z = 1$ 在第一卦限部分;

(6) $\displaystyle\iint_{\Sigma}(xy + yz + zx)\mathrm{d}S$, 其中 Σ 为锥面 $z = \sqrt{x^2 + y^2}$ 被柱面 $x^2 + y^2 = 2ax$ 截得部分;

(7) $\displaystyle\iint_{\Sigma}(x + y + z)\mathrm{d}S$, 其中 Σ 为上半球面 $z = \sqrt{a^2 - x^2 - y^2}$;

(8) $\displaystyle\iint_{\Sigma}|xy|\mathrm{d}S$, 其中 Σ 为抛物面 $z = x^2 + y^2$ 被平面 $z = 2$ 截得部分.

8. 如果球面上每一点的密度等于该点到球的某一直径的距离的平方, 试求球面的质量, 其中球的半径为 R.

9. 求抛物面壳 $z = \dfrac{1}{2}(x^2 + y^2)$, $0 \leqslant z \leqslant 1$ 的质量, 此壳的密度为 $\rho(x, y, z) = z$.

10.4　第二型曲面积分

考虑

$$\Phi = \iint_{\Sigma} f(x, y, z) \cos \gamma \mathrm{d}S.$$

假设曲面

$$\Sigma : z = z(x, y), \ (x, y) \in D_{xy} \tag{4.1}$$

是具有双侧的曲面. 根据积分的定义,

$$\mathrm{d}\Phi = f(x, y, z) \cos \gamma \mathrm{d}S.$$

由于

$$\boldsymbol{n} = \frac{\pm 1}{\sqrt{1 + z_x^2(x, y) + z_y^2(x, y)}} \left\{ -\frac{\partial z}{\partial x}, -\frac{\partial z}{\partial y}, 1 \right\},$$

故

$$\cos \gamma = \frac{\pm 1}{\sqrt{1 + z_x^2(x, y) + z_y^2(x, y)}}. \tag{4.2}$$

若积分取在 Σ 的上侧, 则 $\cos \gamma > 0$; 若积分取在 Σ 的下侧, 则 $\cos \gamma < 0$. 因此, 把面积元素公式和 (4.2) 式代入 (4.1) 式, 得到

$$\mathrm{d}\Phi = f(x, y, z) \cos \gamma \mathrm{d}S = \pm f(x, y, z(x, y))\mathrm{d}x\mathrm{d}y.$$

对上式取积分, 得到

$$\iint_{\Sigma} f(x, y, z) \cos \gamma \mathrm{d}S = \pm \iint_{D_{xy}} f(x, y, z(x, y))\mathrm{d}x\mathrm{d}y, \tag{4.3}$$

其中 D_{xy} 是 Σ 在 xOy 平面上的投影区域, 而右端积分号前的符号, 取决于左端的曲面积分所选定的曲面 Σ 的侧: 若积分取在 Σ 的上侧, 则取正号; 若积分取在 Σ 的下侧, 则取负号. 这从物理上看也是很自然的, 即流向曲面不同侧的流量应当是具有相反意义的量.

完全类似地可以得到, 函数 $f(x, y, z)$ 在曲面

$$\Sigma : y = y(x, z), \ (x, z) \in D_{zx}$$

上的对坐标的曲面积分

$$\iint_{\Sigma} f(x, y, z)\mathrm{d}z\mathrm{d}x = \pm \iint_{D_{zx}} f(x, y(x, z), z)\mathrm{d}z\mathrm{d}x, \tag{4.4}$$

其中 D_{zx} 是 Σ 在 xOz 平面上的投影区域, 而右端积分号前的符号由积分曲面 Σ 上所取的侧而定: 若积分取在 Σ 的右侧, 则取正号; 若积分取在 Σ 的左侧, 则取负号.

同样, 若

$$\Sigma : x = x(y, z), (y, z) \in D_{yz},$$

则

$$\iint_{\Sigma} f(x, y, z)\mathrm{d}y\mathrm{d}z = \pm \iint_{D_{yz}} f(x(y, z), y, z)\mathrm{d}y\mathrm{d}z, \tag{4.5}$$

其中 D_{yz} 为 Σ 在 yOz 平面上的投影区域, 而右端积分号前的符号由积分曲面 Σ 上所取的侧而定: 若积分取在 Σ 的前侧, 则取正号; 反之取负号.

例 4.1 计算 $\iint_{\Sigma} x^2 y^2 z\mathrm{d}x\mathrm{d}y$, 其中 Σ 为锥面 $z = \sqrt{x^2 + y^2}$, $0 \leqslant z \leqslant R$ 的下侧, 如图 10-22 所示.

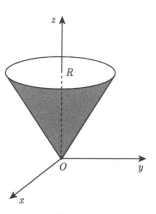

图 10-22

解 Σ 在 xOy 面上的投影区域为: $D_{xy} : x^2 + y^2 \leqslant R^2$. 因此,

$$\iint_{\Sigma} x^2 y^2 z\mathrm{d}x\mathrm{d}y = -\iint_{D_{xy}} x^2 y^2 \sqrt{x^2 + y^2}\mathrm{d}x\mathrm{d}y$$

$$= -\int_0^{2\pi} \mathrm{d}\theta \int_0^R r^6 \sin^2\theta \cos^2\theta \mathrm{d}r$$

$$= -\int_0^{2\pi} \frac{R^7}{7} \sin^2\theta \cos^2\theta \mathrm{d}\theta$$

$$= \frac{R^7}{56} \int_0^{2\pi} (\cos 4\theta - 1)\mathrm{d}\theta$$

$$= -\frac{\pi R^7}{28}.$$

例 4.2 计算 $\iint_{\Sigma} xz\mathrm{d}x\mathrm{d}y + x^5 y\mathrm{d}y\mathrm{d}z + y\mathrm{d}z\mathrm{d}x$, 其中 Σ 是通过三点 $A(0, 0, 1)$, $B(0, 1, 0)$ 和 $C(1, 1, 0)$ 的三条直线所围成的平面区域, 而积分取在 Σ 的上侧, 如图 10-23 所示.

解　由点 B 和 C 的坐标立即可知直线 BC 平行 x 轴. 这样, 曲面 Σ 是平行于 x 轴的平面. 因此, Σ 的方程是

$$y + z = 1.$$

容易看出, Σ 在 xOy 面上的投影区域 $D_{xy} : 0 \leqslant x \leqslant 1, x \leqslant y \leqslant 1$; Σ 在 zOx 面上的投影区域 $D_{zx} : 0 \leqslant x \leqslant 1, 0 \leqslant z \leqslant 1 - x$; Σ 在 yOz 面上的投影区域 D_{yz} 是通过 A, B 两点的直线. 因此

$$\iint_{\Sigma} xz\mathrm{d}x\mathrm{d}y = \iint_{D_{xy}} x(1 - y)\mathrm{d}x\mathrm{d}y = \int_0^1 x\mathrm{d}x \int_x^1 (1 - y)\mathrm{d}y$$

$$= \int_0^1 \frac{1}{2}x(1 - x)^2\mathrm{d}x = \frac{1}{2}\left[\frac{x^2}{2} - \frac{2x^3}{3} + \frac{x^4}{4}\right]_0^1 = \frac{1}{24};$$

$$\iint_{\Sigma} x^5 y\mathrm{d}y\mathrm{d}z = 0;$$

$$\iint_{\Sigma} y\mathrm{d}z\mathrm{d}x = \iint_{D_{zx}} (1 - z)\mathrm{d}z\mathrm{d}x = \int_0^1 \mathrm{d}x \int_0^{1-x} (1 - z)\mathrm{d}z$$

$$= \int_0^1 \frac{1}{2}(1 - x^2)\mathrm{d}x = \left[\frac{1}{2}\left(x - \frac{x^3}{3}\right)\right]_0^1 = \frac{1}{3}.$$

因此,

$$\iint_{\Sigma} xz\mathrm{d}x\mathrm{d}y + x^5 y\mathrm{d}y\mathrm{d}z + y\mathrm{d}z\mathrm{d}x = \frac{3}{8}.$$

例 4.3　计算 $\displaystyle\iint_{\Sigma} \frac{x^2 + y^2 + 3}{2 + z}\mathrm{d}x\mathrm{d}y$, 其中 Σ 是球面 $x^2 + y^2 + z^2 = 1$ 的外侧, 如图 10-24 所示.

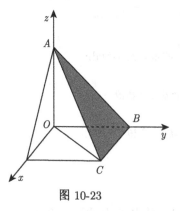

图 10-23

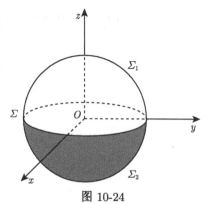

图 10-24

解　曲面 Σ 分成 Σ_1 和 Σ_2:

$$\Sigma_1 : z = \sqrt{1 - x^2 - y^2},$$

$$\Sigma_2 : z = -\sqrt{1 - x^2 - y^2}.$$

因为积分取在球面的外侧, 所以 Σ_1 取上侧, Σ_2 取下侧, 故

$$\iint_\Sigma \frac{x^2 + y^2 + 3}{2 + z} \mathrm{d}x\mathrm{d}y = \iint_{\Sigma_1} \frac{x^2 + y^2 + 3}{2 + z} \mathrm{d}x\mathrm{d}y + \iint_{\Sigma_2} \frac{x^2 + y^2 + 3}{2 + z} \mathrm{d}x\mathrm{d}y$$

$$= \iint_D \frac{x^2 + y^2 + 3}{2 + \sqrt{1 - x^2 - y^2}} \mathrm{d}x\mathrm{d}y - \iint_D \frac{x^2 + y^2 + 3}{2 - \sqrt{1 - x^2 - y^2}} \mathrm{d}x\mathrm{d}y,$$

其中 $D : x^2 + y^2 \leqslant 1$. 作极坐标变换得

$$\iint_\Sigma \frac{x^2 + y^2 + 3}{2 + z} \mathrm{d}x\mathrm{d}y = \iint_D \left(\frac{r^2 + 3}{2 + \sqrt{1 - r^2}} - \frac{r^2 + 3}{2 - \sqrt{1 - r^2}} \right) r \mathrm{d}r\mathrm{d}\theta$$

$$= \iint_D -2r\sqrt{1 - r^2} \mathrm{d}r\mathrm{d}\theta$$

$$= -2 \int_0^{2\pi} \mathrm{d}\theta \int_0^1 r\sqrt{1 - r^2} \mathrm{d}r$$

$$= -\frac{4}{3}\pi.$$

习　题　10.4

1. 计算下列第二型曲面积分:

(1) $\displaystyle\iint_\Sigma z^2 \mathrm{d}x\mathrm{d}y$, 其中 Σ 为平面 $x + y + z = 1$ 在第一卦限部分的上侧;

(2) $\displaystyle\iint_\Sigma x^2 \mathrm{d}y\mathrm{d}z + y^2 \mathrm{d}z\mathrm{d}x + z^2 \mathrm{d}x\mathrm{d}y$, 其中 Σ 为平面 $x + y + z = 1$ 在第一卦限部分的上侧;

(3) $\displaystyle\iint_\Sigma (x^2 + y^2) \mathrm{d}x\mathrm{d}y$, 其中 Σ 为 xOy 面上圆域 $x^2 + y^2 \leqslant a^2$ 的下侧;

(4) $\displaystyle\iint_\Sigma x^2 y^2 z^2 \mathrm{d}x\mathrm{d}y$, 其中 Σ 为上半球面 $x^2 + y^2 + z^2 = R^2$, $z \geqslant 0$ 的上侧;

(5) $\displaystyle\iint_\Sigma xy^2 (z - 1)^3 \mathrm{d}x\mathrm{d}y$, 其中 Σ 为平面 $z = 1$ 被柱面 $x^2 + y^2 = a^2$ 截得部分上侧;

(6) $\displaystyle\iint_\Sigma (x^2 + y^2 + z^2) \mathrm{d}x\mathrm{d}y$, 其中 Σ 为 $x^2 + y^2 + z^2 = a^2$ 的外侧;

(7) $\displaystyle\iint_\Sigma x^2 \sqrt{z} \mathrm{d}x\mathrm{d}y$, 其中 Σ 为抛物面 $z = x^2 + y^2$ 被圆柱面 $x^2 + y^2 = R^2$ 截得部分的上侧;

(8) $\displaystyle\iint_\Sigma x\mathrm{d}y\mathrm{d}z + y\mathrm{d}z\mathrm{d}x + z\mathrm{d}x\mathrm{d}y$, 其中 Σ 是曲面 $z = x^2 + y^2$ 在第一卦限中满足 $0 \leqslant z \leqslant 1$ 部分的上侧;

(9) $\iint_{\Sigma} x\mathrm{d}y\mathrm{d}z + y\mathrm{d}z\mathrm{d}x + z\mathrm{d}x\mathrm{d}y$, 其中 Σ 是柱面 $x^2 + y^2 = 1$ 被平面 $z = 0$ 及 $z = 3$ 所截得的在第一卦限内的部分的前侧;

(10) $\iint_{\Sigma} \dfrac{\mathrm{e}^z}{\sqrt{x^2 + y^2}} \mathrm{d}x\mathrm{d}y$, 其中 Σ 为锥面 $z = \sqrt{x^2 + y^2}$ 及平面 $z = 1$, $z = 2$ 围成的空间区域整个边界曲面的外侧.

第11章 三重积分

体积分习惯上称为三重积分. 本章我们介绍三重积分的计算方法. 与二重积分类似, 首先考虑在直角坐标系下, 化三重积分

$$I=\iiint_{\Omega} f(x,y,z)\mathrm{d}x\mathrm{d}y\mathrm{d}z$$

为累次积分. 本章的后两节将介绍用柱坐标和球坐标计算三重积分.

11.1 重积分的累次积分计算法

假设平行于 z 轴且穿过区域 Ω 内部的直线与区域 Ω 的边界曲面 Σ 交点不多于两点. 把区域 Ω 投影到 xOy 面上, 得一平面区域 D, 其投影柱面把曲面 Σ 分成下、上两部分 Σ_1, Σ_2 (图 11-1) 和一个侧面 (这个侧面要么是一条闭曲线, 要么是一个母线平行于 z 轴的柱面). 下、上两部分曲面分别叫做空间区域 Ω 的 “下曲面” 和 “上曲面”, 它们的方程依次为

$$\Sigma_1: z=z_1(x,y),\quad \Sigma_2: z=z_2(x,y),$$

其中, $z_1(x,y)$ 和 $z_2(x,y)$ 在 D 上连续, 且 $z_1(x,y)\leqslant z_2(x,y)$. 过 D 内任一点 (x,y) 作平行于 z 轴的直线. 该直线通过 Σ_1 穿入区域 Ω, 然后通过 Σ_2 穿出 Ω, 穿入点与穿出点的纵坐标分别为 $z_1(x,y)$ 和 $z_2(x,y)$.

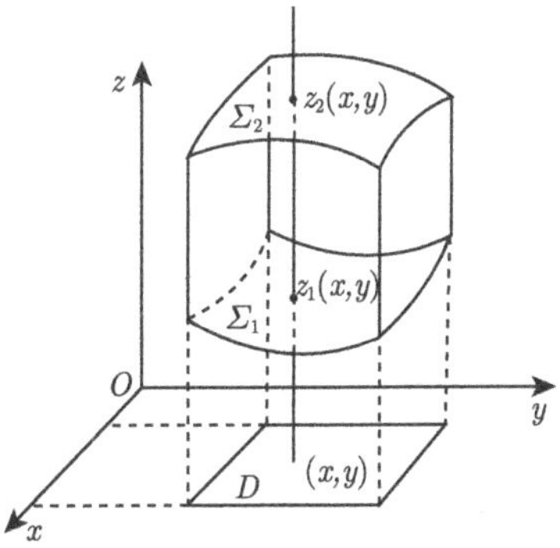

图 11-1

先将 x 和 y 看作常数, 将 $f(x,y,z)$ 只看作 z 的函数. 在区间 $[z_1(x,y),\ z_2(x,y)]$ 上对 z 积分, 积分的结果自然是 x,y 的函数, 它是定义在 xOy 平面上的区域 D 上的二元函数. 再把这个二元函数在 D 上对 x,y 作二重积分, 便得到

$$\begin{aligned}\iiint_{\Omega} f(x,y,z)\mathrm{d}v&=\iint_D\left(\int_{z_1(x,y)}^{z_2(x,y)} f(x,y,z)\mathrm{d}z\right)\mathrm{d}\sigma\\&=\iint_D \mathrm{d}x\mathrm{d}y\int_{z_1(x,y)}^{z_2(x,y)} f(x,y,z)\mathrm{d}z. \qquad (1.1)\end{aligned}$$

这个公式可以这样理解: 要计算三重积分 $I = \iiint_\Omega f(x, y, z)\mathrm{d}x\mathrm{d}y\mathrm{d}z$, 必须使积分变量跑遍整个积分区域 Ω. 为此, 分两步来实现这一点: 因为对于 D 内任一点 (x,y), 都有竖坐标 $z_1(x,y)$ 和 $z_2(x,y)$ 的一条平行于 z 轴的线段与之对应. 先让积分变量沿着这条线段从 $z_1(x,y)$ 变到 $z_2(x,y)$, 完成 $f(x,y,z)$ 对 z 定积分, 得到 x,y 的二元函数. 然后, 让点 (x,y) 跑遍 D, 相应的线段跑遍 Ω. 所以, 再求二重积分时, 积分变量既不重复, 也不遗漏地跑遍整个区域 Ω, 也就完成了区域 Ω 上的三重积分.

　　简言之, 先对 z 从 "下曲面" $z = z_1(x,y)$ 到 "上曲面" $z = z_2(x,y)$ 积分. 然后, 对 (x,y) 在 D 上作二重积分便得到三重积分的值.

　　例 1.1　计算 $\iiint_\Omega (x+y+z)\mathrm{d}x\mathrm{d}y\mathrm{d}z,\ \Omega : 0 \leqslant x \leqslant 1, 0 \leqslant y \leqslant 1, 0 \leqslant z \leqslant 1.$

　　解　Ω 可以表示投影 $D : 0 \leqslant x \leqslant 1, 0 \leqslant y \leqslant 1$ 和下、上曲面 $z_1 = 0, z_2 = 1$. 故

$$
\begin{aligned}
\iiint_\Omega (x+y+z)\mathrm{d}v &= \iint_D \mathrm{d}x\mathrm{d}y \int_0^1 (x+y+z)\mathrm{d}z \\
&= \frac{1}{2} \iint_D \left((x+y+1)^2 - (x+y)^2\right)\mathrm{d}x\mathrm{d}y \\
&= \iint_D \left(x+y+\frac{1}{2}\right)\mathrm{d}x\mathrm{d}y \\
&= \int_0^1 \mathrm{d}x \int_0^1 \left(x+y+\frac{1}{2}\right)\mathrm{d}y \\
&= \int_0^1 \left[\frac{1}{2}\left(x+y+\frac{1}{2}\right)^2\right]_0^1 \mathrm{d}x \\
&= \int_0^1 (1+x)\mathrm{d}x = \frac{3}{2}.
\end{aligned}
$$

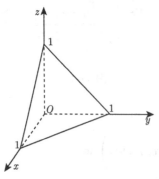

图 11-2

　　例 1.2　计算三重积分 $\iiint_\Omega \dfrac{\mathrm{d}v}{(1+x+y+z)^3}$, 其中 Ω 由三个坐标平面和平面 $x+y+z = 1$ 围成 (图 11-2).

　　解　注意到区域 Ω 的 "下曲面" 和 "上曲面" 方程分别为

$$
z_1 = 0, \quad z_2 = 1 - x - y.
$$

而 Ω 在 xOy 面上的投影区域 D 可用不等式 $0 \leqslant x \leqslant 1, 0 \leqslant y \leqslant 1-x$ 表示. 于是,

$$\iiint_\Omega \frac{\mathrm{d}v}{(1+x+y+z)^3} = \iint_D \mathrm{d}x\mathrm{d}y \int_0^{1-x-y} \frac{\mathrm{d}z}{(1+x+y+z)^3}$$
$$= \iint_D \frac{1}{2}\left(\frac{1}{(1+x+y)^2} - \frac{1}{4}\right)\mathrm{d}x\mathrm{d}y$$
$$= \int_0^1 \mathrm{d}x \int_0^{1-x} \frac{1}{2}\left(\frac{1}{(1+x+y)^2} - \frac{1}{4}\right)\mathrm{d}y$$
$$= \frac{1}{2}\int_0^1 \left(\frac{1}{1+x} - \frac{3-x}{4}\right)\mathrm{d}x$$
$$= \frac{1}{2}\left[\ln(1+x) - \frac{(x-3)^2}{8}\right]_0^1$$
$$= \frac{1}{2}\left(\ln 2 - \frac{5}{8}\right).$$

例 1.3 计算 $\iiint_\Omega z\mathrm{d}v$, 其中 Ω 为上半球面 $x^2+y^2+z^2=1$ 和 xOy 平面所围成的区域.

解 容易看出, "下曲面" 和 "上曲面" 方程分别为

$$z_1 = 0, \quad z_2 = \sqrt{1-x^2-y^2}.$$

Ω 在 xOy 面上的投影区域 D 为圆 $x^2+y^2 \leqslant 1$. 因此,

$$\iiint_\Omega z\mathrm{d}v = \iint_D \mathrm{d}x\mathrm{d}y \int_0^{\sqrt{1-x^2-y^2}} z\mathrm{d}z = \iint_D \frac{1}{2}(1-x^2-y^2)\mathrm{d}x\mathrm{d}y.$$

对这个二重积分用极坐标计算. 设 $x = r\cos\theta, y = r\sin\theta$. 则

$$D : 0 \leqslant \theta \leqslant 2\pi, 0 \leqslant r \leqslant 1.$$

故

$$\iint_D \frac{1}{2}(1-x^2-y^2)\mathrm{d}x\mathrm{d}y = \int_0^{2\pi} \mathrm{d}\theta \int_0^1 \frac{1}{2}(1-r^2)r\mathrm{d}r$$
$$= -\int_0^{2\pi} \frac{1}{8}\left[(1-r^2)^2\right]_0^1 \mathrm{d}\theta$$
$$= \frac{\pi}{4}.$$

于是,

$$\iiint_\Omega z\mathrm{d}v = \frac{\pi}{4}.$$

注记 1 对称地, 如果平行于 x 轴 (或 y 轴) 且穿过区域 Ω 内部的直线与 D 的边界曲面的交点不多于两点, 那么也可以把区域 Ω 投影到 yOz 面或 zOx 面上.

然后, 便可把三重积分化为按其他顺序的累次积分, 即先对 x 或 y 积分后得到关于 y, z 或 x, z 的二重积分.

注记 2 三重积分的计算也可以采用另一种形式. 假设平行于 yOz 平面且穿过区域 Ω 内部的直线与区域 Ω 的边界曲面 Σ 交点不多于两点. 把区域 Ω 投影到 x 轴上, 得一闭区间 $[a,b]$. 对于任意 $x \in [a,b]$, 过 x 垂直于 x 轴的平面截 Ω 成平面区域 D_x, 即 $\Omega = \bigcup\limits_{x \in [a,b]} D_x$. 于是, Ω 可表示成

$$\Omega : (x, y, z) \in D_x,\ a \leqslant x \leqslant b.$$

先将 x 看作常数, 将 $f(x, y, z)$ 看作 y 和 z 的函数. 在区域 D_x 上对 y 和 z 积分, 积分的结果自然是 x 的函数, 它是定义在区间 $[a, b]$ 上的一元函数. 再把这个一元函数在 $[a, b]$ 上对 x 作定积分, 便得到

$$\iiint_\Omega f(x, y, z)\mathrm{d}v = \int_a^b \mathrm{d}x \iint_{D_x} f(x, y, z)\mathrm{d}\sigma. \tag{1.2}$$

例 1.4 计算 $\iiint_\Omega x^2 \mathrm{d}v$, 其中 Ω 为椭球体 $\dfrac{x^2}{3^2} + \dfrac{y^2}{4^2} + \dfrac{z^2}{5^2} \leqslant 1$.

解 $\Omega : (x, y, z) \in D_x, -3 \leqslant x \leqslant 3$. $D_x : \dfrac{y^2}{4^2} + \dfrac{z^2}{5^2} \leqslant 1 - \dfrac{x^2}{3^2}$. 因此,

$$\iiint_\Omega x^2\mathrm{d}v = \int_{-3}^3 \mathrm{d}x \iint_{D_x} x^2 \mathrm{d}y\mathrm{d}z = 20\pi \int_{-3}^3 x^2 \left(1 - \frac{x^2}{3^2}\right)\mathrm{d}x = 144\pi.$$

习　题　11.1

1. 计算 $\iiint_\Omega x\mathrm{d}x\mathrm{d}y\mathrm{d}z$, 其中 Ω 是由三个坐标面及平面 $x + 2y + z = 1$ 围成.

2. 计算 $\iiint_\Omega xy\mathrm{d}x\mathrm{d}y\mathrm{d}z$, 其中 Ω 是由 $x^2 + y^2 = 1$, $z = 1$ 及三个坐标面围成的在第一卦限的区域.

3. 计算 $\iiint_\Omega xz\mathrm{d}x\mathrm{d}y\mathrm{d}z$, 其中 Ω 是由平面 $z = 0$, $z = y$, $y = 1$ 以及抛物柱面 $y = x^2$ 围成的区域.

4. 计算 $\iiint_\Omega xy^2z^3\mathrm{d}x\mathrm{d}y\mathrm{d}z$, 其中 Ω 是由曲面 $z = xy$ 与平面 $y = x$, $x = 1$ 和 $z = 0$ 围成的区域.

5. 计算 $\iiint_\Omega y\cos(z + x)\mathrm{d}v$, 其中 Ω 是由抛物柱面 $y = \sqrt{x}$ 与平面 $y = 0$, $z = 0$, $x + z = \dfrac{\pi}{2}$ 围成的区域.

6. 一物体占有空间区域 $\Omega : x^2 + y^2 + z^2 \leqslant 4, x \geqslant 0, y \geqslant 0, z \geqslant 0, x + y \leqslant 1$. 如果它在每一点 (x, y, z) 的密度等于这点的 z 坐标, 求此物体的质量.

7. 求由抛物面 $z = 6 - x^2 - y^2, z = \dfrac{y}{4}, x = 1, y = 2, y = 0, x = 0$ 围成区域的体积.

8. 将三重积分 $\displaystyle\iiint_\Omega f(x, y, z)\mathrm{d}v$ 按下列次序化为三次积分:

(1) 先对 z, 再对 y, 最后对 x;

(2) 先对 y, 再对 x, 最后对 z;

(3) 先对 x, 再对 z, 最后对 y,

其中 Ω 是由 $x = 0, z = 0, z = 4, x + 2y = 2$ 及 $x^2 + y^2 = 4$ 所围成的区域在第一卦限的部分.

11.2 利用柱面坐标计算三重积分

在计算二重积分时我们知道, 有时用极坐标计算二重积分比较方便. 类似地, 对三重积分有时用柱面坐标或球面坐标计算比较简便.

在 11.1 节的例 1.3 中我们已经看到, 把三重积分化成为 D 上关于 x, y 的二重积分之后, 也可以用极坐标来计算这个二重积分, 最后得到在 Ω 上的三重积分值.

事实上, 由公式 (1.1) 可得

$$\iiint_\Omega f(x, y, z)\mathrm{d}x\mathrm{d}y\mathrm{d}z = \iint_D F(x, y)\mathrm{d}x\mathrm{d}y, \tag{2.1}$$

其中 D 是 Ω 在 xOy 平面上的投影区域, 且

$$F(x, y) = \int_{z_1(x, y)}^{z_2(x, y)} f(x, y, z)\mathrm{d}z.$$

对 (2.1) 式右端的二重积分, 利用极坐标 $x = r\cos\theta, y = r\sin\theta$, 并设

$$D : \alpha \leqslant \theta \leqslant \beta, r_1(\theta) \leqslant r \leqslant r_2(\theta).$$

那么

$$F(x, y) = F(r\cos\theta, r\sin\theta) = \int_{\varphi_1(r, \theta)}^{\varphi_2(r, \theta)} f(r\cos\theta, r\sin\theta, z)\mathrm{d}z,$$

其中,

$$\varphi_1(r, \theta) = z_1(r\cos\theta, r\sin\theta),$$
$$\varphi_2(r, \theta) = z_2(r\cos\theta, r\sin\theta).$$

于是,

$$\iint_D F(x, y)\mathrm{d}x\mathrm{d}y = \iint_D F(r\cos\theta, r\sin\theta)r\mathrm{d}r\mathrm{d}\theta$$

$$= \int_\alpha^\beta \mathrm{d}\theta \int_{r_1(\theta)}^{r_2(\theta)} \mathrm{d}r \int_{\varphi_1(r,\theta)}^{\varphi_2(r,\theta)} f(r\cos\theta, r\sin\theta, z) r\mathrm{d}z,$$

即

$$\iiint_\Omega f(x,y,z)\mathrm{d}x\mathrm{d}y\mathrm{d}z = \int_\alpha^\beta \mathrm{d}\theta \int_{r_1(\theta)}^{r_2(\theta)} \mathrm{d}r \int_{\varphi_1(r,\theta)}^{\varphi_2(r,\theta)} f(r\cos\theta, r\sin\theta, z) r\mathrm{d}z. \quad (2.2)$$

这就是三重积分在柱面坐标

$$\begin{aligned} x &= r\cos\theta, \quad 0 \leqslant r < +\infty, \\ y &= r\sin\theta, \quad 0 \leqslant \theta \leqslant 2\pi, \\ z &= z, \quad -\infty < z < +\infty \end{aligned} \quad (2.3)$$

之下的计算公式. 由公式 (2.2) 和图 11-3 容易看出, 在柱面坐标 (2.3) 下, 体积元素为 $r\mathrm{d}r\mathrm{d}\theta\mathrm{d}z$.

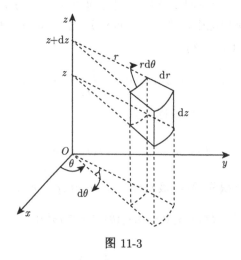

图 11-3

事实上, 用三组坐标面 $r =$ 常数, $\theta =$ 常数, $z =$ 常数把 Ω 分成许多小区域, 除了在 Ω 边界曲面附近的一些不规则小区域外, 这种小区域都是柱体. 今考虑由 r, θ, z 各取得微小增量 $\mathrm{d}r, \mathrm{d}\theta, \mathrm{d}z$ 所成的柱体的体积. 这个体积等于高与底面积的乘积. 现在高为 $\mathrm{d}z$, 底面积在不计高阶无穷小时为 $r\mathrm{d}r\mathrm{d}\theta$ (极坐标系中的面积元素). 于是,

$$\mathrm{d}v = r\mathrm{d}r\mathrm{d}\theta\mathrm{d}z.$$

从上述推导过程可以看出, 将直角坐标系中的三重积分化为柱面坐标系中的累次积分时, 最重要的是确定累次积分的积分限. 其办法是, 先将坐标变换公式 (2.3)

代入积分区域 Ω 的下、上曲面方程 $z = z_1(x, y)$ 和 $z = z_2(x, y)$ 得到变量 z 的变化范围

$$\varphi_1(r, \theta) \leqslant z \leqslant \varphi_2(r, \theta),$$

其中 $\varphi_i(r, \theta) = z_i(r\cos\theta, r\sin\theta)$, $i = 1, 2$. 然后, 把 (2.3) 式代入 Ω 在 xOy 面上的投影区域 D 的边界曲线方程, 得到 r, θ 的变化范围

$$\alpha \leqslant \theta \leqslant \beta, \quad r_1(\theta) \leqslant r \leqslant r_2(\theta),$$

化累次积分即可.

例 2.1 计算 $\iiint_\Omega (x^2 + y^2)\mathrm{d}v$, $\Omega : x^2 + y^2 \leqslant 1, 0 \leqslant z \leqslant a$.

解 用柱面坐标 $x = r\cos\theta, y = r\sin\theta, z = z$ 计算. 则

$$\Omega : 0 \leqslant \theta \leqslant 2\pi, 0 \leqslant r \leqslant 1, 0 \leqslant z \leqslant a.$$

故

$$\iiint_\Omega (x^2 + y^2)\mathrm{d}v = \int_0^{2\pi} \mathrm{d}\theta \int_0^1 \mathrm{d}r \int_0^a r^2 \cdot r\mathrm{d}z = \frac{\pi a}{2}.$$

例 2.2 计算 $\iiint_\Omega z\mathrm{d}x\mathrm{d}y\mathrm{d}z$, 其中 Ω 是由曲面 $x^2 + y^2 + z^2 = 2$ 和旋转曲面 $z = x^2 + y^2$ 所围成的区域 (图 11-4).

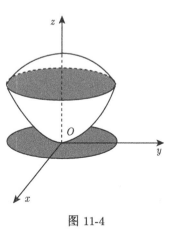

图 11-4

解 令 $x = r\cos\theta, y = r\sin\theta, z = z$. 则由下曲面 $z = x^2 + y^2$ 和上曲面 $x^2 + y^2 + z^2 = 2$ 知,

$$r^2 \leqslant z \leqslant \sqrt{2 - r^2}.$$

由

$$\begin{cases} x^2 + y^2 + z^2 = 2, \\ x^2 + y^2 = z \end{cases}$$

消去 z, 得到投影区域 D 满足

$$x^2 + y^2 \leqslant 1.$$

由此得到

$$D : 0 \leqslant \theta \leqslant 2\pi, 0 \leqslant r \leqslant 1.$$

因此,

$$\iiint_\Omega z\mathrm{d}x\mathrm{d}y\mathrm{d}z = \int_0^{2\pi} \mathrm{d}\theta \int_0^1 \mathrm{d}r \int_{r^2}^{\sqrt{2-r^2}} rz\mathrm{d}z$$

$$= \int_0^{2\pi} d\theta \int_0^1 \frac{r}{2}(2 - r^2 - r^4)dr$$

$$= \int_0^{2\pi} \left[\frac{1}{2}\left(r^2 - \frac{r^4}{4} - \frac{r^6}{6} \right) \right]_0^1 d\theta$$

$$= \int_0^{2\pi} \frac{7}{24}d\theta = \frac{7\pi}{12}.$$

习　题　11.2

1. 利用柱面坐标计算下列三重积分:

(1) $\iiint_\Omega (x^2 + y^2)dv$, 其中 Ω 是由 $x^2 + y^2 = 2z$ 及平面 $z = 2$ 所围成的区域;

(2) $\iiint_\Omega zdv$, 其中 Ω 是由 $z = \sqrt{x^2 + y^2}$ 及平面 $z = h$, $h > 0$ 所围成的区域;

(3) $\iiint_\Omega z\sqrt{x^2 + y^2}dv$, 其中 Ω 是由 $(x - 1)^2 + y^2 = 1$ 及 $y = 0$, $z = 0$, $z = a$, $a > 0$ 所围成的在第一卦限内的半圆柱体区域;

(4) $\iiint_\Omega \frac{dv}{x^2 + y^2 + 1}$, 其中 Ω 为锥面 $x^2 + y^2 = z^2$ 及 $z = 1$ 所围成的区域.

2. 计算由下列曲面所围成的立体的体积:

(1) $z = 6 - x^2 - y^2$ 及 $z = \sqrt{x^2 + y^2}$;

(2) $z = \sqrt{x^2 + y^2}$ 及 $z = x^2 + y^2$;

(3) $x^2 + y^2 = 2ax, x^2 + y^2 = 2az$ 及 $z = 0$;

(4) $z^2 = 2(x^2 + y^2)$ 及双曲面 $x^2 + y^2 - z^2 = -a^2$.

11.3　利用球面坐标计算三重积分

对空间的任意一点 $M(x, y, z)$, 也可以用这样三个有序的数 r, φ, θ 来确定它的位置, 其中 r 表示 M 点的向径, φ 表示 z 轴正向与 OM 的夹角 (M 点的纬度), θ 表示 x 轴正向与 OM 在 xOy 平面上的投影直线的夹角 (M 点的经度), 如图 11-5 所示. 这样的三个数 r, φ, θ 叫做点 M 的球面坐标, 而 r, φ, θ 的变化范围为

$$0 \leqslant r < +\infty, \quad 0 \leqslant \varphi \leqslant \pi, \quad 0 \leqslant \theta \leqslant 2\pi.$$

根据图 11-5 容易看出点 M 的直角坐标 (x, y, z) 和球面坐标 (r, φ, θ) 的关系是

$$\begin{aligned} x &= r\sin\varphi\cos\theta, \\ y &= r\sin\varphi\sin\theta, \quad 0 \leqslant r < +\infty, \quad 0 \leqslant \varphi \leqslant \pi, \quad 0 \leqslant \theta \leqslant 2\pi. \\ z &= r\cos\varphi, \end{aligned} \tag{3.1}$$

作球坐标代换时, 和柱面坐标变换一样, 首先把被积函数 $f(x, y, z)$ 换成 $f(r \sin \varphi \cos \theta,$ $r \sin \varphi \sin \theta, r \cos \varphi)$. 下面, 着重讨论在球坐标系下体积元素 $\mathrm{d}v$ 的表示. 为此, 用一族以原点为中心的同心球面 $r =$ 常数, 一族通过 z 轴的半平面 $\theta =$ 常数和一族以原点为顶点、z 轴为轴的圆锥面 $\varphi =$ 常数把积分区域 Ω 分成许多小区域.

由图 11-6 不难看出, 小体积 Δv 是由半径为 r 和 $r + \Delta r$ 的两个球面、极角为 θ 和 $\theta + \Delta \theta$ 的半平面和张角为 φ 和 $\varphi + \Delta \varphi$ 的圆锥面所成的六面体. 可以把它近似地看成长方体, 它的经线方向的长为 $r \Delta \varphi$, 纬线方向的宽为 $r \sin \varphi \Delta \theta$, 向径方向的高为 Δr. 于是, 得球面坐标系中的体积元素

$$\mathrm{d}v = r^2 \sin \varphi \mathrm{d}r \mathrm{d}\varphi \mathrm{d}\theta. \tag{3.2}$$

这样, 我们得到利用球面坐标计算三重积分的公式

$$\iiint_\Omega f(x, y, z) \mathrm{d}x \mathrm{d}y \mathrm{d}z = \iiint_\Omega F(r, \varphi, \theta) r^2 \sin \varphi \mathrm{d}r \mathrm{d}\varphi \mathrm{d}\theta, \tag{3.3}$$

其中

$$F(r, \varphi, \theta) = f(r \sin \varphi \cos \theta, r \sin \varphi \sin \theta, r \cos \varphi).$$

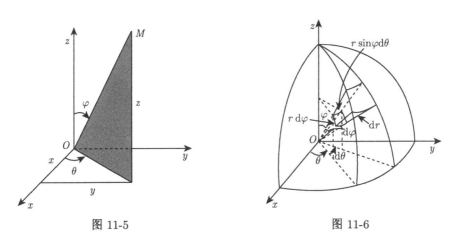

图 11-5   图 11-6

例 3.1　计算 $\iiint_\Omega (x^2 + y^2 + z^2) \mathrm{d}v$, $\Omega : x^2 + y^2 + z^2 \leqslant 2z$.

解　把球坐标变换公式 $x = r \sin \varphi \cos \theta, y = r \sin \varphi \sin \theta, z = r \cos \varphi$ 代入区域 Ω 的边界曲面方程

$$x^2 + y^2 + z^2 = 2z,$$

得

$$r^2 = 2r \cos \varphi,$$

即 $r = 2\cos\varphi$ (图 11-7). 因此,

$$\Omega : 0 \leqslant \theta \leqslant 2\pi,\ 0 \leqslant \varphi \leqslant \frac{\pi}{2},\ 0 \leqslant r \leqslant 2\cos\varphi.$$

从而

$$\iiint_{\Omega} (x^2 + y^2 + z^2)\mathrm{d}v = \int_0^{2\pi} \mathrm{d}\theta \int_0^{\frac{\pi}{2}} \mathrm{d}\varphi \int_0^{2\cos\varphi} r^4 \sin\varphi \mathrm{d}r$$

$$= \int_0^{2\pi} \mathrm{d}\theta \int_0^{\frac{\pi}{2}} \frac{32}{5}\cos^5\varphi \sin\varphi \mathrm{d}\varphi$$

$$= \int_0^{2\pi} \frac{32}{30}\mathrm{d}\theta = \frac{32\pi}{15}.$$

从上面的例子可以看出, 如果积分区域是球形, 或被积函数是 $f(x^2 + y^2 + z^2)$ 型, 那么利用球坐标变换较为方便. 确定积分限时, 先画出积分区域 Ω 的简图, 然后, 把坐标变换公式代入 Ω 的边界曲面方程中, 以确定 r, φ, θ 的变化范围及它们之间的函数关系.

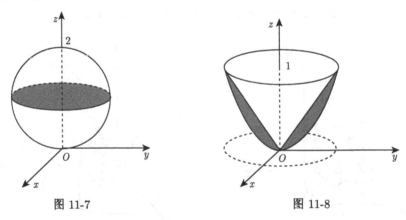

图 11-7   图 11-8

例 3.2 计算 $\displaystyle\iiint_{\Omega} z\mathrm{d}v$, 其中 Ω 是由锥面 $z = \sqrt{x^2 + y^2}$ 和抛物面 $z = x^2 + y^2$ 所围成 (图 11-8).

解 **解法 1** 将柱面坐标变换 $x = r\cos\theta$, $y = r\sin\theta$, $z = z$ 代入下曲面 $z = x^2 + y^2$ 和上曲面 $z = \sqrt{x^2 + y^2}$ 得 $r^2 \leqslant z \leqslant r$. Ω 在 xOy 面上的投影区域 D 为

$$x^2 + y^2 \leqslant 1.$$

因此,

$$D : 0 \leqslant \theta \leqslant 2\pi,\ 0 \leqslant r \leqslant 1.$$

于是,

$$\iiint_\Omega z\mathrm{d}v = \int_0^{2\pi} \mathrm{d}\theta \int_0^1 \mathrm{d}r \int_{r^2}^r zr\mathrm{d}z$$
$$= \int_0^{2\pi} \mathrm{d}\theta \int_0^1 \frac{1}{2}(r^2 - r^4)r\mathrm{d}r = \frac{\pi}{12}.$$

解法 2 利用球坐标变换 $x = r\sin\varphi\cos\theta$, $y = r\sin\varphi\sin\theta$, $z = r\cos\varphi$. 那么,由于锥面 $z = \sqrt{x^2 + y^2}$ 的半顶角为 $\frac{\pi}{4}$, 故

$$\frac{\pi}{4} \leqslant \varphi \leqslant \frac{\pi}{2}, \quad 0 \leqslant \theta \leqslant 2\pi.$$

把球坐标变换公式代入抛物面方程 $z = x^2 + y^2$ 知

$$0 \leqslant r \leqslant \frac{\cos\varphi}{\sin^2\varphi}.$$

因此,

$$\iiint_\Omega z\mathrm{d}v = \int_0^{2\pi} \mathrm{d}\theta \int_{\frac{\pi}{4}}^{\frac{\pi}{2}} \mathrm{d}\varphi \int_0^{\frac{\cos\varphi}{\sin^2\varphi}} r\cos\varphi \cdot r^2 \sin\varphi \mathrm{d}r$$
$$= \int_0^{2\pi} \mathrm{d}\theta \int_{\frac{\pi}{4}}^{\frac{\pi}{2}} \frac{1}{4}\cos\varphi \cdot \sin\varphi \cdot \frac{\cos^4\varphi}{\sin^8\varphi}\mathrm{d}\varphi$$
$$= \int_0^{2\pi} \mathrm{d}\theta \int_{\frac{\pi}{4}}^{\frac{\pi}{2}} \frac{(1 - \sin^2\varphi)^2}{8\sin^8\varphi}\mathrm{d}\sin^2\varphi$$
$$= \int_0^{2\pi} \mathrm{d}\theta \int_{\frac{1}{2}}^1 \frac{(1-t)^2}{8t^4}\mathrm{d}t \quad (t = \sin^2\varphi)$$
$$= \int_0^{2\pi} \frac{1}{8}\left[-\frac{1}{3t^3} + \frac{1}{t^2} - \frac{1}{t}\right]_{\frac{1}{2}}^1 \mathrm{d}\theta$$
$$= \frac{\pi}{12}.$$

上面的例子表明, 在计算三重积分时, 用柱坐标变换还是用球坐标变换, 需要认真考虑. 有时用柱坐标变换比用球坐标变换简单, 有时恰好相反. 这需要根据被积函数和积分区域的具体结构而定.

习　题　11.3

1. 利用球面坐标计算下列三重积分:

(1) $\iiint_{\Omega} (x^2 + y^2 + z^2)\mathrm{d}v$, 其中 Ω 是由 $x^2 + y^2 + z^2 = 1$ 所围成的区域;

(2) $\iiint_{\Omega} z\mathrm{d}v$, 其中 Ω 由不等式 $x^2 + y^2 + z^2 \leqslant 2z$, $x^2 + y^2 \leqslant z^2$ 所确定;

(3) $\iiint_{\Omega} \dfrac{\mathrm{d}v}{x^2 + y^2 + z^2}$, 其中 Ω 为球面 $x^2 + y^2 + z^2 = 1$ 和 $z = \sqrt{x^2 + y^2}$ 所围成的区域;

(4) $\iiint_{\Omega} \dfrac{\cos\sqrt{x^2 + y^2 + z^2}}{\sqrt{x^2 + y^2 + z^2}}\mathrm{d}v$, 其中 Ω 为锥面 $x^2 + y^2 + z^2 \leqslant 4\pi^2$ 与 $x^2 + y^2 + z^2 \geqslant \pi^2$ 所围成的区域;

(5) $\iiint_{\Omega} \sin(x^2 + y^2 + z^2)^{\frac{3}{2}}\mathrm{d}v$, 其中 Ω 是由曲面 $z = \sqrt{3(x^2 + y^2)}$ 及 $z = \sqrt{R^2 - x^2 - y^2}$ 所围成的区域;

(6) $\iiint_{\Omega} \dfrac{z\ln(x^2 + y^2 + z^2 + 1)}{x^2 + y^2 + z^2 + 1}\mathrm{d}v$, 其中 Ω 是由球面 $x^2 + y^2 + z^2 = 1$ 所围成的区域.

2. 计算由下列曲面所围成的立体的体积:

(1) $x^2 + y^2 + z^2 = 5$ 及 $x^2 + y^2 = 4z$;

(2) $x^2 + y^2 + z^2 = R^2$ 及 $x^2 + y^2 + z^2 = 2Rz$ (公共部分).

3. 球心在原点, 半径为 R 的球体, 在其上任意一点的体密度与这点到球心的距离成正比, 求球体的质量.

第12章 积分间关系与场论初步

本章讨论线、面、体三种积分之间的关系. 这种关系是建立在一定的物理背景之上的. 为此, 我们把场论理论的基本概念散布在相关内容之中, 以期对格林 (Green) 公式、斯托克斯 (Stokes) 公式、高斯 (Gauss) 公式给出更全面和深刻的理解.

12.1 格林公式及其应用

12.1.1 格林公式

这一节, 我们考察平面封闭曲线 L 上的曲线积分, 这样的曲线 L 能够围成一个平面区域 D. 我们对曲线 L 的正向作如下规定: 当一个观察者沿着 L 的这个方向行走时, D 内在他近处的那一部分总在他的左边.

定理 1.1(格林公式) 设闭区域 D 由分段光滑的曲线 L 所围成, 函数 $P(x, y)$, $Q(x, y)$ 在 D 上具有一阶连续偏导数, 则

$$\iint_D \left(\frac{\partial Q}{\partial x} - \frac{\partial P}{\partial y} \right) \mathrm{d}x\mathrm{d}y = \oint_L P\mathrm{d}x + Q\mathrm{d}y, \tag{1.1}$$

其中 L 取正向.

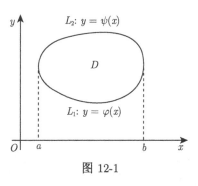

图 12-1

证 先假定区域 D 是单连通的, 并且 L 与任一平行于坐标轴的直线的交点不超过两个 (图 12-1). 设 $L = L_1 + L_2$, 其中 L_1 和 L_2 方程分别为 $y = \varphi(x)$ 和 $y = \psi(x)$.

$$\iint_D \frac{\partial P}{\partial y}\mathrm{d}x\mathrm{d}y = \int_a^b \mathrm{d}x \int_{\varphi(x)}^{\psi(x)} \frac{\partial P(x,y)}{\partial y}\mathrm{d}y = \int_a^b (P(x, \psi(x)) - P(x, \varphi(x)))\mathrm{d}x.$$

另外,

$$\oint_L P\mathrm{d}x = \int_{L_1} P\mathrm{d}x + \int_{L_2} P\mathrm{d}x = \int_a^b P(x, \varphi(x))\mathrm{d}x + \int_b^a P(x, \psi(x))\mathrm{d}x$$

$$= -\int_a^b (P(x, \psi(x)) - P(x, \varphi(x)))\mathrm{d}x.$$

因此,

$$\iint_D \frac{\partial P}{\partial y}\mathrm{d}x\mathrm{d}y = -\oint_L P\mathrm{d}x.$$

同理可证,

$$\iint_D \frac{\partial Q}{\partial x}\mathrm{d}x\mathrm{d}y = \oint_L Q\mathrm{d}y.$$

合并这两式得到 (1.1) 式.

在上述证明中所假定的曲线 L, 也可能含有平行于坐标轴的直线段, 容易看出, 这时的证明一点也不用更改, 因为 (1.1) 式右端积分中, 对应于 $x = $ 常数或 $y = $ 常数的线段的那几部分, $\mathrm{d}x = 0$ 或 $\mathrm{d}y = 0$, 因而积分等于零.

另外, (1.1) 式对任一单连通闭区域 (该区域的边界曲线与平行于坐标轴的直线的交点可以超过两个) 也成立. 事实上, 这时引进几条辅助线, 可以把 D 分成若干个子区域, 使得每个子区域的边界曲线满足开始所假定的那个条件 (图 12-2). 于是, 在每个子区域上 (1.1) 式成立, 然后把所得到的等式相加, 并注意到相加时辅助线上的曲线积分相互抵消, 从而在整个区域上得到 (1.1) 式.

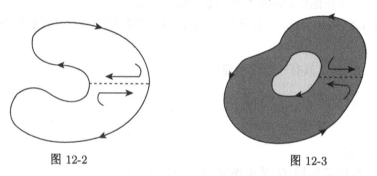

图 12-2　　　　　　　　　　　　　　　图 12-3

如果区域 D 是复连通的, 格林公式 (1.1) 也成立. 因为, 这时用几条辅助线, 将复连通区域变成几个单连通区域之和 (图 12-3), 而在每个单连通区域上用公式 (2.1), 再将它们相加, 相加时在辅助线上的曲线积分相互抵消. 因此, 在整个区域上, 公式 (1.1) 也成立. 至此, 格林公式完全得证.

例 1.1　对任一闭曲线 L, 证明:

$$\oint_L 2xy\mathrm{d}x + x^2\mathrm{d}y = 0.$$

证　令 $P = 2xy, Q = x^2$. 则由 (1.1) 式得

$$\oint_L 2xy\mathrm{d}x + x^2\mathrm{d}y = \iint_D \left(\frac{\partial Q}{\partial x} - \frac{\partial P}{\partial y}\right)\mathrm{d}x\mathrm{d}y = \iint_D 0\mathrm{d}x\mathrm{d}y = 0.$$

12.1.2 平面曲线积分与路径无关的条件

前面已经看到, 静电场是保守场, 其做功只与曲线的起点和终点坐标有关, 而与具体积分路径无关. 这一段我们研究平面曲线积分与路径无关的条件.

设有曲线积分

$$\int_{L_{AB}} P\mathrm{d}x + Q\mathrm{d}y, \tag{1.2}$$

其中 A, B 表示曲线 L 的起点和终点. 一般地, 曲线积分 (1.2) 的值与积分路径以及端点 A 和 B 的坐标有关. 但是, 也有这种情况: 只要固定起点 A 与终点 B, 积分路径不管怎么变, 其积分值都相同, 也就是说曲线积分值只与起点与终点坐标有关, 而与积分路径无关. 这时, 我们说这个曲线积分与路径无关. 更确切地说, 曲线积分如果对于开区域 G 内任意给定的两点 A, B, 以及 G 内从点 A 到 B, 的任意两条曲线 L_1 和 L_2, 恒有

$$\int_{L_1} P\mathrm{d}x + Q\mathrm{d}y = \int_{L_2} P\mathrm{d}x + Q\mathrm{d}y, \tag{1.3}$$

则称曲线积分在 G 内与路径无关. 否则, 称与路径有关.

容易看出, (1.3) 式可改写成

$$\int_{L_1} P\mathrm{d}x + Q\mathrm{d}y - \int_{L_2} P\mathrm{d}x + Q\mathrm{d}y = \int_{L_1+L_2^-} P\mathrm{d}x + Q\mathrm{d}y = 0.$$

这里, $L_1 + L_2^-$ 是一条有向闭曲线, L_2^- 表示与 L_2 相同的曲线段, 但方向相反. 由此及 A, B 的任意性知, 曲线积分 (1.2) 在 G 内与路径无关相当于, 沿 G 内任意闭曲线 C, 恒有

$$\oint_C P\mathrm{d}x + Q\mathrm{d}y = 0. \tag{1.4}$$

现在进一步假设开区域 G 是单连通的, 且 $P(x, y), Q(x, y)$ 在 G 内具有一阶连续偏导数, 则

$$\oint_L P\mathrm{d}x + Q\mathrm{d}y = \iint_D \left(\frac{\partial Q}{\partial x} - \frac{\partial P}{\partial y} \right) \mathrm{d}x\mathrm{d}y,$$

其中 D 为含在 G 内的一个闭曲线 C 所围成的闭区域. 于是, (1.4) 式等价于

$$\iint_D \left(\frac{\partial Q}{\partial x} - \frac{\partial P}{\partial y} \right) \mathrm{d}x\mathrm{d}y = 0.$$

因此, 由习题 6.2 的第 14 题得出, 曲线积分 (1.2) 在单连通区域 D 内与路径无关的充要条件是

$$\frac{\partial P}{\partial y} = \frac{\partial Q}{\partial x}, \quad (x, y) \in D. \tag{1.5}$$

例 1.2 计算 $I = \int_L (3x^2y + 4xy^4)\mathrm{d}x + (x^3 + 8x^2y^3 + 12\mathrm{e}^y)\mathrm{d}y$, 其中 L 为沿着半圆 $(x-1)^2 + y^2 = 1$, $y \geqslant 0$, 从 $O(0,0)$ 到 $B(1,1)$ 的一段弧.

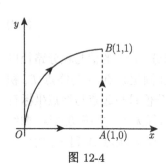

图 12-4

解 令 $P = 3x^2y + 4xy^4$, $Q = x^3 + 8x^2y^3 + 12\mathrm{e}^y$. 则

$$\frac{\partial P}{\partial y} = 3x^2 + 16xy^3 = \frac{\partial Q}{\partial x}.$$

因此, 曲线积分与路径无关. 现在, 取积分路径为折线 OAB, 其中 $A(1,0)$ (图 12-4). 那么, 在 OA 上, $P = 0$, $\mathrm{d}y = 0$; 在 AB 上, $\mathrm{d}x = 0$. 故

$$I = \int_{OAB} P\mathrm{d}x + Q\mathrm{d}y = \int_0^1 (1 + 8y^3 + 12\mathrm{e}^y)\mathrm{d}y$$
$$= [y + 2y^4 + 12\mathrm{e}^y]_0^1 = 12\mathrm{e} - 9.$$

习　题　12.1

1. 设 $P(x,x), Q(x,y)$ 在 D 上具有一阶连续偏导数, D 的边界曲线由分段光滑的曲线 L 和 $\overset{\frown}{BA}$ 组成并取正向. 证明:

$$\int_L P\mathrm{d}x + Q\mathrm{d}y = \int_{\overset{\frown}{AB}} P\mathrm{d}x + Q\mathrm{d}y + \iint_D \left(\frac{\partial Q}{\partial x} - \frac{\partial P}{\partial y} \right) \mathrm{d}\sigma.$$

2. 设二元函数 $P(x,y), Q(x,y)$ 及 $R(x,y)$ 在平面区域 D 上具有连续的一阶偏导数, L 为 D 的边界. 证明

$$\iint_D \left(P\frac{\partial R}{\partial x} + Q\frac{\partial R}{\partial y} \right) \mathrm{d}\sigma = \oint_L PR\mathrm{d}y - QR\mathrm{d}x - \iint_D R\left(\frac{\partial P}{\partial x} + \frac{\partial Q}{\partial y} \right) \mathrm{d}\sigma.$$

3. 利用格林公式计算下列第二型曲线积分:

(1) $\oint_L 2x^2y\mathrm{d}x + x(x^2 + y^2)\mathrm{d}y$, 其中 L 为圆周 $x^2 + y^2 = a^2$ 的正向;

(2) $\int_L \dfrac{-y}{x^2 + y^2}\mathrm{d}x + \dfrac{x}{x^2 + y^2}\mathrm{d}y$, 其中 L 是沿上半圆周 $(x-1)^2 + (y-1)^2 = 1$, $y \geqslant 1$ 从点 $(2,1)$ 到点 $(0,1)$ 的一段弧;

(3) $\int_L (1 + x\mathrm{e}^{2y})\mathrm{d}x + (x^2\mathrm{e}^{2y} - y)\mathrm{d}y$, 其中 L 为由点 $(4,0)$ 到 $(0,0)$ 的下半圆周 $(x-2)^2 + y^2 = 4$;

(4) $\oint_L x\mathrm{d}y$, 其中 L 是由坐标轴和直线 $\dfrac{x}{2} + \dfrac{y}{3} = 1$ 所围成的三角形回路的正向;

(5) $\oint_L (1 - \cos y)\mathrm{d}x - x(y - \sin y)\mathrm{d}y$, 其中 L 为区域 $0 \leqslant x \leqslant \pi, 0 \leqslant y \leqslant \sin x$ 的边界正向;

(6) $\int_L (2xy + 3x \sin x)\mathrm{d}x + (x^2 - ye^y)\mathrm{d}y$, 其中 L 为沿摆线 $x = t - \sin t, y = 1 - \cos t$ 从点 $O(0,0)$ 到点 $A(\pi, 2)$ 的一段;

(7) $\oint_L (x^2 + y)\mathrm{d}x - (x - y^2)\mathrm{d}y$, 其中 L 为椭圆 $\dfrac{x^2}{a^2} + \dfrac{y^2}{b^2} = 1$ 的正向;

(8) $\oint_L \left(1 - \dfrac{y^2}{x^2}\cos\dfrac{y}{x}\right)\mathrm{d}x + \left(\sin\dfrac{y}{x} + \dfrac{y}{x}\cos\dfrac{y}{x} + x^2\right)\mathrm{d}y$, 其中 L 是由曲线 $x^2 + y^2 = 2y$, $x^2 + y^2 = 4y$, $x - \sqrt{3}y = 0$, $\sqrt{3}x - y = 0$ 所围成区域的边界, 方向取正向.

4. 设正向闭曲线 L 所围成的区域为 D. 利用格林公式证明

$$S_D = \frac{1}{2}\oint_L x\mathrm{d}y - y\mathrm{d}x.$$

5. 计算下列曲线所围成的图形的面积:

(1) 星形线 $x = a\cos^3 t, y = a\sin^3 t$;

(2) 椭圆 $9x^2 + 16y^2 = 144$;

(3) 闭曲线 $x = 2a\cos t - a\cos 2t, y = 2a\sin t - a\sin 2t$.

6. 设分段光滑的正向闭曲线 L 所围成的区域 D 的面积为 S, 计算

$$\oint_L (e^{xy}y^2 - y)\mathrm{d}x + e^{xy}(1 + xy)\mathrm{d}y.$$

7. 验证沿分段光滑的任一闭路的曲线积分

$$\oint_L f(xy)(y\mathrm{d}x + x\mathrm{d}y) = 0,$$

其中 $f(u)$ 具有连续的一阶导数.

8. 设有一变力在坐标轴上的投影为 $X = x + y^2, Y = 2xy - 8$, 这变力确定了一个力场. 证明质点在此场内移动时, 场力所做的功与路径无关.

12.2 斯托克斯公式 环流量与旋度

我们知道, 格林公式表示平面有界闭区域上二重积分与其边界上的曲线积分之间的关系. 人们自然要问, 2 维流形上的积分和其边界 1 维流形上的积分有没有类似的关系? 本节我们研究这个问题.

12.2.1 斯托克斯公式

定理 2.1(斯托克斯公式) 设 Σ 是有界的分片光滑有向曲面, 其边界 L 是分段光滑的有向闭曲线. L 的方向与 Σ 的方向满足右手规则. 假设函数 $P(x, y, z)$, $Q(x, y, z)$, $R(x, y, z)$ 在 Σ 上具有一阶连续偏导数, 则有

$$\oint_L P\mathrm{d}x + Q\mathrm{d}y + R\mathrm{d}z$$

$$= \iint_{\Sigma} \left(\frac{\partial R}{\partial y} - \frac{\partial Q}{\partial z}\right) \mathrm{d}y\mathrm{d}z + \left(\frac{\partial P}{\partial z} - \frac{\partial R}{\partial x}\right) \mathrm{d}z\mathrm{d}x + \left(\frac{\partial Q}{\partial x} - \frac{\partial P}{\partial y}\right) \mathrm{d}x\mathrm{d}y. \quad (2.1)$$

公式 (2.1) 称为**斯托克斯公式**.

证　首先证明

$$\oint_{L} P\mathrm{d}x = \iint_{\Sigma} \frac{\partial P}{\partial z}\mathrm{d}z\mathrm{d}x - \frac{\partial P}{\partial y}\mathrm{d}x\mathrm{d}y. \quad (2.2)$$

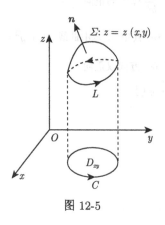

图 12-5

不失一般性, 假设 Σ 与平行于 z 轴的直线相交不多于一点. 否则, 类似于 12.1 节, 可以将 Σ 分成若干与平行于 z 轴的直线相交不多于一点的曲面片, 在每一片上考虑 (2.2) 即可. 由此, 可设 Σ 的曲面方程为 $z = z(x,y)$, 方向为取上侧, 其对应的正向边界曲线 L 在 xOy 面上的投影为平面曲线 C, C 所围成的闭区域为 D_{xy} (图 12-5). 进而得到曲面法向量 $\boldsymbol{n}$ 的方向余弦

$$\cos\alpha = \frac{-z_x}{\sqrt{1 + z_x^2(x,y) + z_y^2(x,y)}},$$

$$\cos\beta = \frac{-z_y}{\sqrt{1 + z_x^2(x,y) + z_y^2(x,y)}},$$

$$\cos\gamma = \frac{1}{\sqrt{1 + z_x^2(x,y) + z_y^2(x,y)}}.$$

因此, $\cos\beta = -z_y\cos\gamma$. 于是,

$$\iint_{\Sigma} \frac{\partial P}{\partial z}\mathrm{d}z\mathrm{d}x - \frac{\partial P}{\partial y}\mathrm{d}x\mathrm{d}y = \iint_{\Sigma} \left(\frac{\partial P}{\partial z}\cos\beta - \frac{\partial P}{\partial y}\cos\gamma\right) \mathrm{d}S$$

$$= -\iint_{\Sigma} \left(\frac{\partial P}{\partial z}z_y + \frac{\partial P}{\partial y}\right) \mathrm{d}x\mathrm{d}y.$$

将上式右端化成二重积分, 并由复合函数求导法则得到

$$\iint_{\Sigma} \frac{\partial P}{\partial z}\mathrm{d}z\mathrm{d}x - \frac{\partial P}{\partial y}\mathrm{d}x\mathrm{d}y = -\iint_{D_{xy}} \frac{\partial}{\partial y}P(x,y,z(x,y))\mathrm{d}x\mathrm{d}y. \quad (2.3)$$

根据格林公式, 上式右端的二重积分可化为沿闭区域 D_{xy} 的边界 C 的曲线积分,

$$-\iint_{D_{xy}} \frac{\partial}{\partial y}P(x,y,z(x,y))\mathrm{d}x\mathrm{d}y = \oint_{C} P(x,y,z(x,y))\mathrm{d}x.$$

因此,

$$\iint_{\Sigma} \frac{\partial P}{\partial z} \mathrm{d}z \mathrm{d}x - \frac{\partial P}{\partial y} \mathrm{d}x \mathrm{d}y = \oint_{C} P(x, y, z(x,y)) \mathrm{d}x. \qquad (2.4)$$

根据假设,

$$\oint_{L} P(x, y, z) \mathrm{d}x = \oint_{C} P(x, y, z(x,y)) \mathrm{d}x.$$

这样, 我们证得 (2.2) 式.

类似地, 可证明

$$\oint_{L} Q \mathrm{d}y = \iint_{\Sigma} \frac{\partial Q}{\partial x} \mathrm{d}x \mathrm{d}y - \frac{\partial Q}{\partial z} \mathrm{d}y \mathrm{d}z. \qquad (2.5)$$

$$\oint_{L} R \mathrm{d}z = \iint_{\Sigma} \frac{\partial R}{\partial y} \mathrm{d}y \mathrm{d}z - \frac{\partial R}{\partial x} \mathrm{d}z \mathrm{d}x. \qquad (2.6)$$

将 (2.2) 式, (2.5) 式, (2.6) 式相加即得 (2.1) 式. 证毕.

例 2.1 利用斯托克斯公式计算 $\oint_{L} y \mathrm{d}x + z \mathrm{d}y + x \mathrm{d}z$, 其中 L 为圆周 $x^2 + y^2 + z^2 = a^2$, $x + y + z = 0$, 若从 x 轴的正向看去, 圆周取逆时针方向.

解 根据斯托克斯公式, 有

$$\oint_{L} y \mathrm{d}x + z \mathrm{d}y + x \mathrm{d}z = -\iint_{\Sigma} \mathrm{d}y \mathrm{d}z + \mathrm{d}z \mathrm{d}x + \mathrm{d}x \mathrm{d}y,$$

其中 Σ 为平面被球面所截部分, 方向向上. 根据对称性

$$\iint_{\Sigma} \mathrm{d}y \mathrm{d}z = \iint_{\Sigma} \mathrm{d}z \mathrm{d}x = \iint_{\Sigma} \mathrm{d}x \mathrm{d}y = \iint_{D_{xy}} \mathrm{d}\sigma = \frac{1}{\sqrt{3}} a^2 \pi,$$

其中 D_{xy} 表示在 xOy 面上的投影区域. 因此,

$$\oint_{L} y \mathrm{d}x + z \mathrm{d}y + x \mathrm{d}z = -\sqrt{3} a^2 \pi.$$

例 2.2 利用斯托克斯公式计算曲线积分 $\oint_{L} (y^2 - z^2) \mathrm{d}x + (z^2 - x^2) \mathrm{d}y + (x^2 - y^2) \mathrm{d}z$, 其中 L 是用平面 $x + y + z = \frac{3}{2}$ 截立方体 $\{(x,y,z) | 0 \leqslant x \leqslant 1, 0 \leqslant y \leqslant 1, 0 \leqslant z \leqslant 1\}$ 的表面所得的截痕, 若从 x 轴的正向看去, 取逆时针方向 (图 12-6).

解 取 Σ 为平面 $x + y + z = \frac{3}{2}$ 的上侧被 L 所围成的部分, Σ 的单位法向量 $\boldsymbol{n} = \frac{1}{\sqrt{3}}(1,1,1)$, 即 $\cos\alpha = \cos\beta = \cos\gamma = \frac{1}{\sqrt{3}}$. 根据斯托克斯公式,

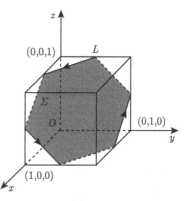

图 12-6

$$原式 = -\frac{4}{\sqrt{3}} \iint_{\Sigma} (x+y+z) \mathrm{d}S.$$

因为积分在 Σ 上, 故

$$原式 = -\frac{4}{\sqrt{3}} \cdot \frac{3}{2} \iint_{\Sigma} \mathrm{d}S = -2\sqrt{3} \iint_{D_{xy}} \sqrt{3} \mathrm{d}x\mathrm{d}y = -6 \iint_{D_{xy}} \mathrm{d}x\mathrm{d}y,$$

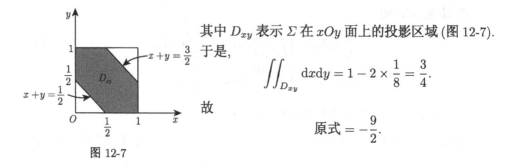

图 12-7

其中 D_{xy} 表示 Σ 在 xOy 面上的投影区域 (图 12-7). 于是,

$$\iint_{D_{xy}} \mathrm{d}x\mathrm{d}y = 1 - 2 \times \frac{1}{8} = \frac{3}{4}.$$

故

$$原式 = -\frac{9}{2}.$$

12.2.2　空间曲线积分与路径无关的条件

考虑第二型曲线积分

$$\int_L P(x,y,z)\mathrm{d}x + Q(x,y,z)\mathrm{d}y + R(x,y,z)\mathrm{d}z, \tag{2.7}$$

其中 $P(x,y,z),\ Q(x,y,z), R(x,y,z)$ 为 G 内具有一阶连续偏导数的函数, G 为一维单连通空间 3 维流形.

定理 2.2　曲线积分 (2.7) 在 G 内与路径无关的充分必要条件是

$$\frac{\partial P}{\partial y} = \frac{\partial Q}{\partial x}, \quad \frac{\partial Q}{\partial z} = \frac{\partial R}{\partial y}, \quad \frac{\partial R}{\partial x} = \frac{\partial P}{\partial z} \tag{2.8}$$

在 G 内恒成立.

证　首先注意到, 曲线积分在 G 内与路径无关等价于沿 G 内任意闭曲线的曲线积分为零. 充分性是显然的, 下面证必要性. 假设存在 $M_0(x_0,y_0,z_0) \in G$, 使得 (2.8) 式不成立. 不妨设

$$\left(\frac{\partial P}{\partial y} - \frac{\partial Q}{\partial x}\right)(M_0) = \varepsilon > 0.$$

过点 M_0 作平面 $z = z_0$, 并在该平面上取一个以 M_0 为圆心的充分小的圆形闭域 K, 使得在 K 上

$$\frac{\partial P}{\partial y} - \frac{\partial Q}{\partial x} > \frac{1}{2}\varepsilon.$$

设 K 的边界为 γ. 规定 γ 取逆时针方向, K 取向上的法向量. 根据斯托克斯公式和已知条件,

$$0 = \oint_\gamma P\mathrm{d}x + Q\mathrm{d}y + R\mathrm{d}z = \iint_K \left(\frac{\partial Q}{\partial x} - \frac{\partial P}{\partial y}\right)\mathrm{d}x\mathrm{d}y \leqslant -\frac{1}{2}\varepsilon\sigma,$$

其中 σ 为 K 的面积. 这导致一个矛盾, 必要性得证. 证毕.

注记 1 积分 (2.7) 可以看成向量场 $\boldsymbol{F} = \{P, Q, R\}$ 沿路径 L 所做的功.

注记 2 设 $A(x_0, y_0, z_0), B(x, y, z)$ 为空间两点. 如果曲线积分与路径无关, 则

$$\int_{\widehat{AB}} P\mathrm{d}x + Q\mathrm{d}y + R\mathrm{d}z$$
$$= \int_{AC} + \int_{CD} + \int_{DB} P\mathrm{d}x + Q\mathrm{d}y + R\mathrm{d}z,$$

其中 AC, CD, DB 组成一个以 A 为起点, B 为终点的折线段, 并且, C 点坐标为 (x, y_0, z_0), D 点坐标为 (x, y, z_0)(图 12-8). 则势函数

$$u(x, y, z) = \int_{x_0}^x P(x, y_0, z_0)\mathrm{d}x + \int_{y_0}^y Q(x, y, z_0)\mathrm{d}y$$
$$+ \int_{z_0}^z R(x, y, z)\mathrm{d}z.$$

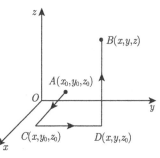

图 12-8

12.2.3 环流量与旋度

考虑向量场 $\boldsymbol{F}(x, y, z) = \{P(x, y, z), Q(x, y, z), R(x, y, z)\}$. 下面介绍物理学中两个重要的概念.

定义 2.1 设 P, Q, R 是连续函数, L 是一条分段光滑的有向闭曲线, $\boldsymbol{\tau}$ 是曲线 L 在点 (x, y, z) 处的单位切向量. 称曲线积分

$$\oint_L \boldsymbol{F} \cdot \boldsymbol{\tau}\mathrm{d}s = \oint_L P\mathrm{d}x + Q\mathrm{d}y + R\mathrm{d}z$$

为向量场 $\boldsymbol{F}$ 沿有向闭曲线 L 的**环流量**.

定义 2.2 设 P, Q, R 具有连续的一阶偏导函数. 称向量场

$$\left\{\frac{\partial R}{\partial y} - \frac{\partial Q}{\partial z}, \frac{\partial P}{\partial z} - \frac{\partial R}{\partial x}, \frac{\partial Q}{\partial x} - \frac{\partial P}{\partial y}\right\}$$

为向量场 $\boldsymbol{F}$ 的**旋度**, 记为 $\mathrm{rot}\,\boldsymbol{F}$, 即

$$\mathrm{rot}\,\boldsymbol{F} = \left(\frac{\partial R}{\partial y} - \frac{\partial Q}{\partial z}\right)\boldsymbol{i} + \left(\frac{\partial P}{\partial z} - \frac{\partial R}{\partial x}\right)\boldsymbol{j} + \left(\frac{\partial Q}{\partial x} - \frac{\partial P}{\partial y}\right)\boldsymbol{k}.$$

注记 3　为了便于记忆和计算, 可以形式上采用向量积的表达方式简记旋度为

$$
\operatorname{rot} \boldsymbol{F} = \operatorname{grad} \times \boldsymbol{F} = \begin{vmatrix} \boldsymbol{i} & \boldsymbol{j} & \boldsymbol{k} \\ \dfrac{\partial}{\partial x} & \dfrac{\partial}{\partial y} & \dfrac{\partial}{\partial z} \\ P & Q & R \end{vmatrix}.
$$

例 2.3　设向量场 $\boldsymbol{F} = 3y\boldsymbol{i} - xz\boldsymbol{j} + yz^2\boldsymbol{k}$. 求

(1) $\operatorname{rot} \boldsymbol{F}$;

(2) 求 $\boldsymbol{F}$ 沿闭曲线 L 的环流量, 其中 L 是圆周 $x^2 + y^2 = 2z$, $z = 2$, 取逆时针方向.

解　(1)

$$
\operatorname{rot} \boldsymbol{F} = \operatorname{grad} \times \boldsymbol{F} = \begin{vmatrix} \boldsymbol{i} & \boldsymbol{j} & \boldsymbol{k} \\ \dfrac{\partial}{\partial x} & \dfrac{\partial}{\partial y} & \dfrac{\partial}{\partial z} \\ 3y & -xz & yz^2 \end{vmatrix} = (x + z^2)\boldsymbol{i} - (3 + z)\boldsymbol{k}.
$$

(2) 所求环流量为曲线积分

$$
\oint_L 3y\mathrm{d}x - xz\mathrm{d}y + yz^2\mathrm{d}z = \oint_{L_1} 3y\mathrm{d}x - 2x\mathrm{d}y = -5\iint_D \mathrm{d}\sigma = -20\pi.
$$

这里 L_1 是圆周曲线 $x^2 + y^2 = 4$, 取逆时针方向; D 是 L_1 围成的平面区域.

注记 4　在环流量和旋度意义下, 斯托克斯公式 (2.1) 可简记为

$$
\oint_L \boldsymbol{F} \cdot \boldsymbol{\tau}\mathrm{d}s = \iint_\Sigma \operatorname{rot} \boldsymbol{F} \cdot \boldsymbol{n}\mathrm{d}S,
$$

其中 $\boldsymbol{n}$ 是曲面 Σ 的单位法向量, 其方向与 L 的方向满足右手规则.

习　题　12.2

1. 应用斯托克斯公式计算下列曲线积分:

(1) $\oint_L x^2 y^3 \mathrm{d}x + \mathrm{d}y + \mathrm{d}z$, 其中 L 为圆周 $x^2 + y^2 = a^2$, $z = 0$, 取逆时针方向;

(2) $\oint_L (y - z)\mathrm{d}x + (z - x)\mathrm{d}y + (x - y)\mathrm{d}z$, 其中 L 为椭圆 $x^2 + y^2 = 1$, $x + z = 1$. 若从 x 轴正向看去, L 的方向是逆时针的;

(3) $\oint_L (y^2 + z^2)\mathrm{d}x + (x^2 + z^2)\mathrm{d}y + (x^2 + y^2)\mathrm{d}z$, 其中 L 是曲线 $x^2 + y^2 + z^2 = 2Rx$, $x^2 + y^2 = 2rx$, $z > 0$, 常数 R 和 r 满足 $0 < r < R$, 它的方向与 z 轴构成右手规则.

2. 下列向量场是否为保守场? 若是, 求出势函数.

(1) $\boldsymbol{F} = \left\{ 2xe^{-y}, \cos z - x^2 e^{-y}, -y \sin z \right\}$;

(2) $\boldsymbol{F} = \left\{ xz - y, x^2 y + z^3, 3xz^2 - xy \right\}$;

(3) $\boldsymbol{F} = \left\{ yz(2x + y + z), xz(x + 2y + z), xy(x + y + 2z) \right\}$.

3. 设向量场 $\boldsymbol{F} = (x - z)\boldsymbol{i} + (x^3 + yz)\boldsymbol{j} - 3xy^2\boldsymbol{k}$.

(1) 求 $\operatorname{rot} \boldsymbol{F}$;

(2) 求 $\boldsymbol{F}$ 沿闭曲线 L 的环流量, 其中 L 是圆周 $z = 2 - \sqrt{x^2 + y^2}$, $z = 0$, 取逆时针方向.

12.3 高斯公式 通量与散度

上两节, 我们研究了 2 维流形上的积分和其边界 1 维流形积分的关系. 同样地, 我们也可以考虑 3 维流形上的积分和其边界 2 维流形积分的关系.

12.3.1 高斯公式

定理 3.1(高斯公式) 设空间闭区域 Ω 的边界曲面 Σ 分片光滑, 函数 $P(x, y, z)$, $Q(x, y, z)$, $R(x, y, z)$ 在 Ω 上具有一阶连续偏导数, 则

$$\iiint_{\Omega} \left(\frac{\partial P}{\partial x} + \frac{\partial Q}{\partial y} + \frac{\partial R}{\partial z} \right) \mathrm{d}v = \oiint_{\Sigma} P\mathrm{d}y\mathrm{d}z + Q\mathrm{d}z\mathrm{d}x + R\mathrm{d}x\mathrm{d}y. \tag{3.1}$$

这里曲面积分取在 Σ 的外侧.

证 设区域 Ω 在 xOy 面上的投影区域为 D_{xy}. 假定穿过 Ω 内部且平行于 z 轴的直线与 Σ 的交点恰好是两个. 这样, 可设 Σ 由 Σ_1, Σ_2 和 Σ_3 三部分组成 (图 12-9), 其中 Σ_3 是 Ω 向 xOy 面的投影柱面, Σ_1, Σ_2 是 Ω 的下、上曲面, 其方程分别为

$$\Sigma_1 : z = z_1(x, y), \quad \Sigma_2 : z = z_2(x, y),$$

而 Σ_1 取下侧, Σ_2 取上侧. 那么

$$\begin{aligned}
\iiint_{\Omega} \frac{\partial R}{\partial z} \mathrm{d}v &= \iint_{D_{xy}} \mathrm{d}x\mathrm{d}y \int_{z_1(x,y)}^{z_2(x,y)} \frac{\partial R}{\partial z} \mathrm{d}z \\
&= \iint_{D_{xy}} (R(x, y, z_2(x, y)) - R(x, y, z_1(x, y)))\mathrm{d}x\mathrm{d}y. \tag{3.2}
\end{aligned}$$

另外, 由于 Σ_3 在 xOy 面上的投影为一条曲线, 所以

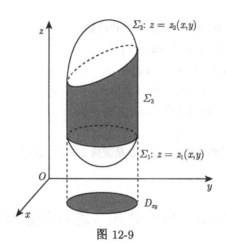

图 12-9

$$\iint_{\Sigma_3} R(x,y,z)\mathrm{d}x\mathrm{d}y = 0.$$

根据对坐标曲面积分的计算法,

$$\iint_{\Sigma_1} R(x,y,z)\mathrm{d}x\mathrm{d}y = -\iint_{D_{xy}} R(x,y,z_1(x,y))\mathrm{d}x\mathrm{d}y,$$

$$\iint_{\Sigma_2} R(x,y,z)\mathrm{d}x\mathrm{d}y = \iint_{D_{xy}} R(x,y,z_2(x,y))\mathrm{d}x\mathrm{d}y.$$

因此,

$$\oiint_{\Sigma} R(x,y,z)\mathrm{d}x\mathrm{d}y = \iint_{\Sigma_1} R\mathrm{d}x\mathrm{d}y + \iint_{\Sigma_2} R\mathrm{d}x\mathrm{d}y$$

$$= \iint_{D_{xy}} (R(x,y,z_2(x,y)) - R(x,y,z_1(x,y)))\mathrm{d}x\mathrm{d}y. \quad (3.3)$$

比较 (3.2) 和 (3.3) 两式, 得

$$\iiint_{\Omega} \frac{\partial R}{\partial z}\mathrm{d}v = \oiint_{\Sigma} R(x,y,z)\mathrm{d}x\mathrm{d}y. \quad (3.4)$$

如果穿过 Ω 内部且平行于 x 轴的直线以及平行于 y 轴的直线与 Ω 的边界曲面 Σ 的交点也都至多是两个, 那么类似地可得

$$\iiint_{\Omega} \frac{\partial P}{\partial x}\mathrm{d}v = \oiint_{\Sigma} P(x,y,z)\mathrm{d}y\mathrm{d}z, \quad (3.5)$$

$$\iiint_{\Omega} \frac{\partial Q}{\partial y}\mathrm{d}v = \oiint_{\Sigma} Q(x,y,z)\mathrm{d}z\mathrm{d}x. \quad (3.6)$$

将 (3.4) 式, (3.5) 式和 (3.6) 式相加即得 (3.1) 式.

在上述证明中, 我们对区域 Ω 作了一些限制. 如果 Ω 不满足上述那些限制, 那么, 类似格林公式的证明, 利用几个辅助曲面把 Ω 分成若干个子区域, 使得每个子区域都满足上述条件, (3.1) 式在子区域上成立. 注意到沿辅助曲面相反两侧的两个曲面积分相加时互相抵消. 因此, (3.1) 式对具有任意形状的边界曲面 Σ 的区域 Ω 也成立.

称 (3.1) 式为**高斯公式**. 利用它计算封闭曲面上的曲面积分往往很方便.

例 3.1 计算 $I = \oiint_{\Sigma} x^3\mathrm{d}y\mathrm{d}z + y^3\mathrm{d}z\mathrm{d}x + z^3\mathrm{d}x\mathrm{d}y$, 其中 Σ 是球面 $x^2+y^2+z^2=R^2$ 的外侧.

解 令 $P=x^3, Q=y^3, R=z^3$. 则

$$
\begin{aligned}
I &= \iiint_{\Omega} \left(\frac{\partial P}{\partial x} + \frac{\partial Q}{\partial y} + \frac{\partial R}{\partial z} \right) \mathrm{d}v \\
&= 3 \iiint_{\Omega} (x^2 + y^2 + z^2)\mathrm{d}v \\
&= 3 \int_0^{2\pi} \mathrm{d}\theta \int_0^{\pi} \mathrm{d}\phi \int_0^R r^4 \sin\phi\mathrm{d}r \\
&= \frac{12}{5}\pi R^5.
\end{aligned}
$$

例 3.2 计算 $I = \iint_{\Sigma} 2xyz\mathrm{d}y\mathrm{d}z + (x^4 + z^3)\mathrm{d}z\mathrm{d}x + (1 - yz^2)\mathrm{d}x\mathrm{d}y$, 其中 Σ 是下半球面 $x^2 + y^2 + z^2 = R^2, z \leqslant 0$ 的下侧 (图 12-10).

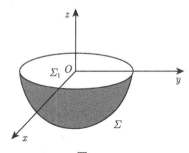

图 12-10

解 用 Σ_1 表示平面 $z = 0$, $x^2 + y^2 \leqslant R^2$ 的上侧. 用 Ω 表示 Σ_1 和 Σ 所围成的区域. 则

$$
\begin{aligned}
&\iint_{\Sigma+\Sigma_1} 2xyz\mathrm{d}y\mathrm{d}z + (x^4 + z^3)\mathrm{d}z\mathrm{d}x + (1 - yz^2)\mathrm{d}x\mathrm{d}y \\
&= \iiint_{\Omega} \left(\frac{\partial(2xyz)}{\partial x} + \frac{\partial(x^4 + z^3)}{\partial y} + \frac{\partial(1 - yz^2)}{\partial z} \right) \mathrm{d}v = 0.
\end{aligned}
$$

因此,

$$
\begin{aligned}
&\iint_{\Sigma} 2xyz\mathrm{d}y\mathrm{d}z + (x^4 + z^3)\mathrm{d}z\mathrm{d}x + (1 - yz^2)\mathrm{d}x\mathrm{d}y \\
&= -\iint_{\Sigma_1} 2xyz\mathrm{d}y\mathrm{d}z + (x^4 + z^3)\mathrm{d}z\mathrm{d}x + (1 - yz^2)\mathrm{d}x\mathrm{d}y
\end{aligned}
$$

$$= - \iint_{D_{xy}} \mathrm{d}x\mathrm{d}y = -\pi R^2.$$

12.3.2 通量与散度

在 6.2 节, 介绍第二型曲面积分概念时指出, 对于以流速 $\boldsymbol{v}(M) = P(M)\boldsymbol{i} + Q(M)\boldsymbol{j} + R(M)\boldsymbol{k}$ 流过曲面 Σ 的不可压缩的流体, 单位时间内流过 Σ 的总流量

$$\Phi = \iint_{\Sigma} \boldsymbol{v}(M) \cdot \boldsymbol{n}(M)\mathrm{d}S = \iint_{\Sigma} P(x,y,z)\mathrm{d}y\mathrm{d}z + Q(x,y,z)\mathrm{d}z\mathrm{d}x + R(x,y,z)\mathrm{d}x\mathrm{d}y.$$

在电磁学中也有类似的问题, 它们统一归结为求通量问题.

定义 3.1 设有向量场 $\boldsymbol{F}(x,y,z) = \{P(x,y,z), Q(x,y,z), R(x,y,z)\}$, 其中函数 P, Q, R 具有连续的一阶偏导数, Σ 为场内有向曲面, $\boldsymbol{n}$ 是在点 $M(x,y,z)$ 的单位法向量, 则积分

$$\iint_{\Sigma} \boldsymbol{F} \cdot \boldsymbol{n}\mathrm{d}S = \iint_{\Sigma} P\mathrm{d}y\mathrm{d}z + Q\mathrm{d}z\mathrm{d}x + R\mathrm{d}x\mathrm{d}y$$

称为向量场 $\boldsymbol{F}$ 通过有向曲面 Σ 的**通量**, 记为 $\Phi(\boldsymbol{F}, \Sigma)$.

在向量场 $\boldsymbol{F}$ (具体地, 考虑流速场) 内一定点 M_0 附近, 任意选取包围着这个点的闭曲面 Σ_*. 设 Σ_* 所围成区域 $\Delta\Omega$ 的体积为 ΔV. 则

$$\frac{1}{\Delta V} \iint_{\Sigma_*} \boldsymbol{F} \cdot \boldsymbol{n}\mathrm{d}S = \frac{1}{\Delta V} \iint_{\Sigma_*} P\mathrm{d}y\mathrm{d}z + Q\mathrm{d}z\mathrm{d}x + R\mathrm{d}x\mathrm{d}y$$

称为单位时间内从 $\Delta\Omega$ 的单位体积内散发出来的通量 (流量).

定义 3.2 对向量场 $\boldsymbol{F}$ 和定点 M_0, 称

$$\mathrm{div}\,\boldsymbol{F} = \lim_{\Delta V \to 0} \frac{1}{\Delta V} \iint_{\Sigma_*} \boldsymbol{F} \cdot \boldsymbol{n}\mathrm{d}S$$

为向量场 $\boldsymbol{F}$ 在点 M_0 的散度.

注记 1 散度表征在定点附近向外散发流量的大小. 如果在 M_0 处, $\mathrm{div}\,\boldsymbol{F} > 0$, 则流体离开 M_0 向周围扩散; 如果在 M_0 处, $\mathrm{div}\,\boldsymbol{F} < 0$, 则流体从 M_0 的周围向 M_0 汇聚.

注记 2 若对场内任意点, 向量场 $\boldsymbol{F}$ 的分量 P, Q, R 具有连续的一阶偏导数, 则由高斯公式和积分中值定理, 可以证明, 在场内每一点

$$\mathrm{div}\,\boldsymbol{F} = \frac{\partial P}{\partial x} + \frac{\partial Q}{\partial y} + \frac{\partial R}{\partial z}. \tag{3.7}$$

因此, 对于具有连续偏导数的向量场, 可以利用公式 (3.7) 求散度.

注记 3 若记 $\boldsymbol{F} = \{P, Q, R\}$, $\boldsymbol{n}$ 表示 Σ 在 $M(x,y,z)$ 点的单位外法向量, 利用通量和散度的概念, 高斯公式可简记为

$$\iiint_{\Omega} \mathrm{div}\,\boldsymbol{F}\mathrm{d}v = \oiint_{\Sigma} \boldsymbol{F} \cdot \boldsymbol{n}\mathrm{d}S.$$

例 3.3 设向量场 $\boldsymbol{F} = (2x - z)\boldsymbol{i} + x^2y\boldsymbol{j} - xz^2\boldsymbol{k}$.

(1) 求 $\operatorname{div}\boldsymbol{F}$;

(2) 求向量场 $\boldsymbol{F}$ 通过有向曲面 $\varSigma$ 的通量, 其中 $\varSigma$ 为立方体 $0 \leqslant x \leqslant a$, $0 \leqslant y \leqslant a$, $0 \leqslant z \leqslant a$ 的全表面, 指向外侧.

解 (1) $\operatorname{div}\boldsymbol{F} = \dfrac{\partial P}{\partial x} + \dfrac{\partial Q}{\partial y} + \dfrac{\partial R}{\partial z} = 2 + x^2 - 2xz$.

(2) 根据高斯公式,

$$
\begin{aligned}
\varPhi(\boldsymbol{F}, \varSigma) &= \iint_{\varSigma} \boldsymbol{F} \cdot \boldsymbol{n}\mathrm{d}S = \iiint_{\Omega} \operatorname{div}\boldsymbol{F}\mathrm{d}v \\
&= \int_0^a \mathrm{d}x \int_0^a \mathrm{d}y \int_0^a (2 + x^2 - 2xz)\mathrm{d}z \\
&= a^3\left(2 - \frac{a^2}{6}\right).
\end{aligned}
$$

习 题 12.3

1. 设空间闭区域 Ω 由分片光滑的闭曲面 $\varSigma$ 所围成, 其体积为 v. 证明

$$
v = \frac{1}{3}\oiint_{\varSigma} x\mathrm{d}y\mathrm{d}z + y\mathrm{d}z\mathrm{d}x + z\mathrm{d}x\mathrm{d}y.
$$

2. 利用高斯公式计算下列各曲面积分:

(1) $\oiint_{\varSigma} x^2\mathrm{d}y\mathrm{d}z + y^2\mathrm{d}z\mathrm{d}x + z^2\mathrm{d}x\mathrm{d}y$, 其中 $\varSigma$ 是由 $x = 0, y = 0, z = 0, x = a, y = a, z = a$ 所围成立体的表面的外侧;

(2) $\oiint_{\varSigma} \left(x^3 + \dfrac{x}{a^2}\right)\mathrm{d}y\mathrm{d}z + (y^3 - xz)\mathrm{d}z\mathrm{d}x + \left(z^3 - \dfrac{z}{a^2}\right)\mathrm{d}x\mathrm{d}y$, 其中 $\varSigma$ 是球面 $x^2 + y^2 + z^2 = 2z$ 的外侧;

(3) $\iint_{\varSigma} 4zx\mathrm{d}y\mathrm{d}z - 2zy\mathrm{d}z\mathrm{d}x + (1 - z^2)\mathrm{d}x\mathrm{d}y$, 其中 $\varSigma$ 为 yOz 平面上曲线 $z = \mathrm{e}^y$, $0 \leqslant y \leqslant a$ 绕 z 轴旋转所成的曲面的下侧;

(4) $\iint_{\varSigma} xz^2\mathrm{d}y\mathrm{d}z + (x^2y - z^3)\mathrm{d}z\mathrm{d}x + (2xy + y^2z)\mathrm{d}x\mathrm{d}y$, 其中 $\varSigma$ 为上半球体 $x^2 + y^2 + z^2 \leqslant a^2, z \geqslant 0$ 表面的外侧;

(5) $\oiint_{\varSigma} xz\mathrm{d}y\mathrm{d}z + x^2y\mathrm{d}z\mathrm{d}x + y^2\mathrm{d}x\mathrm{d}y$, 其中 $\varSigma$ 为由旋转抛物面 $z = x^2 + y^2$、圆柱面 $x^2 + y^2 = 1$ 以及坐标面在第一卦限中所围立体的边界面的外侧;

(6) $\iint_{\varSigma} (y - z)\mathrm{d}y\mathrm{d}z + (z - x)\mathrm{d}z\mathrm{d}x + (x - y)\mathrm{d}x\mathrm{d}y$, 其中 $\varSigma$ 为曲面 $z = \sqrt{x^2 + y^2}, z \leqslant h$ 的下侧;

(7) $\displaystyle\iint_{\Sigma}(x^2-yz)\mathrm{d}y\mathrm{d}z+(yz-2xy)\mathrm{d}z\mathrm{d}x+z^2\mathrm{d}x\mathrm{d}y$, 其中 Σ 为圆柱面 $x^2+y^2=1$, $0\leqslant z\leqslant 1$ 的外侧.

3. 设向量场 $\boldsymbol{F}=(2x+3z)\boldsymbol{i}-(xz+y)\boldsymbol{j}+(y^2+2z)\boldsymbol{k}$.

(1) 求 $\operatorname{div}\boldsymbol{F}$;

(2) 求向量场 $\boldsymbol{F}$ 通过有向曲面 Σ 的通量, 其中 Σ 是以点 $(3,-1,2)$ 为球心, 半径为 $R=3$ 的球面, 流向外侧.

第13章　常微分方程

微分方程起源于力学问题, 是和微积分一起发展起来的一门学科, 是自然科学许多领域中必不可少的工具, 至今已有三百多年的历史.

本章内容作为不定积分的应用, 简略地介绍几种常见的微分方程及其解法, 以及它们在力学、物理等方面的简单应用.

13.1　微分方程基本概念

首先看一个例子. 有一列车在水平直线铁轨上以 20m/s 的速度行驶, 当制动时列车获得加速度 -0.4m/s^2, 试求制动以后列车的运动规律.

根据导数的物理意义, 列车的位移 $s = s(t)$ 应满足方程

$$\frac{\mathrm{d}^2 s}{\mathrm{d}t^2} = -0.4 \tag{1.1}$$

或

$$\frac{\mathrm{d}v}{\mathrm{d}t} = -0.4, \tag{1.2}$$

其中 v 表示速度. 对 (1.2) 式两端积分一次, 便得

$$v = -0.4t + C_1, \tag{1.3}$$

此处 C_1 是积分常数. 再由速度和时间、路程的关系, 有

$$\frac{\mathrm{d}s}{\mathrm{d}t} = -0.4t + C_1.$$

再积分一次, 便得

$$s = -0.2t^2 + C_1 t + C_2, \tag{1.4}$$

这里 C_2 是另一个积分常数.

注意公式 (1.1) 的左端是未知函数 $s = s(t)$ 的二阶导数. 这种含有未知函数导数的方程叫做**微分方程**. 其中未知函数的导数的最高阶数叫做该微分方程的**阶**, 如公式 (1.1) 就是二阶微分方程. 又比如

$$x^2 y''' + 2(y')^2 + y' - x^2 y^3 = 0$$

是以 x 为自变量, y 为未知函数的三阶微分方程. 这里必须要注意的是, 微分方程中未知函数的导数是不可缺少的, 否则就变成一般的函数方程.

　　所谓解微分方程, 就是找出这样的函数, 把这个函数代入微分方程能使该微分方程成为恒等式, 这个函数就叫做该微分方程的**解**. 例如, (1.4) 式是微分方程 (1.1) 的解. 在解微分方程过程中不可避免地要求积分, 每积分一次要出现一个任意常数. 因此, 在所求得的解中往往含有任意常数, 而其任意常数的个数恰好等于微分方程的阶数. 例如, 上述二阶方程 (1.1) 的解 (1.4) 中, 含有两个任意常数 C_1 和 C_2. 这种含有任意常数并且任意常数的个数恰好等于该方程的阶数的解, 称为这个微分方程的**通解**.

　　现在接着讨论上述问题. 由于通解 (1.4) 中含有任意常数 C_1 和 C_2, 所以 (1.4) 式还不能完全确定地反映列车制动以后的运动规律, 需要进一步确定其中的任意常数. 根据已知条件, 位移函数 $s = s(t)$ 还应满足下列条件:

$$s|_{t=0} = 0, \quad v|_{t=0} = \frac{\mathrm{d}s}{\mathrm{d}t}\Big|_{t=0} = 20. \tag{1.5}$$

这种条件通常叫做**初始条件**. 将初始条件 (1.5) 代入 (1.3) 式和 (1.4) 式, 便得 $C_1 = 20, C_2 = 0$. 因此,

$$s = -0.2t^2 + 20t. \tag{1.6}$$

当然, (1.6) 式是微分方程 (1.1) 式的一个解, 它是根据初始条件在通解 (1.4) 中确定了任意常数 C_1 和 C_2 而得来的, 特别称之为方程 (1.1) 的**特解**.

　　由前面的例子我们可以看出, 利用微分方程解决实际问题时, 首先, 分析已知条件建立微分方程, 并提出初始条件. 其次, 求出微分方程的通解. 最后, 根据初始条件确定出通解中的常数以求出满足该条件的特解. 换句话说, 列方程和解方程是解决实际问题的两大步骤, 列方程需要数学、物理、力学、工程技术和军事等学科的综合知识, 是根据问题的具体意义建立数学模型的过程. 解方程则需要有关微分方程的专门数学知识, 这是本章所要解决的主要问题.

习　题　13.1

1. 指出下列各题中微分方程的阶数, 并验证所给函数是否为方程的解:

(1) $xy' = 2y, y = 5x^2$;

(2) $(y')^2 - 2y' + 1 - 4x^2 = 0, y = 1 + x + x^2$;

(3) $xy''' + 2y'' + x^2y = 0, y = x^3$;

(4) $(x+y)\mathrm{d}x + x\mathrm{d}y = 0, y = \dfrac{C^2 - x^2}{2x}$.

2. 从下列各题中的函数族里, 找出满足所给初始条件的函数:

(1) $x^2 - y^2 = C, y|_{x=0}=5$;

(2) $y = (C_1 + C_2x)\mathrm{e}^{2x}, y|_{x=0}=0, y'|_{x=0}=1$;

(3) $y = C_1 \sin(x - C_2), y|_{x=\pi} = 1, y'|_{x=\pi} = 0$.

3. 给定一阶微分方程 $\dfrac{\mathrm{d}y}{\mathrm{d}x} = 3x$,

(1) 求它的通解;

(2) 求过点 $(2,5)$ 的特解.

4. 设 $y = \varphi(x)$ 与 $y = \psi(x)$ 是 $y' + p(x)y = q(x)$ 的两个不相同的特解, 证明 $y = C(\varphi(x) - \psi(x)) + \psi(x)$ 是方程的通解.

5. 一曲线过点 $(2,3)$, 它在两坐标轴间的任意切线线段均被切点平分, 求此曲线所满足的方程.

6. 设一长为 a 的链条无摩擦地从桌面上滑下. 假定在开始下滑时, 链条自桌面下垂部分长为 b, 求链条下垂部分长度所满足的微分方程.

13.2 可分离变量的微分方程

13.2.1 可分离变量的方程

最简单的一阶微分方程是形如

$$\frac{\mathrm{d}y}{\mathrm{d}x} = f(x)g(y) \tag{2.1}$$

的方程. 它的特点是, 其右端是只含 x 的函数与只含 y 的函数的乘积. 这种方程称为**可分离变量的方程**. 根据微分的定义,

$$\mathrm{d}y = y'\mathrm{d}x = f(x)g(y)\mathrm{d}x.$$

当 $g(y) \neq 0$ 时, 两端除以 $g(y)$, 得到

$$\frac{1}{g(y)}\mathrm{d}y = f(x)\mathrm{d}x.$$

两端积分, 得到 y 所满足的隐函数方程

$$\int \frac{1}{g(y)}\mathrm{d}y = \int f(x)\mathrm{d}x + C \tag{2.2}$$

或

$$G(y) = F(x) + C, \tag{2.3}$$

其中 $G(y) = \displaystyle\int \frac{1}{g(y)}\mathrm{d}y$ 和 $F(x) = \displaystyle\int f(x)\mathrm{d}x$ 分别是 $\dfrac{1}{g(y)}$ 和 $f(x)$ 的某一原函数, C 是积分常数.

将微分方程中的变量 x 和 y 经过代数运算分离到等式两端, 然后, 直接积分求解的方法叫做**分离变量法**. 它只适用于变量可分离的方程.

注记 1   当 $g(y) = 0$ 时, 使 $g(y) = 0$ 的常数 $y = y_0$ 也是方程的解. 下面将要看到, 多数情况下, 这样的解能合并到通解中. 因此, 本章一般不特别关注这类解.

例 2.1   求方程 $\dfrac{\mathrm{d}y}{\mathrm{d}x} = 2xy$ 的通解.

解   分离变量得

$$\frac{1}{y}\mathrm{d}y = 2x\mathrm{d}x.$$

积分得

$$\ln|y| = x^2 + C_1, \quad C_1 \text{ 是任意常数},$$

或

$$|y| = \mathrm{e}^{x^2 + C_1} = \mathrm{e}^{C_1}\mathrm{e}^{x^2},$$

即

$$y = C\mathrm{e}^{x^2}, \quad C = \pm\mathrm{e}^{C_1} \text{ 是任意常数}.$$

例 2.2   求微分方程 $x(1 + y^2)\mathrm{d}x + y(1 + x^2)\mathrm{d}y = 0$ 满足初始条件 $y|_{x=0} = 2$ 的解.

解   原方程等价于

$$\frac{2x\mathrm{d}x}{1 + x^2} + \frac{2y\mathrm{d}y}{1 + y^2} = 0.$$

积分得

$$\ln\left((1 + x^2)\left(1 + y^2\right)\right) = \ln C.$$

故

$$(1 + x^2)\left(1 + y^2\right) = C. \tag{2.4}$$

将初始条件代入 (2.4) 式, 得 $C = 5$. 从而所求的特解为

$$(1 + x^2)\left(1 + y^2\right) = 5.$$

例 2.3   设降落伞从跳伞塔下落后, 所受空气阻力与下落速度成正比, 并设降落伞离开跳伞塔时 $(t = 0)$ 速度为零. 求降落伞下落速度与时间的函数关系.

解   设降落伞下落速度为 $v(t)$. 降落伞在空中下落时, 同时受到重力 P 与阻力 R 的作用 (图 13-1), 重力的大小为 mg, 方向与速度的方向一致; 阻力的大小为 kv, k 为比例系数, 方向与速度的方向相反. 因此, 降落伞所受外力为

$$F = mg - kv.$$

根据牛顿第二运动定律, 函数 $v(t)$ 应满足方程

$$m\frac{\mathrm{d}v}{\mathrm{d}t} = mg - kv \qquad (2.5)$$

和初始条件

$$v|_{t=0} = 0. \qquad (2.6)$$

方程 (2.5) 是可分离变量的. 分离变量后积分得

$$\int \frac{\mathrm{d}v}{mg - kv} = \int \frac{\mathrm{d}t}{m}.$$

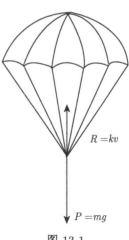

$R = kv$

$P = mg$

图 13-1

于是,

$$-\frac{1}{k}\ln(mg - kv) = \frac{t}{m} + C_1,$$

即

$$mg - kv = \mathrm{e}^{-\frac{k}{m}t - kC_1},$$

或

$$v = \frac{mg}{k} + C\mathrm{e}^{-\frac{k}{m}t}, \quad C = -\frac{\mathrm{e}^{-kC_1}}{k}. \qquad (2.7)$$

这就是方程的通解.

将初始条件 (2.6) 代入 (2.7) 式, 得 $C = -\dfrac{mg}{k}$. 于是, 所求特解为

$$v = \frac{mg}{k}(1 - \mathrm{e}^{-\frac{k}{m}t}).$$

由此可以看出, 随着时间 t 的增大, 速度 v 逐渐接近于常数 $\dfrac{mg}{k}$, 且不会超过 $\dfrac{mg}{k}$. 也就是说, 跳伞后开始阶段是加速运动, 以后逐渐接近于匀速运动.

13.2.2 可化为分离变量方程的方程

形如

$$\frac{\mathrm{d}y}{\mathrm{d}x} = f\left(\frac{y}{x}\right) \qquad (2.8)$$

的一阶微分方程叫做齐次方程. 引入新的未知函数

$$u = \frac{y}{x}. \qquad (2.9)$$

由 (2.9) 式得

$$\frac{\mathrm{d}y}{\mathrm{d}x} = u + x\frac{\mathrm{d}u}{\mathrm{d}x}.$$

代入 (2.8) 式,

$$u + x\frac{\mathrm{d}u}{\mathrm{d}x} = f(u),$$

即

$$x\frac{\mathrm{d}u}{\mathrm{d}x} = f(u) - u.$$

分离变量后积分得到

$$\int \frac{\mathrm{d}u}{f(u) - u} = \ln x + C.$$

求出积分后, 再用 $\frac{y}{x}$ 代替 u, 便得齐次方程 (2.8) 的通解.

例 2.4 解方程 $y^2 + x^2\frac{\mathrm{d}y}{\mathrm{d}x} = xy\frac{\mathrm{d}y}{\mathrm{d}x}$.

解 原方程可化为

$$\frac{\mathrm{d}y}{\mathrm{d}x} = \frac{\left(\frac{y}{x}\right)^2}{\frac{y}{x} - 1}. \tag{2.10}$$

令 $\frac{y}{x} = u$, 即 $y = xu$. 则

$$\frac{\mathrm{d}y}{\mathrm{d}x} = u + x\frac{\mathrm{d}u}{\mathrm{d}x}.$$

代入 (2.10) 式得

$$x\frac{\mathrm{d}u}{\mathrm{d}x} = \frac{u}{u - 1}.$$

分离变量后积分, 得

$$u - \ln u + C_1 = \ln x$$

或

$$\ln(xu) = u + C_1.$$

以 $\frac{y}{x}$ 代上式中的 u, 便得

$$\ln y = \frac{y}{x} + C_1.$$

因此, 所给方程的通解为

$$y = Ce^{\frac{y}{x}}, \quad C = e^{C_1}.$$

例 2.5 设有 A, O 两城市, O 市位于 A 市正西方, 相距为 a. 一直升飞机计划从 A 市以 v 的速度飞到 O 市, 飞行高度保持不变. 现有速度为 u 的正南风影响飞行, 而飞机准备采取 "不修偏流" 的飞行方案, 即在飞行中, 机头始终对准飞行目标 O, 其航迹是一曲线 (图 13-2). 求它的方程.

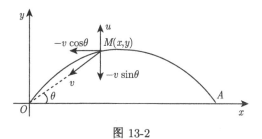

图 13-2

解 取坐标系如图 13-2 所示, y 轴指南北方向. 令飞机在任一时刻的位置为 $M(x,y)$, 则其速度分量

$$\frac{\mathrm{d}x}{\mathrm{d}t} = -v\cos\theta, \quad \frac{\mathrm{d}y}{\mathrm{d}t} = u - v\sin\theta,$$

其中 θ 为 OM 与 x 轴的夹角. 这是一个微分方程组. 将这两个方程相除, 并注意到

$$\cos\theta = \frac{x}{\sqrt{x^2+y^2}}, \quad \sin\theta = \frac{y}{\sqrt{x^2+y^2}},$$

得

$$\frac{\mathrm{d}y}{\mathrm{d}x} = \frac{u - v\sin\theta}{-v\cos\theta} = \frac{y - k\sqrt{x^2+y^2}}{x}$$

$$= \frac{y}{x} - k\sqrt{1 + \left(\frac{y}{x}\right)^2}, \quad k = \frac{u}{v} \text{ 为常数},$$

即

$$\frac{\mathrm{d}y}{\mathrm{d}x} = \frac{y}{x} - k\sqrt{1 + \left(\frac{y}{x}\right)^2}. \tag{2.11}$$

这是一个齐次方程. 令 $\frac{y}{x} = z$ 或 $y = xz$. 代入 (2.11) 式得

$$x\frac{\mathrm{d}z}{\mathrm{d}x} = -k\sqrt{1 + z^2}.$$

分离变量后, 积分得

$$\int \frac{\mathrm{d}z}{\sqrt{1+z^2}} = -k \int \frac{\mathrm{d}x}{x},$$

即

$$\ln(z + \sqrt{1+z^2}) = -k\ln x + C.$$

再由初始条件

$$y|_{t=0} = 0, \quad x|_{t=0} = a$$

得 $C = k \ln a$. 于是,

$$\ln(z + \sqrt{1 + z^2}) = \ln \left(\frac{a}{x} \right)^k,$$

即

$$z + \sqrt{1 + z^2} = \left(\frac{a}{x} \right)^k$$

或

$$z - \sqrt{1 + z^2} = - \left(\frac{x}{a} \right)^k.$$

上面两式相加得

$$z = \frac{1}{2} \left(\left(\frac{a}{x} \right)^k - \left(\frac{x}{a} \right)^k \right),$$

从而

$$y = \frac{x}{2} \left(\left(\frac{a}{x} \right)^k - \left(\frac{x}{a} \right)^k \right).$$

这就是所求的航迹方程.

习　题　13.2

1. 求下列可分离变量微分方程的通解:

(1) $y' \tan x - y \ln y = 0$;

(2) $y - xy' = 1 + x^2 y'$;

(3) $(1 + e^{-x}) \tan y \cdot y' + 1 = 0$;

(4) $\tan x \sin^2 y dx + \cos^2 x \cot y dy = 0$;

(5) $(y + 1)^3 y' + x^2 = 0$;

(6) $ydx + (x^2 - 4x)dy = 0$.

2. 求下列齐次微分方程的通解:

(1) $xy' - y - \sqrt{y^2 - x^2} = 0$;

(2) $xy' = y(\ln y - \ln x)$;

(3) $(xy - x^2)dy - y^2 dx = 0$;

(4) $xy' = \sqrt{x^2 + y^2} + y$;

(5) $xy' = xe^{\frac{y}{x}} + y$;

(6) $xy' - y = x \tan \frac{y}{x}$.

3. 求下列微分方程满足初始条件的特解:

(1) $(1 + y^2)dx = xdy, y|_{x=1} = 0$;

(2) $x^2 yy' = x^2 - 1, y|_{x=1} = 0$;

(3) $(xy^2 + x)dx + (x^2 y - y)dy = 0, y|_{x=0} = 1$;

(4) $y' = \frac{x}{y} + \frac{y}{x}, y|_{x=1} = 2$.

4. 可微函数 $f(x), g(x)$ 满足 $f'(x) = g(x), g'(x) = f(x)$, 且 $f(0) = 0, g(x) \neq 0$. 设 $\varphi(x) = f(x)/g(x)$. 试导出 $\varphi(x)$ 所满足的微分方程, 并求 $\varphi(x)$.

5. 一物体加热到 T_0 (单位: ℃) 时移入室内, 室温恒为常值 a (单位: ℃). (1) 求温度 T 与时间 t 的关系式; (2) 当 $a = 20$℃ 时, 一物体由 100℃ 冷却到 60℃ 需经过 20 分钟, 求温度从 100℃ 降到 30℃ 所用的时间. 假定物体在空气中的冷却速度正比于它的温度与周围空气温度之差, 比例系数为 k.

6. 一汽艇在静水中行驶, 当它的速度为 10 千米/小时的时候, 发动机停止工作. 经过 $t=20$ 秒后速度减至 6 千米/小时. 试确定发动机停止工作 2 分钟后汽艇的速度. 假定水的阻力与艇的运动速度成正比.

13.3   一阶线性微分方程

未知函数及其导数均为一次的微分方程称为**一阶线性微分方程**, 它的一般形式为

$$\frac{\mathrm{d}y}{\mathrm{d}x} + P(x)y = Q(x). \tag{3.1}$$

如果 $Q(x) \equiv 0$, 那么 (3.1) 式称为**齐次线性微分方程**; 如果 $Q(x)$ 不恒等于零, 则 (3.1) 式称为**非齐次线性微分方程**.

齐次方程

$$\frac{\mathrm{d}y}{\mathrm{d}x} + P(x)y = 0, \tag{3.2}$$

可以用分离变量法求出其通解:

$$\frac{\mathrm{d}y}{y} = -P(x)\mathrm{d}x,$$

$$\ln y = -\int P(x)\mathrm{d}x + \ln C.$$

故

$$y = C\mathrm{e}^{-\int P(x)\mathrm{d}x}. \tag{3.3}$$

为了求得非齐次方程 (3.1) 的通解, 可以利用**常数变易法**. 具体地, 假设非齐次方程 (3.1) 有形如 (3.3) 式的解. 为此, 将 (3.3) 式中的 C 视为 x 的未知函数. 于是,

$$\frac{\mathrm{d}y}{\mathrm{d}x} = C'(x)\mathrm{e}^{-\int P(x)\mathrm{d}x} - P(x)C(x)\mathrm{e}^{-\int P(x)\mathrm{d}x}. \tag{3.4}$$

将 (3.4) 式代入 (3.1) 式, 可得

$$C'(x)\mathrm{e}^{\int -P(x)\mathrm{d}x} - P(x)C(x)\mathrm{e}^{-\int P(x)\mathrm{d}x} + P(x)C(x)\mathrm{e}^{-\int P(x)\mathrm{d}x} = Q(x),$$

即

$$C'(x) = Q(x)\mathrm{e}^{\int P(x)\mathrm{d}x}.$$

由此定出

$$C(x) = \int Q(x)\mathrm{e}^{\int P(x)\mathrm{d}x}\mathrm{d}x + C_1,$$

其中 C_1 是任意常数. 将求得的 $C(x)$ 值代入 (3.3) 式可得非齐次线性方程 (3.1) 的通解

$$y = \mathrm{e}^{-\int P(x)\mathrm{d}x}\left(C_1 + \int Q(x)\mathrm{e}^{\int P(x)\mathrm{d}x}\mathrm{d}x\right). \tag{3.5}$$

注意到, (3.5) 式是两项之和. 第一项 $C_1\mathrm{e}^{-\int P(x)\mathrm{d}x}$ 是对应齐次方程 (3.2) 的通解, 第二项 $\mathrm{e}^{-\int P(x)\mathrm{d}x}\cdot\int Q(x)\mathrm{e}^{\int P(x)\mathrm{d}x}\mathrm{d}x$ 是非齐次方程 (3.1) 的一个特解. 由此可知, 一阶非齐次线性方程的通解等于对应的齐次方程的通解与非齐次方程的一个特解之和.

例 3.1　求解方程 $y' + y + \sin x = 0$ 的通解.

解　对齐次方程 $y' + y = 0$ 利用分离变量法, 得

$$y = C\mathrm{e}^{-x}. \tag{3.6}$$

为求所给非齐次方程的特解, 利用常数变易法. 将 (3.6) 式中的 C 看作 x 的函数 $C(x)$, 则

$$y' = C'(x)\mathrm{e}^{-x} - C(x)\mathrm{e}^{-x} = C'(x)\mathrm{e}^{-x} - y.$$

代入给定的方程, 得

$$C'(x)\mathrm{e}^{-x} + \sin x = 0,$$

即 $C'(x) = -\mathrm{e}^x\sin x$. 从而

$$C(x) = -\int\mathrm{e}^x\sin x\mathrm{d}x = \frac{\mathrm{e}^x}{2}(\cos x - \sin x) + C_1.$$

因此, 由 (3.6) 式得到非齐次方程的通解为

$$y = \frac{1}{2}(\cos x - \sin x) + C_1\mathrm{e}^{-x},$$

其中 C_1 是任意常数.

例 3.2 (RL 电路)　试求电阻为 R, 电感为 L 的电路所流过的电流 (图 13-3). 假定加于电路中的交流电动势为 $E(t) = E_0\sin\omega t$.

解　假设在时刻 t, 回路上的电流为 $I(t)$. 当电流 I 随时间变化时, L 上有感应电动势 $-L\dfrac{\mathrm{d}I}{\mathrm{d}t}$. 因此, 由欧姆定律得出

$$E(t) - L\frac{\mathrm{d}I}{\mathrm{d}t} = IR,$$

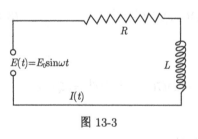

图 13-3

即

$$\frac{\mathrm{d}I}{\mathrm{d}t} + \frac{R}{L}I = \frac{E_0}{L}\sin\omega t. \tag{3.7}$$

此外, $I(t)$ 还应满足初始条件

$$I|_{t=0} = 0. \tag{3.8}$$

方程 (3.7) 是非齐次线性方程. 现在, 我们直接应用公式 (3.5), 并利用分部积分法积分, 得到

$$I(t) = \mathrm{e}^{-\frac{R}{L}t} \left(\int \frac{E_0}{L} \mathrm{e}^{\frac{R}{L}t} \sin \omega t \mathrm{d}t + C_1 \right)$$

$$= \frac{E_0}{R^2 + \omega^2 L^2} (R \sin \omega t - \omega L \cos \omega t) + C_1 \mathrm{e}^{-\frac{R}{L}t}, \tag{3.9}$$

其中 C_1 为任意常数.

将初始条件 (3.8) 代入 (3.9) 式, 得

$$C_1 = \frac{\omega L E_0}{R^2 + \omega^2 L^2}.$$

因此, 所求函数 $I(t)$ 为

$$I(t) = \frac{\omega L E_0}{R^2 + \omega^2 L^2} \mathrm{e}^{-\frac{R}{L}t} + \frac{E_0}{R^2 + \omega^2 L^2} (R \sin \omega t - \omega L \cos \omega t).$$

令

$$\cos \varphi = \frac{R}{\sqrt{R^2 + \omega^2 L^2}}, \quad \sin \varphi = \frac{\omega L}{\sqrt{R^2 + \omega^2 L^2}},$$

其中 $\varphi = \arctan \dfrac{\omega L}{R}$. 于是,

$$I(t) = \frac{\omega L E_0}{R^2 + \omega^2 L^2} \mathrm{e}^{-\frac{R}{L}t} + \frac{E_0}{R^2 + \omega^2 L^2} \sin(\omega t - \varphi).$$

当 t 增大时, 上式右端第一项 (暂态电流) 逐渐衰减而趋于零; 第二项 (稳态电流) 是正弦函数, 它的周期和电动势的周期相同, 而相角落后 φ.

例 3.3 试解方程 $\dfrac{\mathrm{d}y}{\mathrm{d}x} = \dfrac{y}{2x} + \dfrac{x^2}{2y}$.

解 原方程等价于

$$2y \frac{\mathrm{d}y}{\mathrm{d}x} - \frac{y^2}{x} = x^2.$$

令 $v = y^2$. 则这方程化为

$$\frac{\mathrm{d}v}{\mathrm{d}x} - \frac{1}{x}v = x^2.$$

根据公式 (3.5), 得

$$v = \mathrm{e}^{\int \frac{1}{x} \mathrm{d}x} \left(\int x^2 \mathrm{e}^{\int -\frac{1}{x} \mathrm{d}x} \mathrm{d}x + C_1 \right)$$

$$= x \left(\int x^2 \frac{1}{x} \mathrm{d}x + C_1 \right)$$
$$= \frac{1}{2}x^3 + C_1 x.$$

于是, 原方程的通解为

$$y^2 = \frac{1}{2}x^3 + C_1 x.$$

例 3.3 的方程叫做**伯努利** (Bernoulli) **方程**, 其一般形式为

$$y' + P(x)y = Q(x)y^n, \quad n \neq 1.$$

利用例 3.3 的方法, 改写方程成

$$y^{-n}\frac{\mathrm{d}y}{\mathrm{d}x} + P(x)y^{-n+1} = Q(x)$$

后, 经代换 $v = y^{-n+1}$ 就可化为线性方程.

习　题　13.3

1. 求下列一阶线性微分方程的通解:

(1) $xy' - y = \dfrac{x}{\ln x}$;　　　　　　　　(2) $(x^2-1)y' + 2xy - \cos x = 0$;

(3) $y' + y\cos x = \mathrm{e}^{-\sin x}$;　　　　　　(4) $y' + y = \mathrm{e}^{-x}$;

(5) $y' - \dfrac{y}{x} = x^2$;　　　　　　　　　(6) $\mathrm{d}x + (x - 2y)\mathrm{d}y = 0$.

2. 求下列伯努利方程的通解:

(1) $y' + y = \sin x \cdot \mathrm{e}^x y^2$;　　　　　(2) $y' + \dfrac{y}{x} = 2x^{-\frac{1}{2}}y^{\frac{1}{2}}$;

(3) $y' + \dfrac{1}{3}y = \dfrac{1}{3}(1-2x)y^4$;　　　(4) $y' - 3xy = xy^2$.

3. 求微分方程 $y' - y = \cos x$ 满足如下条件的解: 当 $x \in [0, +\infty)$ 时, $y(x)$ 有界.

4. 求一曲线方程, 使得这曲线通过原点, 并且它在点 (x, y) 处的切线斜率等于 $2x + y$.

5. 证明 $y' + 2y = \mathrm{e}^{-x}$ 确定的函数 $y = y(x)$ 有 $\lim\limits_{x \to +\infty} y(x) = 0$.

6. 已知曲线在第一象限, 且曲线上任意点的切线与坐标轴和过切点垂直于 x 轴的直线所围成的梯形面积等于常数 k^2. 又已知曲线过 (k, k) 点. 试求该曲线方程.

7. 火车沿水平直线轨道运动, 火车质量为 m, 牵引力为 F, 阻力为 $a + v(t)$, 其中 a 为常数, v 为火车速度. 若已知火车的初速为零, 求火车的运行速度 $v(t)$.

13.4　可化为一阶方程的二阶微分方程

本节介绍在力学中常见的几种简单类型的二阶微分方程. 它们的通解可用降低方程阶数的方法 (降阶法) 化成一阶方程后积分求得. 有些高阶微分方程也可以类似得到.

13.4.1 $y'' = f(x)$ 型的微分方程

这种方程可用累次积分求得通解. 积分一次得

$$\frac{\mathrm{d}y}{\mathrm{d}x} = \int f(x)\mathrm{d}x + C_1 = F(x) + C_1,$$

其中 $F(x)$ 是 $f(x)$ 的一个原函数. 再积分, 得

$$y = \int F(x)\mathrm{d}x + C_1x + C_2 = G(x) + C_1x + C_2,$$

其中 $G(x)$ 是 $F(x)$ 的一个原函数, C_1 和 C_2 是积分常数.

在力学中, 出现这种形式的问题比较多, 比如, 加速度只是位移 x 的函数的情形就属于这种情况. 这时便可用上述方法处理问题.

例 4.1 求 $y'' = \sin x - \cos x$ 的通解.

解 逐次积分两次, 得

$$y' = \int (\sin x - \cos x)\mathrm{d}x + C_1 = -\cos x - \sin x + C_1,$$

$$y = -\int (\cos x + \sin x)\mathrm{d}x + C_1x + C_2 = -\sin x + \cos x + C_1x + C_2.$$

因此, 原方程的通解为

$$y = -\sin x + \cos x + C_1x + C_2.$$

13.4.2 $y'' = f(x, y')$ 型的微分方程

对于这种方程, 设 $y' = p$. 这样,

$$y'' = \frac{\mathrm{d}p}{\mathrm{d}x} = p'.$$

于是,

$$p' = f(x, p).$$

这是关于 p 的一阶微分方程. 设其通解为

$$p = \varphi(x, C_1).$$

故又得到一个一阶微分方程

$$\frac{\mathrm{d}y}{\mathrm{d}x} = \varphi(x, C_1).$$

分离变量后再积分, 得到所给方程的通解为

$$y = \int \varphi(x, C_1)\mathrm{d}x + C_2.$$

例 4.2   求方程 $y'' = \dfrac{2xy'}{x^2+1}$ 满足如下初始条件的解：$y|_{x=0} = 1$, $y'|_{x=0} = 3$.

解   设 $y' = p$, 则 $y'' = p'$. 代入原方程后分离变量, 得到

$$\frac{\mathrm{d}p}{p} = \frac{2x}{x^2+1}\mathrm{d}x,$$

积分, 得

$$\ln p = \ln(x^2+1) + \ln C_1,$$

即

$$p = C_1(x^2+1).$$

于是,

$$\frac{\mathrm{d}y}{\mathrm{d}x} = C_1(x^2+1).$$

再分离变量, 然后积分得通解

$$y = \frac{1}{3}C_1 x^3 + C_1 x + C_2.$$

由初始条件得, $C_1 = 3$, $C_2 = 1$. 因此, 所求特解为

$$y = x^3 + 3x + 1.$$

13.4.3 $y'' = f(y, y')$ 型的微分方程

对于这类方程, 也设 $y' = p$. 则

$$y'' = \frac{\mathrm{d}p}{\mathrm{d}x} = \frac{\mathrm{d}p}{\mathrm{d}y} \cdot \frac{\mathrm{d}y}{\mathrm{d}x} = p\frac{\mathrm{d}p}{\mathrm{d}y}.$$

代入方程后, 得

$$p\frac{\mathrm{d}p}{\mathrm{d}y} = f(y, p).$$

这是关于 p 的一阶微分方程. 设其通解为 $p = \varphi(y, C_1)$. 这样,

$$\frac{\mathrm{d}y}{\mathrm{d}x} = \varphi(y, C_1).$$

分离变量后再积分, 得到

$$x = \int \frac{\mathrm{d}y}{\varphi(y, C_1)} + C_2.$$

例 4.3   求解微分方程 $2yy'' + y'^2 = 0$.

解   设 $y' = p$, 则 $y'' = p\dfrac{\mathrm{d}p}{\mathrm{d}y}$. 代入原方程, 得到

$$2yp\frac{\mathrm{d}p}{\mathrm{d}y} + p^2 = 0.$$

分离变量

$$\frac{\mathrm{d}p}{p} = -\frac{\mathrm{d}y}{2y}.$$

积分后整理得

$$p = \frac{C}{\sqrt{y}}.$$

所以,

$$\sqrt{y}\mathrm{d}y = C_1\mathrm{d}x.$$

再积分, 得方程的通解为

$$y^{\frac{3}{2}} = C_2 x + C_3, \quad C_2 = \frac{3}{2}C_1.$$

例 4.4 在地面上, 以 v_0 为初速度铅直向上射出一物体. 设地球引力与物体到地心的距离的平方成反比. 求物体可能到达的最大高度. 不计空气阻力.

解 取坐标系如图 13-4 所示, 原点取在地心, x 轴铅直向上, 物体和地心之间的距离为 x, 那么物体所受的地球引力为

$$F = \frac{kmM}{x^2},$$

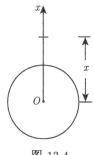

图 13-4

其中 m, M 分别为物体和地球的质量, k 为引力常数. 因为当物体在地球表面时, $x = R, F = mg$, 故

$$mg = \frac{kmM}{R^2},$$

即 $k = \dfrac{gR^2}{M}$. 因此, $F = \dfrac{gmR^2}{x^2}$. 于是, 根据牛顿第二运动定律, 得

$$m\frac{\mathrm{d}^2 x}{\mathrm{d}t^2} = -\frac{gmR^2}{x^2},$$

即

$$\frac{\mathrm{d}^2 x}{\mathrm{d}t^2} = -\frac{gR^2}{x^2}.$$

令 $\dfrac{\mathrm{d}x}{\mathrm{d}t} = v$, 则 $\dfrac{\mathrm{d}^2 x}{\mathrm{d}t^2} = v\dfrac{\mathrm{d}v}{\mathrm{d}x}$. 因此,

$$v\frac{\mathrm{d}v}{\mathrm{d}x} = -\frac{gR^2}{x^2}.$$

分离变量后积分, 得

$$\frac{1}{2}v^2 = \frac{gR^2}{x} + C.$$

但 $v|_{x=R} = v_0$, 故 $C = \frac{1}{2}v_0^2 - gR$. 代入上式, 得

$$v^2 - v_0^2 = \frac{2gR^2}{x} - 2gR.$$

由于当物体到达最高处时, $v = 0$. 于是,

$$-v_0^2 = \frac{2gR^2}{x_{\max}} - 2gR,$$

其中 $x_{\max}$ 表示物体可能到达的最大高度, 也就是

$$x_{\max} = \frac{2gR^2}{2gR - v_0^2}.$$

由此可知, 当 $v_0^2 \to 2gR$, 即 $v_0 \to \sqrt{2gR}$ 时, $x_{\max} \to \infty$, 表明该物体离开地球一去不复返. 物理上把

$$v_0 = \sqrt{2gR} = \sqrt{2 \times 6370g} \approx 11.2(\text{千米/秒})$$

叫做**第二宇宙速度**.

习　题　**13.4**

1. 求下列微分方程的通解:

(1) $y'' = \dfrac{1}{x}$;   (2) $y'' = \dfrac{1}{\sqrt{1-x^2}}$;

(3) $xy'' - y' = x^2$;   (4) $y'' = y' + x$;

(5) $y''(1+x) + xy' = 0$;   (6) $y'' = 1 + y'^2$;

(7) $yy'' + y'^2 = y'$;   (8) $y'' = (y')^3 + y'$.

2. 求下列各微分方程满足所给初始条件的解:

(1) $y'' - y'^2 - 2y' - 2 = 0, y|_{x=0} = y'|_{x=0} = 0$;

(2) $xy'' + y' = 0, y|_{x=1} = y'|_{x=1} = 1$;

(3) $(1 - x^2)y'' - xy' = 0, y|_{x=0} = 0, y'|_{x=0} = 1$;

(4) $y^3y'' + 1 = 0, y|_{x=1} = 1, y'|_{x=1} = 0$;

(5) $y'' = 3\sqrt{y}, y|_{x=0} = 1, y'|_{x=0} = 2$;

(6) $yy'' = 2(y'^2 - y'), y|_{x=0} = 1, y'|_{x=0} = 2$.

3. 对下列微分方程先因式分解, 再求解:

(1) $(y'')^2 - 4xy'' = 5x^2$;   (2) $x^2(y'')^2 - (y')^2 = 0$.

4. 求曲线 $y = y(x)$, 使它满足 $y'' = x$, 经过点 $M(0,1)$, 且在此点与直线 $y = \dfrac{x}{2} + 1$ 相切.

5. 证明各点曲率均相同 (不为零) 的曲线为圆周曲线.

13.5　二阶常系数线性微分方程

本节讨论二阶常系数线性微分方程

$$y'' + py' + qy = f(x),\qquad(5.1)$$

其中系数 p 和 q 都是常数. 如果 $f(x)$ 不恒等于零, 则 (5.1) 式是非齐次的; 如果 $f(x) \equiv 0$, 则 (5.1) 式变成齐次线性方程

$$y'' + py' + qy = 0.\qquad(5.2)$$

13.5.1　齐次方程的通解

首先指出, 如果 $y_1(x)$ 和 $y_2(x)$ 是齐次方程 (5.2) 的任意两个解, 那么

$$y = C_1 y_1(x) + C_2 y_2(x)\qquad(5.3)$$

也是 (5.2) 式的解, 其中 C_1 和 C_2 是任意常数. 这一点, 读者很容易自己验证.

其次, 迭加起来的解 (5.3) 从形式上来看含有两个任意常数 C_1 和 C_2, 但它不一定是方程 (5.2) 的通解. 比如, 当 $y_1(x) \neq 0$ 时,

$$y = C_1 y_1(x) + C_2 y_2(x) = y_1(x)\left(C_1 + C_2 \frac{y_2(x)}{y_1(x)}\right).$$

如果 $y_1(x)$ 和 $y_2(x)$ 成比例, 即

$$\frac{y_2(x)}{y_1(x)} = C_3 = 常数,$$

则

$$y = y_1(x)(C_1 + C_2 C_3) = C y_1(x).$$

这说明, y 实际上只含一个任意常数, 所以它无法成为 (5.2) 式的通解.

通常把方程 (5.2) 的两个不成比例的解称为它的两个线性无关的解. 这样, 如果能求得方程 (5.2) 的两个线性无关的解 $y_1(x)$ 和 $y_2(x)$, 那么

$$y = C_1 y_1(x) + C_2 y_2(x)$$

便是齐次方程 (5.2) 的通解, 其中 C_1, C_2 是任意常数.

现在, 我们来讨论如何求得齐次方程 (5.2) 的两个线性无关的解.

我们知道, 指数函数 e^{rx} (r 为常数) 和它的各阶导数之间只差一个常数因子. 这启示我们, 适当选取 r 使得 $y = e^{rx}$ 满足方程 (5.2). 为此, 将 $y = e^{rx}$ 代入 (5.2) 式, 得到

$$(r^2 + pr + q)e^{rx} = 0.$$

这就说明, 只要 r 满足代数方程

$$r^2 + pr + q = 0, \tag{5.4}$$

那么 $y = e^{rx}$ 便是 (5.2) 式的解. 称 (5.4) 式为方程 (5.2) 的**特征方程**, 其根为**特征根**.

(1) 当 $p^2 - 4q > 0$ 时, (5.4) 式有两个不同的特征根

$$r_1 = \frac{-p + \sqrt{p^2 - 4q}}{2}, \quad r_2 = \frac{-p - \sqrt{p^2 - 4q}}{2}.$$

这时, $y_1 = e^{r_1 x}$ 和 $y_2 = e^{r_2 x}$ 是方程 (5.2) 的两个线性无关的解. 因此, 方程 (5.2) 的通解为

$$y = C_1 e^{r_1 x} + C_2 e^{r_2 x}, \tag{5.5}$$

其中 C_1, C_2 是任意常数.

(2) 当 $p^2 - 4q = 0$ 时, $r_1 = r_2 = -\frac{p}{2}$, 得 (5.2) 式的一个解

$$y_1 = e^{r_1 x}. \tag{5.6}$$

还需求得 (5.2) 式的另一个解 y_2, 使它满足 $\frac{y_2}{y_1}$ 不是常数. 利用置换法, 设

$$\frac{y_2}{y_1} = u(x),$$

即 $y_2 = y_1 u(x) = u(x)e^{r_1 x}$. 代入 (5.2) 式得

$$e^{r_1 x}(u'' + (2r_1 + p)u' + (r_1^2 + pr_1 + q)u) = 0.$$

但 r_1 是特征方程 (5.4) 式的二重根, 因此

$$r_1^2 + pr_1 + q = 0, \quad 2r_1 + p = 0.$$

于是, $u'' = 0$. 不妨取 $u = x$, 便得到 (5.2) 式的另一个解

$$y_2 = xe^{r_1 x}. \tag{5.7}$$

从而 (5.2) 式的通解为

$$y = C_1 e^{r_1 x} + C_2 x e^{r_1 x}. \tag{5.8}$$

(3) 当 $p^2 - 4q < 0$ 时,

$$r_{1,2} = \frac{-p \pm \sqrt{p^2 - 4q}}{2} = \alpha \pm \mathrm{i}\beta.$$

这时, 由欧拉公式

$$\mathrm{e}^{\mathrm{i}\theta} = \cos\theta + \mathrm{i}\sin\theta, \quad \mathrm{i} = \sqrt{-1}$$

得到

$$y_1 = \mathrm{e}^{(\alpha+\mathrm{i}\beta)x} = \mathrm{e}^{\alpha x}(\cos\beta x + \mathrm{i}\sin\beta x),$$

$$y_2 = \mathrm{e}^{(\alpha-\mathrm{i}\beta)x} = \mathrm{e}^{\alpha x}(\cos\beta x - \mathrm{i}\sin\beta x).$$

由于 y_1 和 y_2 是复数形式不便使用, 故选取

$$\varphi_1(x) = \frac{1}{2}(y_1 + y_2) = \mathrm{e}^{\alpha x}\cos\beta x,$$

$$\varphi_2(x) = \frac{1}{2\mathrm{i}}(y_1 - y_2) = \mathrm{e}^{\alpha x}\sin\beta x.$$

则由 (5.3) 式知 $\varphi_1(x)$ 和 $\varphi_2(x)$ 也是 (5.2) 式的两个线性无关的解. 因此, 通解为

$$y = \mathrm{e}^{\alpha x}(C_1\cos\beta x + C_2\sin\beta x). \tag{5.9}$$

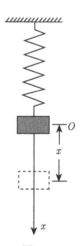

图 13-5

例 5.1　求 $y'' + 4y' + 4y = 0$ 的通解.

解　特征方程 $r^2 + 4r + 4 = 0$, 解得 $r = -2$. 因此,

$$y = C_1\mathrm{e}^{-2x} + C_2x\mathrm{e}^{-2x}.$$

例 5.2 (自由振动)　设有一个弹簧, 它的上端固定, 下端挂一个质量为 m 的物体. 我们把物体处于静止状态时的位置叫做平衡位置. 如果使物体具有一个初速度 $v_0 \neq 0$, 那么物体离开平衡位置, 并在平衡位置附近作上下振动. 试确定物体的振动规律.

解　取 x 轴铅直向下, 并取物体的平衡位置为坐标原点 (图 13-5), 那么振动过程中物体的位置 x 随时间 t 变化: $x = x(t)$.

作用于物体的力有两个: ① 弹簧使物体回到平衡位置的弹性回复力 f (它不包括在平衡位置时和重力 mg 相平衡的那一部分弹性力), 它与物体离开平衡位置的位移 x 成正比:

$$f = -cx,$$

其中 c 为弹簧的弹性系数, 负号表示弹性回复力的方向和物体位移的方向相反; ② 与速度的大小成正比而与速度的方向相反的阻力 R:

$$R = -\mu \frac{\mathrm{d}x}{\mathrm{d}t}.$$

根据上述分析, 由牛顿第二运动定律, 得

$$m \frac{\mathrm{d}^2 x}{\mathrm{d}t^2} = -cx - \mu \frac{\mathrm{d}x}{\mathrm{d}t}.$$

移项, 并记 $\dfrac{c}{m} = k^2$, $\dfrac{\mu}{m} = 2n$, 得

$$\frac{\mathrm{d}^2 x}{\mathrm{d}t^2} + 2n \frac{\mathrm{d}x}{\mathrm{d}t} + k^2 x = 0, \tag{5.10}$$

初始条件为

$$x|_{t=0} = x_0, \quad \frac{\mathrm{d}x}{\mathrm{d}t}\bigg|_{t=0} = v_0. \tag{5.11}$$

下面分情况讨论.

1) 无阻尼振动

当 $n = 0$ 时, 方程 (5.10) 的特征方程为

$$r^2 + k^2 = 0,$$

特征根为 $r_1 = k\mathrm{i}$, $r_2 = -k\mathrm{i}$. 因此,

$$x = C_1 \cos kt + C_2 \sin kt.$$

利用 (5.11) 式得, $C_1 = x_0$, $C_2 = \dfrac{v_0}{k}$. 于是,

$$x = x_0 \cos kt + \frac{v_0}{k} \sin kt = A \sin(kt + \varphi), \tag{5.12}$$

其中

$$A = \sqrt{x_0^2 + \frac{v_0^2}{k^2}}, \quad \tan \varphi = \frac{kx_0}{v_0}.$$

函数 (5.12) 所反映的振动是简谐振动, 其振幅为 A, 初相为 $\varphi = \arctan \dfrac{kx_0}{v_0}$, 周期为 $T = \dfrac{2\pi}{k}$, 角频率为 k. 由于 $k = \sqrt{\dfrac{c}{m}}$ 与初始条件无关, 而完全由弹簧和物体所组成的振动系统本身所确定. 因此, k 又叫做系统的**固有频率**.

2) 阻尼振动

小阻尼情形 $(n < k)$ 时, 方程 (5.10) 的特征方程有共轭复根

$$r_{1,2} = -n \pm \omega \mathrm{i}, \quad \omega = \sqrt{k^2 - n^2}.$$

于是, (5.10) 式的通解为

$$x = \mathrm{e}^{-nt}(C_1 \cos \omega t + C_2 \sin \omega t).$$

由 (5.11) 式, $C_1 = x_0$, $C_2 = \dfrac{v_0 + nx_0}{\omega}$. 故

$$x = \mathrm{e}^{-nt}\left(x_0 \cos \omega t + \frac{v_0 + nx_0}{\omega}\sin \omega t\right) = A\mathrm{e}^{-nt}\sin(\omega t + \varphi), \tag{5.13}$$

其中 $A = \sqrt{x_0^2 + \dfrac{(v_0 + nx_0)^2}{\omega^2}}$, $\tan\varphi = \dfrac{\omega x_0}{v_0 + nx_0}$.

从 (5.13) 式可见, 物体的运动是以 $T = \dfrac{2\pi}{\omega}$ 为周期的振动, 但与简谐振动不同, 它的振幅 $A\mathrm{e}^{-nt}$ 随时间 t 的增大而逐渐减小. 因此, 物体随时间的增大而逐渐趋于平衡位置. 函数 (5.12) 和 (5.13) 的图形如图 13-6 的 (a), (b) 所示.

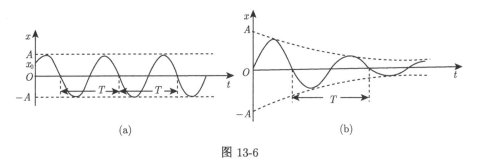

图 13-6

大阻尼情形 $(n > k)$ 时, 特征方程的根

$$r_{1,2} = -n \pm \sqrt{n^2 - k^2}$$

是两个不同的实根. 因此, 方程 (5.10) 的通解为

$$x = C_1 \mathrm{e}^{-(n - \sqrt{n^2 - k^2})t} + C_2 \mathrm{e}^{-(n + \sqrt{n^2 - k^2})t}. \tag{5.14}$$

再用初始条件 (5.11) 确定常数 C_1 和 C_2.

从 (5.14) 式可以看出, $\lim\limits_{t \to \infty} x = 0$. 因此, 在大阻尼情形时, 物体随时间 t 的增大而趋于平衡位置.

临界阻尼情形 $(n = k)$ 时, 也可以类似地得出

$$x = \mathrm{e}^{-nt}(C_1 + C_2 t), \tag{5.15}$$

其中的任意常数 C_1, C_2 可由 (5.11) 式确定.

这种情形, 由 (5.15) 式可以看出 $\lim\limits_{t\to+\infty} x = 0$, 即物体也随时间 t 的增大而趋于平衡位置.

总之, 对于有阻尼的自由振动, 物体都随时间 t 的增大而趋于平衡位置.

13.5.2 非齐次方程的特解

设 $C_1 y_1(x) + C_2 y_2(x)$ 为齐次方程 (5.2) 的通解, $y_p(x)$ 为非齐次方程 (5.1) 的一个特解, 那么经过简单的验算容易明白, 非齐次方程 (5.1) 的通解由

$$y = C_1 y_1(x) + C_2 y_2(x) + y_p(x)$$

给出, 而齐次方程的通解 $C_1 y_1(x) + C_2 y_2(x)$ 可根据 (5.5) 式, (5.8) 式, (5.9) 式求出. 因此, 非齐次方程的求解问题, 归结于求它的一个特解 $y_p(x)$.

如果非齐次方程 (5.1) 右端函数 $f(x)$ 的形式是下列函数之一:

$$P_m(x), \quad \cos\omega x, \quad \sin\omega x, \quad \mathrm{e}^{\lambda x}, \tag{5.16}$$

或者是这些函数的乘积时, 就可以利用所谓的待定系数法来求 (5.1) 式的特解, 其中 $P_m(x)$ 表示 m 次多项式

$$P_m(x) = a_0 x^m + a_1 x^{m-1} + \cdots + a_{m-1}x + a_m, \quad a_0 \neq 0.$$

下面分不同情形给出构造特解 $y_p(x)$ 的方法.

1) $f(x) = P_m(x)$.

下面先来考察两个例子.

例 5.3 求 $y'' + y' + y = x^2$ 的特解.

解 由方程容易看出, y 应该是一个二次多项式, 设

$$y = ax^2 + bx + c.$$

代入方程, 得

$$2a + (2ax + b) + (a^2 + bx + c) = x^2,$$

即

$$ax^2 + (2a+b)x + (2a+b+c) = x^2.$$

比较等式两端 x 的同次幂的系数, 得

$$\begin{cases} a = 1, \\ 2a + b = 0, \\ 2a + b + c = 0. \end{cases}$$

解得

$$a = 1, \quad b = -2, \quad c = 0.$$

因此,

$$y(x) = x^2 - 2x$$

是方程的一个特解.

例 5.4　求 $y'' - 2y' = x^2$ 的特解.

解　设 y 是二次多项式. 则显然 $y'' - 2y'$ 是一次多项式, 无法与 x^2 相等. 因此, 对这种情形, 我们设

$$y = x(ax^2 + bx + c),$$

代入方程, 得

$$(6ax + 2b) - 2(3ax^2 + 2bx + c) = x^2,$$

比较等式两端 x 的同次幂的系数, 得

$$\begin{cases} -6a = 1, \\ 6a - 4b = 0, \\ 2b - 2c = 0. \end{cases}$$

所以,

$$a = -\frac{1}{6}, \quad b = -\frac{1}{4}, \quad c = -\frac{1}{4}.$$

因此

$$y_p(x) = x\left(-\frac{1}{6}x^2 - \frac{1}{4}x - \frac{1}{4}\right) = -\frac{x}{12}(2x^2 + 3x + 3)$$

是所给方程的一个特解.

由这两个例子可以看出, 当方程 (5.1) 形如

$$y'' + py' + qy = P_m(x) \tag{5.17}$$

时, 令 $y_p(x)$ 是一个多项式 $Q(x)$, 将它代入 (5.17) 式, 得

$$Q''(x) + pQ'(x) + qQ(x) = P_m(x),$$

比较这个等式两端中 x 的同次幂的系数, 就可以确定 $Q(x)$ 的次数. 这里, 特别要注意的是, 当 $q \neq 0$ 时, 只需设 $y_p(x) = Q_m(x)$, 其中 $Q_m(x)$ 是与 $P_m(x)$ 同次的多项式; 当 $q = 0, p \neq 0$ 时, 只需设 $y_p(x) = xQ_m(x)$; 当 $q = 0, p = 0$ 时, 只需设

$y_p(x) = x^2 Q_m(x)$, 或直接对 $y'' = P_m(x)$ 积分两次即可. 因此, 当 $f(x) = P_m(x)$ 时, 微分方程 (5.17) 具有下列形式的特解

$$y_p(x) = \begin{cases} Q_m(x), & q \neq 0, \\ xQ_m(x), & q = 0, p \neq 0, \\ x^2 Q_m(x), & q = 0, p = 0. \end{cases} \tag{5.18}$$

2) $f(x) = P_m(x)\mathrm{e}^{\lambda x}$.

在这种情况下, 方程 (5.1) 成为

$$y'' + py' + qy = P_m(x)\mathrm{e}^{\lambda x}. \tag{5.19}$$

我们希望去掉上式右端中的因子 $\mathrm{e}^{\lambda x}$, 以便把它化成类型 1). 为此, 设

$$y(x) = v(x)\mathrm{e}^{\lambda x}. \tag{5.20}$$

则

$$y'(x) = (v' + \lambda v)\mathrm{e}^{\lambda x},$$

$$y''(x) = (v'' + 2\lambda v' + \lambda^2 v)\mathrm{e}^{\lambda x}.$$

代入 (5.19) 式, 得到与 (5.17) 式同类型的方程

$$v'' + (2\lambda + p)v' + (\lambda^2 + p\lambda + q)v = P_m(x). \tag{5.21}$$

于是, 由 (5.18) 式知, 可设

$$v(x) = \begin{cases} Q_m(x), & \lambda^2 + p\lambda + q \neq 0, \\ xQ_m(x), & 2\lambda + p \neq 0, \lambda^2 + p\lambda + q = 0, \\ x^2 Q_m(x), & 2\lambda + p = 0, \lambda^2 + p\lambda + q = 0. \end{cases}$$

代入 (5.21) 式, 比较等式两端 x 的同次幂的系数便可确定 $Q_m(x)$. 然后, 由 (5.20) 式就得到 (5.19) 式的解.

由于 $\lambda^2 + p\lambda + q = 0, 2\lambda + p \neq 0$ 意味着 λ 是 (5.2) 式的特征方程的单根; $\lambda^2 + p\lambda + q = 0, 2\lambda + p = 0$ 意味着 λ 是 (5.2) 式的特征方程的重根, 所以上式可改写成

$$v(x) = \begin{cases} Q_m(x), & \lambda \text{ 不是特征根}, \\ xQ_m(x), & \lambda \text{ 是特征方程的单根}, \\ x^2 Q_m(x), & \lambda \text{ 是特征方程的重根}. \end{cases}$$

例 5.5 求方程

$$y'' - 4y' + 4y = (1 + x + 3x^2 + x^3)\mathrm{e}^{2x}$$

的通解.

解   特征方程 $r^2 - 4r + 4 = 0$ 具有重根 $r_1 = r_2 = 2$. 因此, 齐次方程的通解为

$$C_1 \mathrm{e}^{2x} + C_2 x \mathrm{e}^{2x}.$$

现在来求非齐次方程的特解. 设

$$y_p(x) = v(x)\mathrm{e}^{2x}.$$

代入原方程, 消去 e^{2x}, 则

$$v'' = 1 + x + 3x^2 + x^3.$$

把它积分两次, 并且令积分常数等于零, 得到

$$v' = x + \frac{x^2}{2} + x^3 + \frac{x^4}{4},$$

$$v = \frac{x^2}{2} + \frac{x^3}{6} + \frac{x^4}{4} + \frac{x^5}{20}.$$

所以,

$$y_p(x) = \left(\frac{x^2}{2} + \frac{x^3}{6} + \frac{x^4}{4} + \frac{x^5}{20} \right) \mathrm{e}^{2x}.$$

于是, 所给方程的通解为

$$y = C_1 \mathrm{e}^{2x} + C_2 x \mathrm{e}^{2x} + \left(\frac{x^2}{2} + \frac{x^3}{6} + \frac{x^4}{4} + \frac{x^5}{20} \right) \mathrm{e}^{2x}.$$

例 5.6   求 $y'' - 5y' + 6y = x\mathrm{e}^x$ 的特解.

解   设 $y_p(x) = v\mathrm{e}^x$, 代入原方程, 消去 e^x, 得

$$v'' - 3v' + 2v = x.$$

根据 (5.19) 式, 令 $v = ax + b$, 代入上式, 得

$$2ax - (3a - 2b) = x.$$

比较等式两端同次幂的系数, 得

$$2a = 1, \quad 3a - 2b = 0,$$

解得 $a = \frac{1}{2}, b = \frac{3}{4}$. 所以, $v = \frac{1}{2}x + \frac{3}{4}$, 从而, 所给方程的特解为

$$y_p(x) = \left(\frac{1}{2}x + \frac{3}{4} \right) \mathrm{e}^x.$$

3) $f(x) = P_m(x) \cdot \begin{cases} \cos \omega x, \\ \sin \omega x. \end{cases}$

我们先来指出一个简单的事实. 设 $y(x) = u(x) + iv(x)$, $i = \sqrt{-1}$ 是方程

$$y'' + py' + qy = g_1(x) + ig_2(x) \tag{5.22}$$

的复值解, 其中 p, q 都是实数. 那么 $u(x)$ 和 $v(x)$ 分别是方程

$$y'' + py' + qy = g_1(x)$$

和

$$y'' + py' + qy = g_2(x)$$

的解, 即

$$\begin{cases} u'' + pu' + qu = g_1(x), \\ v'' + pv' + qv = g_2(x). \end{cases} \tag{5.23}$$

这只需将 $y(x) = u(x) + iv(x)$ 代入 (5.22) 式, 令实部和虚部分别相等即可得证.

由此可见, 为求方程

$$y'' + py' + qy = P_m(x) \cos \omega x \tag{5.24}$$

和

$$y'' + py' + qy = P_m(x) \sin \omega x \tag{5.25}$$

的特解, 只需求方程

$$y'' + py' + qy = P_m(x)e^{i\omega x} \tag{5.26}$$

的特解 $\varphi(x)$. 这时, 根据欧拉公式, 有

$$e^{i\omega x} = \cos \omega x + i \sin \omega x,$$

上式右端的实都和虚部分别是 $P_m(x) \cos \omega x$ 和 $P_m(x) \sin \omega x$. 因此, 由 (5.23) 式知

$$\mathrm{Re}\{\varphi(x)\} \quad \text{和} \quad \mathrm{Im}\{\varphi(x)\}$$

分别是 (5.24) 式和 (5.25) 式的解. 至于方程 (5.26) 的解, 可用 2) 的方法得到.

例 5.7   求方程 $y'' + 4y = x \sin 2x$ 的特解.

解   先求方程

$$y'' + 4y = xe^{2ix}$$

的复值解. 令 $y = v(x)e^{2ix}$, 代入上式, 得

$$v'' + 4iv' = x.$$

令 $v = (ax + b)x = ax^2 + bx$, 则

$$v' = 2ax + b, \quad v'' = 2a.$$

故

$$8aix + 2a + 4bi = x.$$

于是

$$8ai = 1, \quad 2a + 4bi = 0.$$

解得

$$a = \frac{1}{8i} = -\frac{i}{8}, \quad b = \frac{1}{16}.$$

得到

$$v = -\frac{i}{8}x^2 + \frac{1}{16}x.$$

从而

$$
\begin{aligned}
y &= \left(-\frac{i}{8}x^2 + \frac{1}{16x}\right)e^{2ix} = \left(-\frac{i}{8}x^2 + \frac{1}{16}x\right)(\cos 2x + i\sin 2x) \\
&= \frac{x}{16}\cos 2x + \frac{x^2}{8}\sin 2x + i\left(-\frac{x^2}{8}\cos 2x + \frac{x}{16}\sin 2x\right).
\end{aligned}
$$

取其虚部便得所要求的特解

$$y_p = -\frac{x^2}{8}\cos 2x + \frac{x}{16}\sin 2x.$$

例 5.8　求方程 $y'' + 2y' + y = xe^x \cos x$ 的特解.

解　注意到 $xe^x \cos x = \mathrm{Re}\left\{xe^{(1+i)x}\right\}$. 所以, 欲求给定方程的特解, 我们可以把它作为方程

$$y'' + 2y' + y = xe^{(1+i)x}$$

的复值解的实部来求之. 令 $y = v(x)e^{(1+i)x}$, 代入上式, 得

$$v'' + (4 + 2i)v' + (3 + 4i)v = x.$$

令 $v = ax + b$, 则

$$(3a + 4ai) + (4a + 3b + 2ai + 4bi) = x.$$

比较同次幂的系数, 得

$$
\begin{aligned}
&3a + 4b = 1, \\
&4a + 3b + (2a + 4b)i = 0.
\end{aligned}
$$

解得

$$a - \frac{1}{3+4i} = \frac{3-4i}{25},$$
$$b = -\frac{2a(2+i)}{3+4i} = \frac{1}{125}(-4+22i).$$

因此,

$$v = \frac{3-4i}{25}x + \frac{-4+22i}{125} = \frac{1}{125}((15x-4)+(22-20x)i),$$
$$y = \frac{1}{125}((15x-4)+(22-20x)i)e^{(1+i)x}$$
$$= \frac{e^x}{125}((15x-4)+(22-20x)i)(\cos x + i\sin x).$$

取其实部, 便得给定方程的特解

$$y_p = \frac{e^x}{125}((15x-4)\cos x + (20x-22)\sin x).$$

4) $f(x) = \varphi(x) + \psi(x)$, 其中 $\varphi(x)$, $\psi(x)$ 属于 1), 2), 3) 类型的函数.

这时, 把方程 (5.1) 分成两个方程

$$y'' + py' + qy = \varphi(x)$$

和

$$y'' + py' + qy = \psi(x).$$

然后, 利用上述方法, 分别求出它们的特解 $y_{p1}(x)$ 和 $y_{p2}(x)$. 那么, 容易证明

$$y_p(x) = y_{p1}(x) + y_{p2}(x)$$

是 (5.1) 式的特解. 详细证明留给读者自己完成.

例 5.9 (强迫振动)　在例 5.2 中, 若设物体受弹性回复力 $f = -cx$ 和铅直干扰力 $F = H\sin pt$ 作用, 并假定为无阻尼振动, 试求物体的运动规律.

解　这时, 由 (5.10) 式知

$$\frac{d^2x}{dt^2} + k^2x = h\sin pt, \tag{5.27}$$

其中 $h = \dfrac{H}{m}$, 这就是无阻尼强迫振动的微分方程, 现在求它的通解.

由 (5.12) 式知, 对应齐次方程 $\dfrac{d^2x}{dt^2} + k^2x = 0$ 的通解为

$$C_1\cos kt + C_2\sin kt = A\sin(kt + \varphi),$$

其中 A, φ 为任意常数. 下面求 (5.27) 式的一特解.

(1) 如果 $p \neq k$, 则 ip 不是特征方程的根. 由 (5.20) 式可设

$$x_p = a_1 \cos pt + b_1 \sin pt.$$

用待定系数法得 $a_1 = 0, b_1 = \dfrac{h}{k^2 - p^2}$. 于是,

$$x_p = \frac{h}{k^2 - p^2} \sin pt.$$

从而当 $p \neq k$ 时, 方程 (5.27) 的通解为

$$x = A \sin(kt + \varphi) + \frac{h}{k^2 - p^2} \sin pt.$$

上式第一项表示自由振动, 而第二项所表示的振动叫做强迫振动. 强迫振动是由干扰力引起的, 它的角频率就是干扰力的角频率 p, 当干扰力的角频率 p 与振动系统的固有频率 k 相差很小时, 上式第二项的振幅 $\left| \dfrac{h}{k^2 - p^2} \right|$ 很大.

(2) 如果 $p = k$, 则 ip 是特征方程的根, 故由 (5.20) 式可设

$$x_p = t(a_1 \cos kt + b_1 \sin kt).$$

用待定系数法得 $a_1 = -\dfrac{h}{2k}, b_1 = 0$. 于是,

$$x_p = -\frac{h}{2k} t \cos kt.$$

从而当 $p = k$ 时, 方程 (5.27) 的通解为

$$x = A \sin(kt + \varphi) - \frac{h}{2k} t \cos kt.$$

上式右端第二项表明, 强迫振动的振幅 $\dfrac{ht}{2k}$ 随时间 t 的增大而无限增大, 振动器系统的材料就无法承受这样大的振动而自行断裂, 这就发生所谓的 **共振现象**. 为了避免发生共振, 应使干扰力角频率 p 不接近振动系统的固有频率 k. 相反地, 设计乐器时, 又要尽可能利用共振现象, 以便产生共鸣, 使得音量宏大.

关于有阻尼的强迫振动问题可作类似的讨论, 在此从略.

习 题 13.5

1. 设 $y_1(x)$ 和 $y_2(x)$ 是齐次方程 (5.2) 的两个解, 证明 $C_1 y_1(x) + C_2 y_2(x)$ 也是它的解, 其中 C_1, C_2 是任意常数.

2. 求下列微分方程的通解:

(1) $y'' + y' - 2y = 0$;

(2) $y'' - 4y' = 0$;

(3) $y'' + y = 0$;

(4) $y'' + 6y' + 13y = 0$;

(5) $9y'' - 12y' + 4y = 0$;

(6) $y'' - 4y' + 5y = 0$;

(7) $y^{(4)} - 2y''' + y'' = 0$;

(8) $x^2 y'' + 3xy' + y = 0$.

3. 设 $C_1 y_1(x) + C_2 y_2(x)$ 是齐次方程 (5.2) 的通解, $y_p(x)$ 是非齐次方程 (5.1) 的一个特解, 证明: $C_1 y_1(x) + C_2 y_2(x) + y_p(x)$ 是非齐次方程 (5.1) 的通解.

4. 设 $y(x) = u(x) + iv(x)$ 是方程 $y'' + py' + qy = g_1(x) + ig_2(x)$ 的复值解 (p, q 是实数). 证明 $u(x)$ 和 $v(x)$ 分别是 $y'' + py' + qy = g_1(x)$ 和 $y'' + py' + qy = g_2(x)$ 的解.

5. 求下列微分方程的一个特解:

(1) $y'' + 2y' - 3y = 3x^2$;

(2) $2y'' + 5y' = 5x^2 - 2x - 1$;

(3) $y'' - y' = 4xe^x$;

(4) $y'' - 2y' = e^x(x^2 + x - 3)$;

(5) $y'' - 2y' - 3y = e^{3x}(1 + x)$;

(6) $9y'' - 12y' + 4y = (1 - 2x + 3x^2 + 5x^4)e^{\frac{2}{3}x}$;

(7) $y'' - 2y' + 5y = e^x \sin 2x$;

(8) $y'' + 4y = x \cos x$;

(9) $y'' + y = \dfrac{1}{2} \cos x$;

(10) $y'' - 2y' + 5y = xe^{2x} \sin x$.

6. 设 $u(x)$ 和 $v(x)$ 分别为方程 $y'' + py' + qy = f_1(x)$ 和 $y'' + py' + qy = f_2(x)$ 的解. 证明 $u(x) + v(x)$ 是方程 $y'' + py' + qy = f_1(x) + f_2(x)$ 的解.

7. 求下列微分方程的通解:

(1) $y'' + y = e^x + \sin x$;

(2) $y'' - 2y' - 3y = 3x + 1 + e^x$;

(3) $y'' + 4y = x \cos x + \sin x$.

8. 一质量为 m 的质点受到两个距离为 $2b$ 的力心吸引, 其引力的大小与距离成正比 (比例系数为 k), 在初始时刻质点位于连接两力心的线段上, 到它们中点的距离为 c, 且初速度为零. 求质点的运动规律.

9. 弹簧的弹性力与其长度伸长成正比. 设长度增加 1 厘米时, 弹性力等于 1 牛. 现把 2 牛的重物悬挂到弹簧上去, 如果先把重物稍向下拉, 然后放开, 求重物由此所产生的振动周期.

第14章 无穷级数

无穷级数理论在函数的数值计算和微分方程求解问题中有重要的应用. 本章将介绍数项级数、幂级数和傅氏级数理论的基本内容和方法.

14.1 数项级数的概念和简单性质

所谓 "一尺之棰, 日取其半, 万世不竭", 用数学式子来表达, 就是

$$1 = \frac{1}{2} + \frac{1}{4} + \frac{1}{8} + \cdots + \frac{1}{2^n} + \cdots.$$

上式右端是由无穷多个数 "相加" 而成的, 通常称它为无穷级数.

一般地, 对一个已知数列 $\{u_n\}$, 称式子

$$u_1 + u_2 + u_3 + \cdots + u_n + \cdots \tag{1.1}$$

为 (常数项) **无穷级数**, 简记为 $\sum\limits_{n=1}^{\infty} u_n$, 其中第 n 项 u_n 叫做级数 (1.1) 的**一般项**, 而其前 n 项之和

$$s_n = \sum_{k=1}^{n} u_k = u_1 + u_2 + u_3 + \cdots + u_n \tag{1.2}$$

叫做级数 (1.1) 的**部分和**.

怎样理解并确定无穷级数之和呢? 考虑级数 (1.1) 的部分和 s_n, 当 n 依次取 1, 2, 3, $\cdots$ 时, 得到一个新的数列 $\{S_n\}$. 如果, 当 $n \to +\infty$ 时, 部分和数列 $\{S_n\}$ 有极限, 即 $\lim\limits_{n \to +\infty} S_n = S$, 则称级数 (1.1) 是**收敛的**; 否则称级数 (1.1) 是**发散的**.

当级数 (1.1) 收敛时, 部分和数列 $\{S_n\}$ 的极限值 S 叫做数列 (1.1) 的和, 记为 $S = \sum\limits_{k=1}^{\infty} u_k$, 并把级数和 S 与部分和 S_n 之差

$$r_n = S - S_n = \sum_{k=n+1}^{\infty} u_k$$

叫做级数的**余项**.

例 1.1 讨论几何级数

$$\sum_{k=0}^{\infty} aq^k = a + aq + aq^2 + \cdots + aq^k + \cdots, \quad a \neq 0 \tag{1.3}$$

的敛散性.

解 (1) $q = 1$. 此时,

$$S_n = na \to \infty, \quad n \to +\infty.$$

因此, 级数 (1.3) 发散.

(2) $q = -1$. 如果 n 为奇数, 则 $S_n = a$; 如果 n 为偶数, 则 $S_n = 0$. 所以, S_n 的极限不存在, 级数 (1.3) 是发散的.

(3) $q \neq 1$. 根据等比数列计算公式,

$$S_n = a + aq + aq^2 + \cdots + aq^{n-1} = \frac{a - aq^n}{1 - q} = \frac{a}{1 - q} - \frac{aq^n}{1 - q}.$$

若 $|q| < 1$, 则当 $n \to +\infty$ 时,

$$S_n \to \frac{a}{1 - q},$$

级数 (1.3) 收敛, 且

$$\sum_{k=0}^{\infty} aq^k = \frac{a}{1 - q}.$$

若 $|q| > 1$, 部分和 S_n 无极限, 故级数 (1.3) 发散.

综合上述讨论得到, 对于几何级数 (1.3), 当 $|q| < 1$ 时收敛, 且其和为 $\dfrac{a}{1 - q}$; 当 $|q| \geqslant 1$ 时发散.

例 1.2 求级数 $\displaystyle\sum_{n=1}^{\infty} \frac{1}{n(n+1)}$ 之和.

解 注意到

$$\frac{1}{n(n+1)} = \frac{1}{n} - \frac{1}{n+1}.$$

故

$$S_n = \sum_{k=1}^{n} \frac{1}{k(k+1)} = \left(1 - \frac{1}{2}\right) + \left(\frac{1}{2} - \frac{1}{3}\right) + \cdots + \left(\frac{1}{n} - \frac{1}{n+1}\right)$$

$$= 1 - \frac{1}{n+1} \to 1, \quad n \to +\infty.$$

因此,

$$\sum_{n=1}^{\infty} \frac{1}{n(n+1)} = 1.$$

对于一般的级数, 很难通过求部分和的极限来得到级数的和. 退而求其次, 如果能够判定一个级数是收敛的, 就可以用级数的部分和来近似地算出级数的和. 因此, 讨论级数的敛散性便成为级数理论的重要内容.

现在介绍有关收敛级数的几个基本性质.

定理 1.1 (级数收敛的必要条件)　若级数 $\sum\limits_{n=1}^{\infty} u_n$ 收敛, 则 $\lim\limits_{n \to \infty} u_n = 0$.

证　根据假设, 部分和数列 $\{S_n\}$ 有极限 S. 于是,

$$\lim_{n \to +\infty} u_n = \lim_{n \to +\infty} (S_n - S_{n-1}) = \lim_{n \to +\infty} S_n - \lim_{n \to +\infty} S_{n-1} = S - S = 0.$$

证毕.

由这个定理可知, 如果级数的一般项不趋于零, 则此级数必发散. 应当注意, 定理 1.1 的逆定理不成立. 有些级数虽然一般项趋于零, 但它是发散的. 例如, 对于调和级数 $\sum\limits_{n=1}^{\infty} \dfrac{1}{n}$, 有

$$\begin{aligned}
S_{2^{m+1}} &= 1 + \frac{1}{2} + \frac{1}{3} + \cdots + \frac{1}{2^{m+1}} \\
&= \left(1 + \frac{1}{2}\right) + \left(\frac{1}{3} + \frac{1}{4}\right) + \left(\frac{1}{5} + \frac{1}{6} + \frac{1}{7} + \frac{1}{8}\right) + \cdots \\
&\quad + \left(\frac{1}{2^m + 1} + \frac{1}{2^m + 2} + \cdots + \frac{1}{2^{m+1}}\right) \\
&> \frac{1}{2} + \left(\frac{1}{4} + \frac{1}{4}\right) + \left(\frac{1}{8} + \frac{1}{8} + \frac{1}{8} + \frac{1}{8}\right) + \cdots + \underbrace{\left(\frac{1}{2^{m+1}} + \cdots + \frac{1}{2^{m+1}}\right)}_{2^m} \\
&= \frac{m+1}{2}.
\end{aligned}$$

因此, 虽然调和级数的一般项趋于零, 但是当 $n \to +\infty$ 时, 其部分和 S_n 没有极限, 即调和级数发散.

定理 1.2　如果级数 $\sum\limits_{n=1}^{\infty} u_n$ 和 $\sum\limits_{n=1}^{\infty} v_n$ 都收敛, 则对任意给定的常数 α 和 β, 级数 $\sum\limits_{n=1}^{\infty} (\alpha u_n + \beta v_n)$ 也收敛, 且 $\sum\limits_{n=1}^{\infty} (\alpha u_n + \beta v_n) = \alpha \sum\limits_{n=1}^{\infty} u_n + \beta \sum\limits_{n=1}^{\infty} v_n$.

证　根据收敛定义,

$$\begin{aligned}
\sum_{n=1}^{\infty} (\alpha u_n + \beta v_n) &= \lim_{n \to \infty} \sum_{k=1}^{n} (\alpha u_k + \beta v_k) \\
&= \alpha \lim_{n \to +\infty} \sum_{k=1}^{n} u_k + \beta \lim_{n \to +\infty} \sum_{k=1}^{n} v_k \\
&= \alpha \sum_{k=1}^{\infty} u_k + \beta \sum_{k=1}^{\infty} v_k.
\end{aligned}$$

证毕.

由此容易推出如下推论.

推论 1.1 改变 (或略去) 级数的有限多个项, 级数的收敛性不受影响.

证 设将级数 $\sum\limits_{n=1}^{\infty} u_n$ 的前 k 项去掉后, 得到的新级数为 $\sum\limits_{n=k+1}^{\infty} u_n$. 于是新得到的级数的部分和

$$\sigma_m = \sum_{n=k+1}^{k+m} u_n = \sum_{n=1}^{k+m} u_n - \sum_{n=1}^{k} u_n = S_{k+m} - S_k,$$

其中 S_{k+m} 是原来级数的前 $k+m$ 项之和. 因为 S_k 是常数, 所以当 $m \to +\infty$ 时, σ_m 和 S_{k+m} 或者同时有极限, 或者同时没有极限.

类似地可以证明, 改变级数的有限多个项, 不会影响级数的敛散性. 证毕.

习　题　14.1

1. 根据级数收敛与发散的定义判别下列级数的敛散性:

(1) $\sum\limits_{n=1}^{\infty}(\sqrt{n+1}-\sqrt{n})$;　　　　　　(2) $\sum\limits_{n=1}^{\infty}\ln\dfrac{n+1}{n}$;

(3) $\dfrac{1}{1\cdot3}+\dfrac{1}{3\cdot5}+\cdots+\dfrac{1}{(2n-1)(2n+1)}+\cdots$.

2. 利用几何级数、调和级数的敛散性判断下列级数的敛散性, 并求收敛级数的和.

(1) $\sum\limits_{n=1}^{\infty}\left(\dfrac{4}{3}\right)^n$;　　　　　　(2) $\sum\limits_{n=1}^{\infty}\dfrac{2^n+3^n}{6^n}$;

(3) $\sum\limits_{n=1}^{\infty}\dfrac{3}{4n}$;　　　　　　(4) $\sum\limits_{n=1}^{\infty}(-1)^n\left(\dfrac{3}{4}\right)^n$;

(5) $\sum\limits_{n=1}^{\infty}\left(\dfrac{1}{2^{n+1}}+\dfrac{1}{5n}\right)$;　　　　(6) $\sum\limits_{n=1}^{\infty}\dfrac{(\ln 2)^n}{2^n}$;

(7) $\sum\limits_{n=1}^{\infty}\sqrt{\dfrac{n+1}{n}}$;　　　　　　(8) $\sum\limits_{n=1}^{\infty}\mathrm{e}^{\frac{1}{n^2}}$;

3. 设 $u_n = \dfrac{1}{n(n+1)}+\left(\dfrac{3}{2}\right)^n, v_n = \dfrac{1}{n(n+1)}-\left(\dfrac{3}{2}\right)^n, w_n = \left(\dfrac{3}{2}\right)^n - \dfrac{1}{n(n+1)}$. 证明:

(1) $\sum\limits_{n=1}^{\infty}u_n, \sum\limits_{n=1}^{\infty}v_n, \sum\limits_{n=1}^{\infty}w_n$ 发散;　　　(2) $\sum\limits_{n=1}^{\infty}(u_n+v_n)$ 收敛;

(3) $\sum\limits_{n=1}^{\infty}(u_n+w_n)$ 发散.

14.2 常数项级数

14.2.1 正项级数

每一项都是非负的级数叫做**正项级数**.

设有正项级数

$$\sum_{n=1}^{\infty} u_n = u_1 + u_2 + \cdots + u_n + \cdots. \tag{2.1}$$

显然, 其部分数列 $\{S_n\}$ 是单调不减的, 即

$$S_1 \leqslant S_2 \leqslant \cdots \leqslant S_n \leqslant \cdots.$$

根据单调有界原理, 如果 S_n 有界, 则 S_n 必有极限, 从而级数 (2.1) 收敛; 反之, 如果级数 (2.1) 收敛, 即 $\{S_n\}$ 有极限, 则因收敛数列必有界, 故 S_n 有界. 于是, 有如下定理.

定理 2.1   正项级数收敛的充分必要条件是它的部分和数列有界.

依据定理 2.1, 可以建立正项级数的一个基本审敛法.

定理 2.2 (比较审敛法)   设两个正项级数 $\sum\limits_{n=1}^{\infty} u_n$ 和 $\sum\limits_{n=1}^{\infty} v_n$ 满足条件

$$u_n \leqslant v_n, \quad n = 1, 2, \cdots. \tag{2.2}$$

则当 $\sum\limits_{n=1}^{\infty} v_n$ 收敛时, $\sum\limits_{n=1}^{\infty} u_n$ 也收敛; 当 $\sum\limits_{n=1}^{\infty} u_n$ 发散时, $\sum\limits_{n=1}^{\infty} v_n$ 也发散.

注记 1   根据 14.1 节定理 1.2 的推论, 条件 (2.2) 可以改成

$$u_n \leqslant a v_n, \quad n = N, N+1, N+2, \cdots,$$

其中 a 为某一正常数, N 为某一自然数.

例 2.1   讨论 p-级数 $\sum\limits_{n=1}^{\infty} \dfrac{1}{n^p}$ 的敛散性, 其中常数 $p > 0$.

解   (1) $p \leqslant 1$. 这时 $\dfrac{1}{n^p} \geqslant \dfrac{1}{n}$, 而级数 $\sum\limits_{n=1}^{\infty} \dfrac{1}{n}$ 发散, 依比较审敛法得到, 级数 $\sum\limits_{n=1}^{\infty} \dfrac{1}{n^p}$ 发散.

(2) $p > 1$. 考虑级数

$$1 + \left(\frac{1}{2^p} + \frac{1}{3^p} \right) + \left(\frac{1}{4^p} + \frac{1}{5^p} + \frac{1}{6^p} + \frac{1}{7^p} \right) + \cdots$$
$$+ \left(\frac{1}{(2^n)^p} + \frac{1}{(2^n+1)^p} + \cdots + \frac{1}{(2^{n+1}-1)^p} \right) + \cdots, \tag{2.3}$$

其一般项

$$u_{n+1} = \frac{1}{(2^n)^p} + \frac{1}{(2^n+1)^p} + \cdots + \frac{1}{(2^{n+1}-1)^p}$$
$$\leqslant \frac{1}{(2^n)^p} + \frac{1}{(2^n)^p} + \cdots + \frac{1}{(2^n)^p}$$

$$= \frac{2^n}{(2^n)^p} = \frac{1}{2^{n(p-1)}}, \quad n = 0, 1, 2, \cdots.$$

注意到, 级数 $\sum\limits_{n=0}^{\infty} \dfrac{1}{2^{n(p-1)}}$ 是以 $\dfrac{1}{2^{p-1}}$ (< 1) 为公比的等比级数, 故它收敛. 因此, 由比较审敛法知级数 (2.3) 收敛, 从而得知级数 (2.3) 的部分和数列有界, 进而得知级数 $\sum\limits_{n=1}^{\infty} \dfrac{1}{n^p}$ 的部分和数列当 $p > 1$ 时也有界. 于是, 由定理 2.1 知级数 $\sum\limits_{n=1}^{\infty} \dfrac{1}{n^p}$ 当 $p > 1$ 时收敛.

综上所述, 对于 p-级数, 当 $p > 1$ 时, 收敛; 当 $p \leqslant 1$ 时, 发散.

将所给正项级数与等比级数比较, 我们得到实用上很方便的比值审敛法和根值审敛法.

定理 2.3 (比值审敛法, 达朗贝尔判别法)　设有正项级数 (2.1) 满足

$$\lim_{n \to +\infty} \frac{u_{n+1}}{u_n} = \rho.$$

则当 $\rho < 1$ 时, 级数收敛; 当 $\rho > 1$ 时, 级数发散.

证　(1) $\rho < 1$. 取一个适当小的正数 $\varepsilon > 0$, 使得 $\rho + \varepsilon = r < 1$, 则根据极限性质, 存在自然数 N, 使得当 $n \geqslant N$ 时,

$$\frac{u_{n+1}}{u_n} < \rho + \varepsilon = r.$$

由此, 得

$$u_{n+1} < r u_n, \quad n \geqslant N.$$

反复利用这个不等式, 便得

$$u_{N+k} < r^k u_N, \quad n \geqslant N, \ k = 1, 2, \cdots.$$

注意到, 等比级数 $\sum\limits_{k=1}^{\infty} r^k u_N = u_N \sum\limits_{k=1}^{\infty} r^k$ 收敛. 由比较审敛法知, 级数 (2.1) 收敛.

(2) $\rho > 1$. 取适当小的正数 ε, 使得 $\rho - \varepsilon > 1$. 根据极限性质, 存在 N, 使得当 $n \geqslant N$ 时,

$$\frac{u_{n+1}}{u_n} > \rho - \varepsilon > 1,$$

即 $u_{n+1} > u_n$. 这说明原级数的一般项 u_n 当 $n \geqslant N$ 时单调递增. 从而, $\lim\limits_{n \to +\infty} u_n \neq 0$, 即级数 (2.1) 发散. 证毕.

需要指出, 当 $\rho = 1$ 时, 比值审敛法失效, 例如, p-级数 $\sum\limits_{n=1}^{\infty} \dfrac{1}{n^p}$ 就是属于这种情形.

例 2.2 证明级数 $\displaystyle\sum_{n=1}^{\infty} \frac{n}{2^n}$ 收敛.

证 因为

$$\lim_{n\to+\infty} \frac{u_{n+1}}{u_n} = \lim_{n\to+\infty} \frac{n+1}{2n} = \frac{1}{2} < 1,$$

所以, 由比值审敛法知原级数收敛.

定理 2.4 (根值审敛法, 柯西审敛法) 设正项级数 (2.1) 满足

$$\lim_{n\to\infty} \sqrt[n]{u_n} = \rho.$$

则当 $\rho < 1$ 时, 级数 (2.1) 收敛; 当 $\rho > 1$ 时, 级数 (2.1) 发散.

根值审敛法的证明与比值审敛法的证明类似, 在此不详细叙述. 应当注意, 这个审敛法, 当 $\rho = 1$ 时也失效.

例 2.3 证明级数 $\displaystyle\sum_{n=1}^{\infty} \frac{1}{n^n}$ 收敛.

证 因为

$$\lim_{n\to\infty} \sqrt[n]{u_n} = \lim_{n\to\infty} \frac{1}{n} = 0,$$

所以, 由根值审敛法知, 所给级数收敛.

14.2.2 交错级数

一个级数, 如果它的各项是正负交错的, 就称之为**交错级数**,

$$u_1 - u_2 + u_3 - u_4 + \cdots + (-1)^{n+1}u_n + \cdots, \tag{2.4}$$

其中 u_n, $n = 1, 2, \cdots$ 都是正数.

定理 2.5 (莱布尼茨判别法) 如果交错级数 (2.4) 满足条件:

(1) $u_n \geqslant u_{n+1}$, $n = 1, 2, 3, \cdots$;

(2) $\displaystyle\lim_{n\to\infty} u_n = 0$,

则级数收敛, 且其和 $S \leqslant u_1$.

证 先证前 $2n$ 项之和 S_{2n} 有极限, 由于

$$S_{2n} = (u_1 - u_2) + (u_3 - u_4) + \cdots + (u_{2n-1} - u_{2n}),$$

且上式每个括号中的数都是非负的, 所以 S_{2n} 随 n 增大而增加. 由

$$S_{2n} = u_1 - (u_2 - u_3) - (u_4 - u_5) - \cdots - (u_{2n-2} - u_{2n-1}) - u_{2n}$$

可见 $S_{2n} < u_1$. 于是, 根据单调有界原理, 数列 S_{2n} 必有极限 S, 并且 $S \leqslant u_1$ 即

$$\lim_{n\to\infty} S_{2n} = S \leqslant u_1.$$

再证 $\lim\limits_{n\to\infty} S_{2n+1} = S$. 事实上,

$$S_{2n+1} = S_{2n} + u_{2n+1}.$$

因此, 由条件 (2),

$$\lim_{n\to\infty} S_{2n+1} = \lim_{n\to\infty} S_{2n} + \lim_{n\to\infty} u_{2n+1} = S.$$

证毕.

例 2.4　证明交错级数 $\sum\limits_{n=1}^{\infty} (-1)^{n+1} \dfrac{1}{n}$ 收敛.

证　显然,

$$u_n = \frac{1}{n} > \frac{1}{n+1} = u_{n+1}, \quad n = 1, 2, \cdots,$$

及 $\lim\limits_{n\to\infty} u_n = \lim\limits_{n\to\infty} \dfrac{1}{n} = 0$. 因此, 由莱布尼茨判别法可知, 原级数收敛. 证毕.

设有级数

$$\sum_{n=1}^{\infty} u_n, \tag{2.5}$$

其中 $u_n, n = 1, 2, \cdots$ 为任意实数. 如果级数 (2.5) 的各项的绝对值所组成的级数 $\sum\limits_{n=1}^{\infty} |u_n|$ 收敛, 则称级数 (2.5) **绝对收敛**; 如果级数 (2.5) 收敛, 但非绝对收敛, 则称级数 (2.5) **条件收敛**.

定理 2.6　绝对收敛级数一定是收敛级数.

证　设 $\sum\limits_{n=1}^{\infty} u_n$ 绝对收敛. 令

$$v_n = \frac{1}{2}(u_n + |u_n|), \quad n = 1, 2, \cdots.$$

则 $v_n \geqslant 0$, 且 $v_n \leqslant |u_n|$. 因此, 根据正项级数的比较审敛法知, 级数 $\sum\limits_{n=1}^{\infty} v_n$ 收敛, 从而 $\sum\limits_{n=1}^{\infty} 2v_n$ 也收敛. 但

$$u_n = 2v_n - |u_n|, \quad n = 1, 2, \cdots.$$

根据 14.1 节定理 1.2 知, 级数 $\sum\limits_{n=1}^{\infty} u_n$ 收敛. 证毕.

例 2.5　证明级数 $\sum\limits_{n=1}^{\infty} \dfrac{\sin n\alpha}{n^2}$ 收敛.

证 因为 $\left|\dfrac{\sin n\alpha}{n^2}\right| \leqslant \dfrac{1}{n^2}$, 而级数 $\displaystyle\sum_{n=1}^{\infty}\dfrac{1}{n^2}$ 收敛, 所以所给级数绝对收敛. 当然, 它也收敛.

习 题 14.2

1. 利用比较审敛法判定下列级数的敛散性:

(1) $\displaystyle\sum_{n=1}^{\infty}\dfrac{1}{2n-1}$;

(2) $\displaystyle\sum_{n=1}^{\infty}\dfrac{1}{n(n+1)}$;

(3) $\displaystyle\sum_{n=1}^{\infty}\dfrac{1}{10n+1}$;

(4) $\displaystyle\sum_{n=1}^{\infty}\sin\dfrac{\pi}{2^n}$;

(5) $\displaystyle\sum_{n=1}^{\infty}\dfrac{n+1}{n^2+1}$;

(6) $\displaystyle\sum_{n=1}^{\infty}\left(\sqrt{n^3+1}-\sqrt{n^3-1}\right)$.

2. 利用比值审敛法判定下列级数的敛散性:

(1) $\displaystyle\sum_{n=1}^{\infty}\dfrac{n+1}{3^n}$;

(2) $\displaystyle\sum_{n=1}^{\infty}\dfrac{5^n}{n!}$;

(3) $\displaystyle\sum_{n=1}^{\infty}\dfrac{3^n}{2^n n}$;

(4) $\displaystyle\sum_{n=1}^{\infty}\sin\dfrac{9^n}{n^n}$;

(5) $\displaystyle\sum_{n=1}^{\infty}n\tan\dfrac{\pi}{2^{n+1}}$;

(6) $\displaystyle\sum_{n=1}^{\infty}\dfrac{2^n n!}{n^n}$.

3. 利用根值审敛法判定下列级数的敛散性:

(1) $\displaystyle\sum_{n=1}^{\infty}\left(\dfrac{n}{2n+1}\right)^n$;

(2) $\displaystyle\sum_{n=1}^{\infty}\dfrac{1}{\ln^n(n+1)}$;

(3) $\displaystyle\sum_{n=1}^{\infty}\left(\dfrac{n}{3n-1}\right)^{2n-1}$;

(4) $\displaystyle\sum_{n=1}^{\infty}n\left(\dfrac{2}{5}\right)^n$;

(5) $\displaystyle\sum_{n=1}^{\infty}\left(\dfrac{b}{a_n}\right)^n$, 其中 $\lim\limits_{n\to\infty}a_n=a$, $0<a<b$.

4. 判断下列级数是否收敛? 如果是收敛的, 是绝对收敛还是条件收敛?

(1) $\displaystyle\sum_{n=1}^{\infty}(-1)^n\dfrac{1}{\sqrt{n}}$;

(2) $\displaystyle\sum_{n=1}^{\infty}(-1)^n\dfrac{n+2}{2^{n+1}}$;

(3) $\displaystyle\sum_{n=1}^{\infty}(-1)^n\dfrac{1}{\ln(n+1)}$;

(4) $\displaystyle\sum_{n=1}^{\infty}(-1)^n\dfrac{\sin\dfrac{\pi}{n}}{\pi^n}$;

(5) $\displaystyle\sum_{n=1}^{\infty}(-1)^{\frac{n^2+n}{2}}\dfrac{n}{2^n}$;

(6) $\displaystyle\sum_{n=1}^{\infty}(-1)^{n+1}\dfrac{1+(-1)^n}{n}$;

(7) $\displaystyle\sum_{n=1}^{\infty}\dfrac{1+(-1)^n}{n^2}$;

(8) $\displaystyle\sum_{n=1}^{\infty}(-1)^n\arctan\dfrac{1}{\sqrt{n}}$.

5. 利用定理 1.1 及比值审敛法证明 $\lim\limits_{n\to\infty}\dfrac{a^n}{n!}=0$.

6. 利用比较判别法证明: 若 $\lim\limits_{n\to\infty}n^2 u_n$ 存在, 则级数 $\displaystyle\sum_{n=1}^{\infty}u_n$ 收敛.

14.3 幂 级 数

14.3.1 幂级数的收敛性

对于定义在区间 I 上的函数序列 $\{u_n(x)\}$, 称

$$\sum_{n=1}^{\infty} u_n(x) = u_1(x) + u_2(x) + u_3(x) + \cdots + u_n(x) + \cdots$$

为**函数项级数**. 特别地, 当 $u_n(x)$ 为 x 的正整数次幂函数时, 称形如

$$\sum_{n=0}^{\infty} a_n x^n = a_0 + a_1 x + a_2 x^2 + \cdots + a_n x^n + \cdots \tag{3.1}$$

的函数项级数为**幂级数**, 其中常数 a_n, $n = 1, 2, \cdots$ 为幂级数 (3.1) 的**系数**.

如果当 $x = x_0$ 时, 幂级数 (3.1) 收敛, 则称点 x_0 为 (3.1) 的**收敛点**, 否则称为**发散点**.

例如, 幂级数

$$\sum_{n=0}^{\infty} x^n = 1 + x + x^2 + \cdots + x^n + \cdots \tag{3.2}$$

对每一个固定的点 $x_0 \in (-1, 1)$ 收敛, 且和为 $\dfrac{1}{1 - x_0}$; 当 $|x_0| \geqslant 1$ 时, 级数 (3.2) 发散. 幂级数 (3.2) 的所有收敛点构成以原点为中心的区间.

对一般的幂级数 (3.1) 也有这样的性质, 即它的收敛点集合是一个以原点为中心的区间 (参见本节习题 1), 称此区间为级数 (3.1) 的收敛区间. 更确切地说, 对幂级数 (3.1), 总存在一个完全确定的正数 R, 使得当 $|x| < R$ 时, 幂级数 (3.1) 绝对收敛; 当 $|x| > R$ 时, 幂级数 (3.1) 发散. 这时, 正数 R 叫做幂级数 (3.1) 的**收敛半径**. 因此, 幂级数在区间 $(-R, R)$ 内必收敛. 如果幂级数 (3.1) 的收敛半径只在 $x = 0$ 处收敛, 规定 $R = 0$; 若幂级数 (3.1) 处处收敛, 规定 $R = +\infty$, 这时收敛区间为 $(-\infty, +\infty)$; 如果幂级数 (3.1) 在 $x = R$ 处收敛, 但在 $x = -R$ 处发散, 则收敛区间为 $(-R, R]$, 等等.

下面给出幂级数的收敛半径的求法.

定理 3.1 如果存在极限

$$\lim_{n \to \infty} \left| \frac{a_n}{a_{n+1}} \right| = R,$$

则级数 (3.1) 的收敛半径为 R.

证 考察级数 $\displaystyle\sum_{n=0}^{\infty} |a_n x^n|$ 的敛散性. 当 $R \neq 0$ 时, 如果 $|x| < R$, 则

$$\lim_{n \to \infty} \left| \frac{a_{n+1} x^{n+1}}{a_n x^n} \right| = \frac{|x|}{R} < 1.$$

根据比值审敛法可知, 级数 $\sum\limits_{n=0}^{\infty} |a_n x^n|$ 收敛, 即级数 (3.1) 绝对收敛.

如果 $|x| > R$, 则

$$\lim_{n \to \infty} \left| \frac{a_{n+1} x^{n+1}}{a_n x^n} \right| = \frac{|x|}{R} > 1.$$

因此, 级数 $\sum\limits_{n=0}^{\infty} |a_n x^n|$ 发散, 且从适当大的 n 开始, 有 $|a_{n+1} x^{n+1}| > |a_n x^n|$. 这表明一般项 $|a_n x^n|$, 当 $n \to \infty$ 时不能趋于零. 所以, $a_n x^n$ 也不能趋于零, 从而级数 (3.1), 当 $|x| > R$ 时, 发散. 这证明了 R 是级数 (3.1) 的收敛半径.

当 $R = 0$ 时, 显然 $x = 0$ 是级数 (3.1) 的收敛点, 且对于任意的 $x \neq 0$, 有

$$\lim_{n \to \infty} \left| \frac{a_n x^n}{a_{n+1} x^{n+1}} \right| = 0.$$

从而, 当 n 充分大时, 有 $|a_n x^n| < |a_{n+1} x^{n+1}|$, 所以级数 (3.1) 的一般项不能趋于零, 即级数 (3.1) 对 $x \neq 0$ 必发散, 证毕.

注记 1 利用比值审敛法容易得知, 当

$$\lim_{n \to \infty} \left| \frac{a_n}{a_{n+1}} \right| = +\infty$$

时, 级数 (3.1) 的收敛半径为 $+\infty$.

例 3.1 求幂级数 $\sum\limits_{n=1}^{\infty} (-1)^{n-1} \dfrac{x^n}{n}$ 的收敛半径和收敛区间.

解 因

$$\lim_{n \to \infty} \left| \frac{a_n}{a_{n+1}} \right| = \lim_{n \to \infty} \frac{n+1}{n} = 1,$$

故 $R = 1$.

另外, 由 14.2 节例 2.4 可见, 给定的级数在 $x = 1$ 处收敛; 而在 $x = -1$ 处, 原级数为调和级数, 故当 $x = -1$ 时发散. 因此, 所求的收敛区间为半开半闭区间 $(-1, 1]$.

由这个例子可以看出, 求收敛区间时, 先求出收敛半径 R, 然后判断给定的级数在 $x = R$ 和 $x = -R$ 处的敛散性. 最后, 根据讨论的情况, 写出收敛区间.

例 3.2 求幂级数 $\sum\limits_{n=0}^{\infty} \dfrac{(2n)!}{(n!)^2} x^{2n}$ 的收敛半径.

解 级数缺少奇次幂的项, 定理 3.1 不能应用. 利用比值审敛法判定. 因为

$$\lim_{n \to \infty} \left| \frac{u_{n+1}(x)}{u_n(x)} \right| = \lim_{n \to \infty} \left| \frac{(2(n+1))!}{((n+1)!)^2} x^{2(n+1)} \bigg/ \frac{(2n)!}{(n!)^2} x^{2n} \right| = 4|x|^2,$$

当 $4|x|^2 < 1$, 即 $|x| < \dfrac{1}{2}$ 时级数绝对收敛; 当 $4|x|^2 > 1$, 即 $|x| > \dfrac{1}{2}$ 时级数发散. 所以, 收敛半径 $R = \dfrac{1}{2}$.

14.3.2 幂级数的求和

设幂级数 (3.1) 的收敛区间为 $(-R, R)$. 则对任一固定的 $x \in (-R, R)$, 幂级数 (3.1) 就成为收敛的常数项级数. 因而, 有一确定的和数 $S(x)$ 与 x 对应. 这样, 当 x 在 $(-R, R)$ 上变化时, 便定义了幂级数 (3.1) 的**和函数** $S(x)$, 记成 $S(x) = \sum\limits_{n=0}^{\infty} a_n x^n$, 它的定义域是 $(-R, R)$.

关于和函数 $S(x)$ 有如下重要的结论 (这里不予证明).

定理 3.2 (和函数的性质)   设幂级数 (3.1) 的收敛半径为 R, 和函数为 $S(x)$. 则

(1) $S(x)$ 在 $(-R, R)$ 内连续;

(2) $S(x)$ 在 $(-R, R)$ 内可导, 且可逐项求导, 即

$$S'(x) = \left(\sum_{n=0}^{\infty} a_n x^n \right)' = \sum_{n=0}^{\infty} (a_n x^n)' = \sum_{n=1}^{\infty} n a_n x^{n-1},$$

并且逐项求导后所得到的幂级数的收敛半径仍为 R;

(3) $S(x)$ 在 $(-R, R)$ 内可积, 且可逐项积分, 即

$$\int_0^x S(x) \mathrm{d}x = \int_0^x \left(\sum_{n=0}^{\infty} a_n x^n \right) \mathrm{d}x = \sum_{n=0}^{\infty} \int_0^x a_n x^n \mathrm{d}x = \sum_{n=0}^{\infty} \frac{a_n}{n+1} x^{n+1},$$

其中 $|x| < R$, 并且逐项积分后所得到的幂级数的收敛半径仍为 R.

利用这个定理, 可以求出某些幂级数的和函数.

例 3.3   求幂级数 $\sum\limits_{n=1}^{\infty} (-1)^{n-1} \dfrac{x^n}{n}$ 的和函数.

解   由例 3.1 知, 此级数的收敛半径是 $R = 1$. 设

$$S(x) = \sum_{n=1}^{\infty} (-1)^{n-1} \frac{x^n}{n}, \quad -1 < x < 1.$$

逐项求导得

$$S'(x) = \sum_{n=1}^{\infty} (-1)^{n-1} x^{n-1} = \sum_{n=1}^{\infty} (-x)^{n-1} = \frac{1}{1+x}, \quad -1 < x < 1,$$

即

$$S'(x) = \frac{1}{1+x}.$$

两端从 0 到 x 积分,

$$S(x) - S(0) = \int_0^x \frac{1}{1+x} \mathrm{d}x = \ln(1+x).$$

由于 $S(0) = 0$, 所以, 我们得到 $S(x) = \ln(1+x)$, 即

$$\ln(1+x) = x - \frac{x^2}{2} + \frac{x^3}{3} - \frac{x^4}{4} + \cdots + \frac{(-1)^{n-1}}{n}x^n + \cdots, \tag{3.3}$$

其中 $-1 < x < 1$.

注记 2 如果逐项求导或逐项积分所得到的幂级数, 在收敛区间端点 $x = R$ (或 $x = -R$) 处收敛, 则在那个端点处, 逐项微商公式或逐项积分公式仍成立. 例如, (3.3) 式右端级数在 $x = 1$ 处收敛, 因此, (3.3) 式当 $x = 1$ 时也成立:

$$\ln 2 = 1 - \frac{1}{2} + \frac{1}{3} - \frac{1}{4} + \cdots + \frac{(-1)^{n-1}}{n} + \cdots.$$

这个关系式的发现曾给微积分的早期开拓者以深刻的印象, 通常使用的 "对数表" 的制作原理就是由此引发出来的.

14.3.3 泰勒级数

微分学中的泰勒 (Taylor) 公式指出, 如果函数 $f(x)$ 在 $x = x_0$ 附近具有直到 n 阶导数, 并且 $f^{(n)}(x)$ 在点 x_0 连续, 则

$$f(x) = \sum_{k=0}^{n} \frac{f^{(k)}(x_0)}{k!}(x - x_0)^k + r_n(x), \tag{3.4}$$

其中 $r_n(x) = o((x - x_0)^n)$.

现在进一步假设, $f(x)$ 在 $x = x_0$ 附近具有任意阶的导数, 并且存在 $\delta > 0$, 使对一切 x, 只要 $|x - x_0| < \delta$ 就有

$$\lim_{n \to \infty} r_n(x) = 0, \tag{3.5}$$

那么, 在 (3.4) 式两边令 $n \to +\infty$, 得

$$f(x) = \sum_{n=0}^{\infty} \frac{f^{(n)}(x_0)}{n!}(x - x_0)^n, \quad |x - x_0| < \delta. \tag{3.6}$$

上式右端的幂级数称为 $f(x)$ 在点 x_0 的**泰勒级数**, 称函数 $f(x)$ 在 $x = x_0$ 处展开成泰勒级数. 特别地, 当 $x_0 = 0$ 时, (3.6) 式成为

$$f(x) = f(0) + f'(0)x + \frac{f''(0)}{2!}x^2 + \cdots + \frac{f^{(n)}(0)}{n!}x^n + \cdots,$$

此式右端称为 $f(x)$ 的**麦克劳林级数**.

需要指出, 要想把一个函数 $f(x)$ 展成泰勒级数不仅要计算 $f(x)$ 的各阶导数, 而且要验证条件 (3.5). 这是比较困难的. 因此, 为了避免复杂的导数计算和余项的

估计, 经常采用所谓 "间接展开法". 它是利用已知的泰勒展开式, 经过幂级数的逐项求导或逐项积分, 得到新的幂级数展开式, 即函数的泰勒级数. 由于函数的泰勒展开式具有 "唯一性" (参见本节习题 4), 因此, 这种方法是可行的.

例 3.4　证明

$$e^x = 1 + x + \frac{1}{2!}x^2 + \cdots + \frac{1}{n!}x^n + \cdots, \quad |x| < +\infty. \tag{3.7}$$

证　设

$$f(x) = 1 + x + \frac{1}{2!}x^2 + \frac{1}{3!}x^3 + \cdots + \frac{1}{n!}x^n + \cdots,$$

$f(x)$ 是待求函数. 容易算出上式幂级数的收敛半径是 $+\infty$. 两边对 x 求导, 得

$$f'(x) = 1 + x + \frac{1}{2!}x^2 + \frac{1}{3!}x^3 + \cdots + \frac{1}{n!}x^n + \cdots = f(x),$$

即

$$f'(x) = f(x).$$

两端乘以 e^{-x}, 并整理得

$$\left(f(x)e^{-x}\right)' = 0.$$

因此,

$$f(x)e^{-x} = C,$$

其中 C 为常数. 由于 $f(0) = 1$, 故 $C = 1$. 于是, $f(x) = e^x$.

例 3.5　求反正切函数 $\arctan x$ 的展开式.

解　因为当 $-1 < x < 1$ 时, 有

$$\frac{1}{1+x^2} = 1 - x^2 + x^4 - \cdots + (-1)^n x^{2n} + \cdots.$$

两端进行积分, 便得

$$\arctan x = \int_0^x \frac{\mathrm{d}x}{1+x^2} = x - \frac{x^3}{3} + \frac{x^5}{5} - \cdots + (-1)^n \frac{x^{2n+1}}{2n+1} + \cdots.$$

由于上式右端级数在 $x = \pm 1$ 是一般项绝对值单调趋于零的交错级数, 故收敛. 因此,

$$\arctan x = x - \frac{x^3}{3} + \frac{x^5}{5} - \cdots + (-1)^n \frac{x^{2n+1}}{2n+1} + \cdots, \quad |x| \leqslant 1. \tag{3.8}$$

特别地, 当 $x = 1$ 时, 有

$$\frac{\pi}{4} = 1 - \frac{1}{3} + \frac{1}{5} - \cdots + (-1)^n \frac{1}{2n+1} + \cdots. \tag{3.9}$$

类似地, 对几何级数

$$\frac{1}{1-x^2} = 1 + x^2 + x^4 + \cdots + x^{2n} + \cdots, \quad |x| < 1$$

积分, 得到

$$\frac{1}{2}\ln\frac{1+x}{1-x} = x + \frac{x^3}{3} + \frac{x^5}{5} + \cdots + \frac{x^{2n+1}}{2n+1} + \cdots, \quad |x| < 1. \tag{3.10}$$

它的特点是, 当 $|x| < 1$ 时, $\frac{1+x}{1-x}$ 取遍全部正数. 因此, 利用上式可以计算任何正数的对数值.

例 3.6 证明: 对一切 $|x| < +\infty$ 有

$$\sin x = x - \frac{x^3}{3!} + \frac{x^5}{5!} - \cdots + (-1)^n\frac{x^{2n+1}}{(2n+1)!} + \cdots. \tag{3.11}$$

证 不难看出, 上式右端级数的收敛半径为 $+\infty$. 设

$$f(x) = x - \frac{x^3}{3!} + \frac{x^5}{5!} - \cdots + (-1)^n\frac{x^{2n+1}}{(2n+1)!} + \cdots.$$

两端求导两次, 得

$$f''(x) = -f(x).$$

利用第 13 章的微分方程知识, 可得

$$f(x) = C_1\cos x + C_2\sin x, \tag{3.12}$$

其中 C_1 和 C_2 是常数. 注意到

$$f(0) = 0, \quad f'(0) = 1. \tag{3.13}$$

将 (3.13) 式代入 (3.12) 式可确定 $C_1 = 0$, $C_2 = 1$. 因此, $f(x) = \sin x$.

对 (3.11) 式求导, 得余弦函数的展开式

$$\cos x = 1 - \frac{x^2}{2!} + \frac{x^4}{4!} - \cdots + (-1)^n\frac{x^{2n}}{(2n)!} + \cdots, \quad -\infty < x < +\infty. \tag{3.14}$$

作为本节的结尾, 我们来推导一个有用的公式. 在复变函数论中, 定义

$$e^z = 1 + z + \frac{1}{2!}z^2 + \cdots + \frac{1}{n!}z^n + \cdots,$$

自变量 z 取复数值.

特别当 $z = \mathrm{i}x$ ($\mathrm{i} = \sqrt{-1}$) 时, 由 (3.11) 式, (3.14) 式得

$$\mathrm{e}^{\mathrm{i}x} = 1 + \mathrm{i}x + \frac{1}{2!}(\mathrm{i}x)^2 + \cdots + \frac{1}{n!}(\mathrm{i}x)^n + \cdots$$

$$= 1 + \mathrm{i}x - \frac{1}{2!}x^2 - \mathrm{i}\frac{x^3}{3!} + \cdots + \frac{(\mathrm{i})^n}{n!}x^n + \cdots$$

$$= \left(1 - \frac{1}{2!}x^2 + \frac{x^4}{4!} - \cdots\right) + \mathrm{i}\left(x - \frac{x^3}{3!} + \frac{x^5}{5!} - \cdots\right)$$

$$= \cos x + \mathrm{i}\sin x,$$

即

$$\mathrm{e}^{\mathrm{i}x} = \cos x + \mathrm{i}\sin x.$$

这是著名的欧拉 (Euler) 公式.

习　题　14.3

1. 证明:

(1) 若 $\sum\limits_{n=1}^{\infty} a_n x_0^n$ 收敛, $x_0 \neq 0$, 且 $|x| < |x_0|$, 则 $\sum\limits_{n=1}^{\infty} a_n x^n$ 绝对收敛;

(2) 若 $\sum\limits_{n=1}^{\infty} a_n x_0^n$ 发散, 且 $|x| > |x_0|$, 则 $\sum\limits_{n=1}^{\infty} a_n x^n$ 发散 (利用 (1) 和反证法).

2. 求下列幂级数的收敛区间:

(1) $x + 2x^2 + 3x^3 + \cdots$;

(2) $1 - x + \frac{x^2}{2^2} - \frac{x^3}{3^3} + \cdots$;

(3) $\frac{x}{1 \cdot 3} + \frac{x^2}{2 \cdot 3^2} + \frac{x^3}{3 \cdot 3^3} + \cdots$;

(4) $\frac{2}{2}x + \frac{2^2}{5}x^2 + \frac{2^3}{10}x^3 + \cdots + \frac{2^n}{n^2+1}x^n + \cdots$;

(5) $\sum\limits_{n=0}^{\infty} \frac{2n+1}{n!}x^n$;

(6) $\sum\limits_{n=1}^{\infty} \left(1 + \frac{1}{2} + \frac{1}{3} + \cdots + \frac{1}{n}\right)x^n$;

(7) $\sum\limits_{n=1}^{\infty} \frac{2n-1}{2^n}x^{2n-2}$;

(8) $\sum\limits_{n=1}^{\infty} \frac{(x-5)^n}{\sqrt{n}}$.

3. 求下列级数在收敛区间内的和函数:

(1) $\sum\limits_{n=1}^{\infty} nx^{n-1}$, $-1 < x < 1$;

(2) $\sum\limits_{n=1}^{\infty} \frac{x^{n+1}}{n(n+1)}$, $-1 < x < 1$;

(3) $\displaystyle\sum_{n=1}^{\infty} \frac{x^{4n+1}}{4n+1}, \ -1 < x < 1;$

(4) $\displaystyle\sum_{n=1}^{\infty} \frac{2n-1}{2^n} x^{2n-2}, \ -\sqrt{2} < x < \sqrt{2}.$

4. 证明函数 $f(x)$ 的幂级数展开式的唯一性, 即设 $f(x) = \displaystyle\sum_{n=0}^{\infty} a_n x^n$, 则 $a_n = \dfrac{f^{(n)}(0)}{n!}$, 其中 $f(x)$ 具有直到 n 阶导数 (利用逐项微分法则).

5. 将下列函数展开成 x 的幂级数, 并求其收敛区间:

(1) $\mathrm{sh}x = \dfrac{\mathrm{e}^x - \mathrm{e}^{-x}}{2};$

(2) $\cos x;$

(3) $\sin x^2;$

(4) $x^2 \arctan x;$

(5) $(1+x)\ln(1+x).$

6. 将下列函数展开成 x 的幂级数:

(1) $\dfrac{1}{2+x};$

(2) $\dfrac{1}{x^2 + 3x + 2};$

(3) $\dfrac{1}{1+x^3};$

(4) $\sin x \cdot \cos x;$

(5) $\sin\left(x + \dfrac{\pi}{4}\right).$

7. 将函数 $f(x) = \dfrac{1}{x}$ 展开成 $x - 3$ 的幂级数.

14.4　傅 氏 级 数

傅里叶 (Fourier) 级数 (简称傅氏级数) 理论被人们认为是 19 世纪数学的重大成果之一. 它不仅是物理学、电工学和力学的强有力的工具, 而且是许多其他纯粹数学研究的一个重要工具. 这一节我们介绍傅氏级数的基本内容.

14.4.1　三角级数及其正交性

通常称三角函数序列

$$1, \cos x, \sin x, \cos 2x, \sin 2x, \cdots, \cos nx, \sin nx, \cdots \tag{4.1}$$

为三角函数系. 傅氏级数理论的核心是讨论三角级数

$$\frac{1}{2}a_0 + \sum_{n=1}^{\infty} (a_n \cos nx + b_n \sin nx) \tag{4.2}$$

的收敛性, 以及将给定函数 $f(x)$ 展开成三角级数 (4.2) 的问题, 其中 a_0, a_n, b_n, $n = 1, 2, \cdots$ 是常数.

注意到, 三角函数系 (4.1) 中任意两个不同函数的乘积在 $[-\pi, \pi]$ 上的积分等于零, 而 (4.1) 式中任意函数的平方在 $[-\pi, \pi]$ 上的积分等于常数, 即

$$\int_{-\pi}^{\pi} \cos nx \mathrm{d}x = 0, \quad n = 1, 2, \cdots;$$

$$\int_{-\pi}^{\pi} \sin nx \mathrm{d}x = 0, \quad n = 1, 2, \cdots;$$

$$\int_{-\pi}^{\pi} \sin kx \cos nx \mathrm{d}x = 0, \quad k, n = 1, 2, \cdots;$$

$$\int_{-\pi}^{\pi} \sin kx \sin nx \mathrm{d}x = 0, \quad k, n = 1, 2, \cdots, k \neq n;$$

$$\int_{-\pi}^{\pi} \cos kx \cos nx \mathrm{d}x = 0, \quad k, n = 1, 2, \cdots, k \neq n;$$

$$\frac{1}{\pi} \int_{-\pi}^{\pi} \cos^2 nx \mathrm{d}x = \frac{1}{\pi} \int_{-\pi}^{\pi} \sin^2 nx \mathrm{d}x = 1, \quad n = 1, 2, \cdots.$$

上述这些公式利用三角函数的积化和差公式即可证得. 例如, 利用三角学中积化和差的公式

$$\cos nx \cos kx = \frac{1}{2}(\cos(k+n)x + \cos(k-n)x).$$

当 $k \neq n$ 时, 有

$$\int_{-\pi}^{-\pi} \cos kx \cos nx \mathrm{d}x = \frac{1}{2} \int_{-\pi}^{-\pi} (\cos(k+n)x + \cos(k-n)x) \mathrm{d}x$$

$$= \frac{1}{2} \left[\frac{\sin(k+n)x}{k+n} + \frac{\sin(k-n)x}{k-n} \right]_{-\pi}^{\pi} = 0.$$

其余等式读者可自行验证.

14.4.2 函数展开成傅氏级数

设函数 $f(x)$ 是以 2π 为周期的可积函数, 假定它能展成形如 (4.2) 式的三角级数

$$f(x) = \frac{1}{2}a_0 + \sum_{n=1}^{\infty}(a_n \cos nx + b_n \sin nx). \tag{4.3}$$

下面, 我们找出系数 a_0, a_k, b_k 与函数 $f(x)$ 之间的关系. 为此, 假设级数 (4.3) 可以逐项积分.

用 $\cos nx$ 乘 (4.3) 式两端, 并在 $[-\pi, \pi]$ 上逐项积分, 再利用上述三角函数系的特性, 得

$$\int_{-\pi}^{\pi} f(x) \cos nx \mathrm{d}x = \frac{a_0}{2} \int_{-\pi}^{\pi} \cos nx \mathrm{d}x$$

$$+ \sum_{k=1}^{\infty} \left(a_k \int_{-\pi}^{\pi} \cos kx \cos nx \mathrm{d}x + b_k \int_{-\pi}^{\pi} \sin kx \cos nx \mathrm{d}x \right)$$

$$= a_n \int_{-\pi}^{\pi} \cos^2 nx \mathrm{d}x = \pi a_n, \quad n = 0, 1, 2, \cdots.$$

因此,

$$a_n = \frac{1}{\pi} \int_{-\pi}^{\pi} f(x) \cos nx \mathrm{d}x, \quad n = 1, 2, \cdots. \tag{4.4}$$

类似地

$$b_n = \frac{1}{\pi} \int_{-\pi}^{\pi} f(x) \sin nx \mathrm{d}x, \quad n = 1, 2, \cdots. \tag{4.5}$$

显然, 当 $f(x)$ 可积时, 上述积分是存在的, 我们称 a_0, a_n ,b_n, $n = 1, 2, \cdots$ 为函数 $f(x)$ 的**傅里叶系数**, 简称**傅氏系数**. 将它们代入 (4.2) 式所得到的级数, 称为由函数 $f(x)$ 所导出的傅氏级数,

$$f(x) \sim \frac{1}{2}a_0 + \sum_{n=1}^{\infty} (a_n \cos nx + b_n \sin nx), \tag{4.6}$$

其中 a_0, a_n, b_n, $n = 1, 2, \cdots$ 由 (4.4) 式和 (4.5) 式确定.

提醒读者注意, (4.6) 式中的符号 "$\sim$" 仅表示右端级数的系数 a_0, a_n, b_n 是 $f(x)$ 的傅氏系数. 由此很容易构造 $f(x)$ 的傅氏级数. 但是, 这并不意味着它的傅氏级数收敛, 再者, 即使这个级数收敛, 也不一定恰好收敛到函数 $f(x)$ 本身. 换句话说, 符号 "$\sim$" 只表示由 $f(x)$ 派生出的傅氏级数.

例 4.1 设 $f(x)$ 为以 2π 为周期的函数, 且 $f(x)$ 在 $[-\pi, \pi)$ 上的表达式为

$$f(x) = \begin{cases} x, & -\pi \leqslant x < 0, \\ 0, & 0 \leqslant x < \pi. \end{cases}$$

求 $f(x)$ 的傅氏级数.

解 由公式 (4.4) 和 (4.5) 得

$$a_0 = \frac{1}{\pi} \int_{-\pi}^{\pi} f(x) \mathrm{d}x = \frac{1}{\pi} \int_{-\pi}^{0} x \mathrm{d}x = -\frac{\pi}{2};$$

$$a_n = \frac{1}{\pi} \int_{-\pi}^{\pi} f(x) \cos nx \mathrm{d}x = \frac{1}{\pi} \int_{-\pi}^{0} x \cos nx \mathrm{d}x$$

$$= \frac{1}{\pi} \left[\frac{x \sin nx}{n} + \frac{\cos nx}{n^2} \right]_{-\pi}^{0} = \frac{1}{n^2 \pi} (1 - \cos n\pi)$$

$$= \begin{cases} \dfrac{2}{n^2 \pi}, & n = 1, 3, 5, \cdots, \\ 0, & n = 2, 4, 6, \cdots; \end{cases}$$

$$b_n = \frac{1}{\pi} \int_{-\pi}^{\pi} f(x) \sin nx \mathrm{d}x = \frac{1}{\pi} \int_{-\pi}^{0} x \sin nx \mathrm{d}x$$

$$= \frac{1}{\pi} \left[-\frac{x \cos nx}{n} + \frac{\sin nx}{n^2} \right]_{-\pi}^{0} = -\frac{\cos n\pi}{n}$$

$$= \frac{(-1)^{n+1}}{n}, \quad n = 1, 2, \cdots.$$

代入 (4.6) 式得

$$f(x) \sim -\frac{\pi}{4} + \left(\frac{2}{\pi} \cos x + \sin x \right) - \frac{1}{2} \sin 2x + \left(\frac{2}{3^2\pi} \cos 3x + \frac{1}{3} \sin 3x \right)$$

$$- \frac{1}{4} \sin 4x + \left(\frac{2}{5^2\pi} \cos 5x + \frac{1}{5} \sin 5x \right) - \cdots. \tag{4.7}$$

当然, 我们最关心的是傅氏级数的收敛性问题, 下面给出收敛性定理. 这个定理我们不予证明.

收敛定理 设 $f(x)$ 是以 2π 为周期的周期函数, 在区间 $[-\pi, \pi]$ 上按段单调有界. 则 $f(x)$ 的傅氏级数收敛, 并且

$$\frac{1}{2}(f(x-0) + f(x+0)) = \frac{1}{2}a_0 + \sum_{n=1}^{\infty} (a_n \cos nx + b_n \sin nx), \tag{4.8}$$

其中 $a_0, a_n, b_n, n = 1, 2, \cdots$ 是 $f(x)$ 的傅氏系数.

这个定理说明, 在函数 $f(x)$ 的连续点处, (4.8) 式右端级数收敛到 $f(x)$; 在函数 $f(x)$ 的间断点处, 右端级数收敛于函数 $f(x)$ 在该点处左、右极限的平均值. 收敛定理告诉我们, 函数展开成傅氏级数的条件比展开成幂级数的条件低得多.

例 4.1 所给函数满足定理的条件, 它在 $x = (2k+1)\pi, k = 0, \pm 1, \pm 2, \cdots$ 处间断. 因此, 它的傅氏级数 (4.7) 在 $x = (2k+1)\pi$ 处收敛于 $\frac{1}{2}[f(\pi-0) + f(\pi+0)] = -\frac{\pi}{2}$, 而在连续点 $x, x \neq (2k+1)\pi$ 处收敛于 $f(x)$ (图 14-1), 即

$$f(x) = -\frac{\pi}{4} + \left(\frac{2}{\pi} \cos x + \sin x \right) - \frac{1}{2} \sin 2x + \left(\frac{2}{3^2\pi} \cos 3x + \frac{1}{3} \sin 3x \right)$$

$$- \frac{1}{4} \sin 4x + \left(\frac{2}{5^2\pi} \cos 5x + \frac{1}{5} \sin 5x \right) - \cdots,$$

$$-\infty < x < +\infty, \ x \neq \pm\pi, \pm 3\pi, \cdots.$$

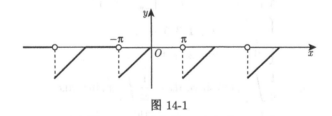

图 14-1

例 4.2 设 $f(x)$ 是周期为 2π 的函数, 它在 $[-\pi, \pi)$ 上的表达式为

$$f(x) = \begin{cases} -1, & -\pi \leqslant x < 0, \\ 1, & 0 \leqslant x < \pi. \end{cases}$$

将 $f(x)$ 展开成傅氏级数.

解 所给函数满足收敛定理的条件, 它在点 $x = k\pi$, $k = 0, \pm 1, \pm 2, \cdots$ 处不连续, 在其他点处连续. 从而由收敛定理知道 $f(x)$ 的傅氏级数收敛, 并且当 $x = k\pi$ 时收敛于 $\frac{-1+1}{2} = \frac{1+(-1)}{2} = 0$; 当 $x \neq k\pi$ 时级数收敛于 $f(x)$. 函数的图形如图 14-2 所示.

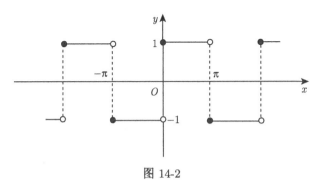

图 14-2

计算傅氏系数如下:

$$\begin{aligned} a_n &= \frac{1}{\pi} \int_{-\pi}^{\pi} f(x) \cos nx \mathrm{d}x \\ &= \frac{1}{\pi} \int_{-\pi}^{0} (-1) \cos nx \mathrm{d}x + \frac{1}{\pi} \int_{0}^{\pi} 1 \cdot \cos nx \mathrm{d}x = 0, \quad n = 0, 1, 2, \cdots; \\ b_n &= \frac{1}{\pi} \int_{-\pi}^{\pi} f(x) \sin nx \mathrm{d}x = \frac{1}{\pi} \int_{-\pi}^{0} (-1) \sin nx \mathrm{d}x + \frac{1}{\pi} \int_{0}^{\pi} 1 \cdot \sin nx \mathrm{d}x \\ &= \frac{1}{\pi} \left[\frac{\cos nx}{n} \right]_{-\pi}^{0} + \frac{1}{\pi} \left[-\frac{\cos nx}{n} \right]_{0}^{\pi} = \frac{1}{n\pi} (1 - \cos n\pi - \cos n\pi + 1) \\ &= \frac{2}{n\pi} (1 - (-1)^n) = \begin{cases} \dfrac{4}{n\pi}, & n = 1, 3, 5, \cdots, \\ 0, & n = 2, 4, 6, \cdots. \end{cases} \end{aligned}$$

将求得的系数代入 (4.6) 式, 得到 $f(x)$ 的傅氏级数展开式为

$$f(x) = \frac{4}{\pi} \left(\sin x + \frac{1}{3} \sin 3x + \cdots + \frac{1}{2k-1} \sin(2k-1)x + \cdots \right),$$
$$-\infty < x < +\infty, \quad x \neq 0, \pm \pi, \pm 2\pi, \cdots.$$

14.4.3 定义在 $[-\pi, \pi]$ 上函数的傅氏级数

到目前为止, 所讨论的函数都是定义在数轴上以 2π 为周期的周期函数, 现在

我们讨论在区间 $[-\pi, \pi]$ 上有定义, 且在 $[-\pi, \pi]$ 上满足收敛定理条件的函数 $f(x)$. 这时, 将 $f(x)$ 周期地延拓到整个数轴上, 得到一个以 2π 为周期的新的周期函数 $F(x)$(图 14-3),

$$F(x) = f(x - 2k\pi), \quad (2k-1)\pi < x \leqslant (2k+1)\pi, \ k = 0, \pm 1, \pm 2, \cdots. \tag{4.9}$$

于是, 利用 (4.8) 式得到 $F(x)$ 的傅氏级数, 而将 $F(x)$ 限制在 $(-\pi, \pi]$ 内时, 有

$$F(x) \equiv f(x), \quad -\pi < x \leqslant \pi.$$

这样便得到 $f(x)$ 的傅氏级数. 应当注意, 由傅氏系数的计算公式 $F(x)$ 和 $f(x)$ 的傅氏系数相等. 因此, 实际上进行计算时, 不必写出具体的延拓公式, 而直接用 (4.4) 式, (4.5) 式求 $f(x)$ 的傅氏级数, 然后代入 (4.8) 式便得 $f(x)$ 的展开式.

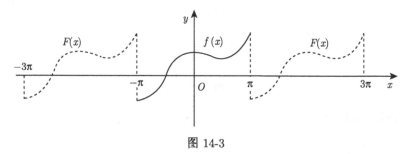

图 14-3

例 4.3 将函数 $f(x) = \begin{cases} -x, & -\pi \leqslant x < 0, \\ x, & 0 \leqslant x \leqslant \pi \end{cases}$ 展开成傅氏级数.

解 所给函数在区间 $[-\pi, \pi]$ 上满足收敛定理的条件. 将它周期地延拓到整个数轴上. 这时, 延拓后的函数, 在每一点 x 处都连续 (图 14-4). 因此, 对应的傅氏级数在 $[-\pi, \pi]$ 上收敛于 $f(x)$.

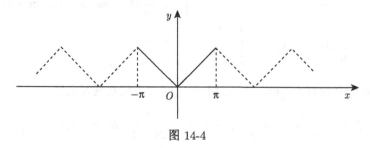

图 14-4

由于 $f(x)$ 在 $[-\pi, \pi]$ 上是偶函数, 所以,

$$a_0 = \frac{1}{\pi} \int_{-\pi}^{\pi} f(x) \mathrm{d}x = \frac{2}{\pi} \int_0^{\pi} x \mathrm{d}x = \frac{2}{\pi} \left[\frac{x^2}{2} \right]_0^{\pi} = \pi;$$

$$a_n = \frac{1}{\pi}\int_{-\pi}^{\pi} f(x)\cos nx\mathrm{d}x = \frac{2}{\pi}\int_0^{\pi} x\cos nx\mathrm{d}x = \frac{2}{\pi}\left[\frac{x}{n}\sin nx + \frac{1}{n^2}\cos nx\right]_0^{\pi}$$

$$= \begin{cases} -\dfrac{4}{n^2\pi}, & n = 1,3,5,\cdots, \\ 0, & n = 2,4,6,\cdots; \end{cases}$$

$$b_n = 0, \quad n = 1,2,\cdots.$$

代入 (4.8) 式得

$$f(x) = \frac{\pi}{2} - \frac{4}{\pi}\left(\cos x + \frac{1}{3^2}\cos 3x + \frac{1}{5^2}\cos 5x + \cdots\right), \quad -\pi \leqslant x \leqslant \pi.$$

例 4.4 将函数 $f(x) = x\cos x, -\pi \leqslant x \leqslant \pi$ 展开成傅氏级数 (图 14-5).

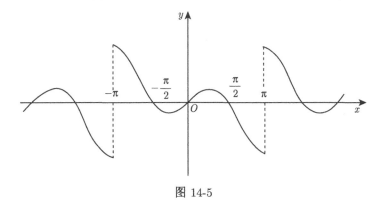

图 14-5

解 由于函数 $f(x)$ 是奇函数, 所以,

$$a_k = 0, \quad b_k = \frac{1}{\pi}\int_{-\pi}^{\pi} x\cos x\sin kx\mathrm{d}x = \frac{2}{\pi}\int_0^{\pi} x\cos x\sin kx\mathrm{d}x.$$

利用分部积分公式,

$$\int_0^{\pi} x\sin kx\mathrm{d}x = (-1)^{k+1}\frac{\pi}{k}, \quad k = 1,2,\cdots.$$

于是,

$$\begin{aligned} b_k &= \frac{2}{\pi}\int_0^{\pi} x\cos x\sin kx\mathrm{d}x \\ &= \frac{2}{\pi}\int_0^{\pi} x(\sin(k+1)x + \sin(k-1)x)\mathrm{d}x \\ &= \frac{2(-1)^k k}{k^2 - 1}, \quad k = 2,3,\cdots; \end{aligned}$$

$$b_1 = \frac{1}{2}.$$

因此, 得到

$$x \cos x = -\frac{1}{2} \sin x + 2 \sum_{k=2}^{\infty} \frac{(-1)^k k}{k^2 - 1} \sin kx, \quad -\pi < x < \pi. \tag{4.10}$$

14.4.4　正弦级数和余弦级数

前面我们看到, 有些傅氏级数只含余弦项, 有些只含正弦项, 这些现象不是偶然的. 实际上, 由傅氏系数的公式 (4.4) 和 (4.5) 立即可以看出, 当 $f(x)$ 是 $[-\pi, \pi]$ 上的奇函数时, $f(x) \cos nx$ 是奇函数, 由积分性质便知 $a_n = 0$. 因此, $f(x)$ 的展开式只含正弦项

$$f(x) \sim \sum_{n=1}^{\infty} b_n \sin nx. \tag{4.11}$$

同理, 当 $f(x)$ 为偶函数时, 有 $b_n = 0$. 故

$$f(x) \sim \frac{a_0}{2} + \sum_{n=1}^{\infty} a_n \cos nx. \tag{4.12}$$

设函数 $f(x)$ 定义在区间 $[0, \pi]$ 上, 并且满足收敛定理的条件. 我们将 $f(x)$ 延拓到 $(-\pi, \pi]$ 上, 使之成为奇函数:

$$F(x) = \begin{cases} f(x), & 0 < x \leqslant \pi, \\ -f(-x), & -\pi < x \leqslant 0. \end{cases}$$

把 $F(x)$ 限制在 $[0, \pi]$ 上时, $F(x) \equiv f(x)$. 按这种方式拓广函数定义域的过程称为奇延拓, 根据 (4.11) 式便知 $F(x)$ 的展开式只含正弦项. 因此, 把 $F(x)$ 的展开式限制在 $[0, \pi]$ 上时得到 $F(x)$ 的傅氏展开式, 它只含正弦项.

类似地, 可得 $F(x)$ 在 $[0, \pi]$ 上的余弦展开式, 为此只需对 $F(x)$ 进行偶延拓

$$F(x) = \begin{cases} f(x), & 0 < x \leqslant \pi, \\ f(-x), & -\pi < x \leqslant 0. \end{cases} \tag{4.13}$$

例 4.5　将函数 $f(x) = x + 1, 0 \leqslant x \leqslant \pi$ 分别展开成正弦级数和余弦级数.

解　先展开成正弦级数. 为此, 对函数 $f(x)$ 进行奇延拓 (图 14-6). 按公式 (4.5), 有

$$b_n = \frac{1}{\pi} \int_{-\pi}^{\pi} f(x) \sin nx \mathrm{d}x = \frac{2}{\pi} \int_{0}^{\pi} f(x) \sin nx \mathrm{d}x = \frac{2}{\pi} \int_{0}^{\pi} (x + 1) \sin nx \mathrm{d}x$$

$$= \frac{2}{\pi} \left[-\frac{x \cos nx}{n} + \frac{\sin nx}{n^2} - \frac{\cos nx}{n} \right]_0^\pi$$

$$= \begin{cases} \dfrac{2}{\pi} \cdot \dfrac{\pi + 2}{n}, & n = 1, 3, 5, \cdots, \\ -\dfrac{2}{n}, & n = 2, 4, 6, \cdots. \end{cases}$$

代入 (4.11) 式得

$$x + 1 = \frac{2}{\pi} \left((\pi + 2) \sin x - \frac{\pi}{2} \sin 2x + \frac{1}{3} (\pi + 2) \sin 3x - \frac{\pi}{4} \sin 4x + \cdots \right), \quad 0 < x < \pi.$$

再求余弦级数. 对 $f(x)$ 进行偶延拓 (图 14-7).

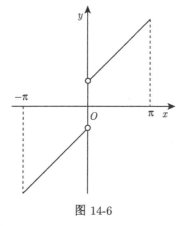

图 14-6

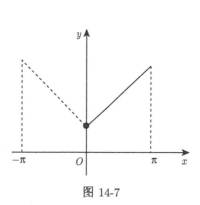

图 14-7

由于

$$a_0 = \frac{2}{\pi} \int_0^\pi (x+1) \mathrm{d}x = \pi + 2;$$

$$a_n = \frac{1}{\pi} \int_{-\pi}^\pi f(x) \cos nx \mathrm{d}x = \frac{2}{\pi} \int_0^\pi (x+1) \cos nx \mathrm{d}x$$

$$= \begin{cases} 0, & n = 2, 4, 6, \cdots, \\ -\dfrac{4}{n^2 \pi}, & n = 1, 3, 5, \cdots, \end{cases}$$

故

$$x + 1 = \frac{\pi}{2} + 1 - \frac{4}{\pi} \left(\cos x + \frac{1}{3^2} \cos 3x + \frac{1}{5^2} \cos 5x + \cdots \right), \quad 0 \leqslant x \leqslant \pi.$$

最后, 我们给出以 $2l$ (l 是任意正数) 为周期的函数 $f(x)$ 的傅氏级数. 令

$$F(x) = f\left(\frac{lx}{\pi} \right). \tag{4.14}$$

则

$$F(x + 2n\pi) = f\left(\frac{lx}{\pi} + 2nl\right) = f\left(\frac{lx}{\pi}\right) = F(x).$$

故 $F(x)$ 是以 2π 为周期的函数.

注意到

$$F\left(\frac{\pi x}{l}\right) = f\left(\frac{\pi}{l} \cdot \frac{lx}{\pi}\right) = f(x). \tag{4.15}$$

为求 $f(x)$ 的傅氏级数, 只需求 $F(x)$ 的展开式. 设

$$F(s) \sim \frac{1}{2}a_0 + \sum_{n=1}^{\infty}(a_n \cos ns + b_n \sin ns),$$

其中

$$a_n = \frac{1}{\pi} \int_{-\pi}^{\pi} F(s) \cos ns ds, \quad n = 0, 1, 2, \cdots,$$

$$b_n = \frac{1}{\pi} \int_{-\pi}^{\pi} F(s) \sin ns ds, \quad n = 1, 2, \cdots.$$

令 $s = \dfrac{\pi x}{l}$. 由 (4.14) 式和 (4.15) 式, 得

$$f(x) \sim \frac{a_0}{2} + \sum_{n=1}^{\infty}\left(a_n \cos \frac{n\pi x}{l} + b_n \sin \frac{n\pi x}{l}\right). \tag{4.16}$$

而且,

$$a_n = \frac{1}{l} \int_{-l}^{l} f(x) \cos \frac{n\pi x}{l} dx, \quad n = 0, 1, 2, \cdots,$$

$$b_n = \frac{1}{l} \int_{-l}^{l} f(x) \sin \frac{n\pi x}{l} dx, \quad n = 1, 2, \cdots.$$

类似地, 可以得到, 在任一区间 $[0, l]$ 上定义的傅氏级数, 在此不再继续讨论了.

习 题 14.4

1. 下列函数 $f(x)$ 的周期为 2π, 将各函数展开成傅氏级数, 其中 $f(x)$ 在 $[-\pi, \pi]$ 上的表达式为

(1) $f(x) = x + 1, \ -\pi \leqslant x \leqslant \pi$;

(2) $f(x) = e^{2x}, \ -\pi \leqslant x \leqslant \pi$;

(3) $f(x) = |\sin x|, \ -\pi \leqslant x \leqslant \pi$;

(4) $f(x) = \sin x + \dfrac{1}{2}\cos x - \dfrac{1}{4}\sin 4x, \ -\pi \leqslant x \leqslant \pi$.

2. 将下列函数展开成傅氏级数:

(1) $f(x) = 2\sin\dfrac{x}{3}$, $-\pi \leqslant x \leqslant \pi$;

(2) $f(x) = \mathrm{e}^x + 1$, $-\pi \leqslant x \leqslant \pi$.

3. 将函数 $f(x) = \dfrac{\pi - x}{2}$, $0 \leqslant x \leqslant \pi$ 展开成正弦级数.

4. 将函数 $f(x) = 2x + 3$, $0 \leqslant x \leqslant \pi$ 展开成余弦级数.

5. 将函数 $f(x) = 2x$, $0 \leqslant x \leqslant \pi$ 分别展开成正弦级数和余弦级数.

6. 将函数 $f(x) = \begin{cases} 2x + 1, & -3 \leqslant x < 0, \\ 1, & 0 \leqslant x < 3 \end{cases}$ 展开成傅氏级数.

习 题 答 案

习 题 6.2

1. $\dfrac{1}{3}$.

2. $\displaystyle\int_a^b \left(x^2 + 1\right) \mathrm{d}x$.

3. $\dfrac{11}{6}$.

5. (1) $\displaystyle\int_0^1 x^2 \mathrm{d}x$ 较大;　　(2) $\displaystyle\int_0^{\frac{\pi}{2}} x^2 \mathrm{d}x$ 较大;　　(3) $\displaystyle\int_{\frac{1}{2}}^1 \sqrt{x}\ln x \mathrm{d}x$ 较大;

(4) $\displaystyle\int_1^2 \left(x + \dfrac{1}{x} + \ln x\right) \mathrm{d}x$ 较大.

9. (1) $Q = \displaystyle\iint_D \rho(x, y)\mathrm{d}\sigma$;　　(2) $V = 2\displaystyle\iint_D \sqrt{a^2 - x^2 - y^2}\mathrm{d}\sigma,\ D: x^2 + y^2 \leqslant a^2$;

(3) $S = \displaystyle\iint_D \mathrm{d}\sigma$.

12. (1) $\displaystyle\iint_D (x + y)\mathrm{d}\sigma$ 较大;　　(2) $\displaystyle\iint_D \ln(x + y)\mathrm{d}\sigma$ 较大;　　(3) $\displaystyle\iint_D (\ln(x + y))^2\mathrm{d}\sigma$ 较大.

13. (1) $-2 \leqslant I \leqslant 8$;　　(2) $36\pi \leqslant I \leqslant 100\pi$.

习 题 7.1

1. (1) $-\dfrac{1}{2x^2} + C$;　　(2) $\dfrac{3}{10}x^{\frac{10}{3}} + C$;　　(3) $\dfrac{2}{5}x^{\frac{5}{2}} + \dfrac{1}{2}x^2 + \ln x + 2x^{\frac{1}{2}} + C$;

(4) $x - \arctan x + C$;　　(5) $2\mathrm{e}^x + 3\ln x + C$;　　(6) $3\arctan x - 2\arcsin x + C$;

(7) $\dfrac{a^x}{\ln a} + 2\cos x + C$;　　(8) $\dfrac{4^x}{\ln 4} + \dfrac{2 \cdot 6^x}{\ln 6} + \dfrac{9^x}{\ln 9} + C$;　　(9) $\dfrac{(5\mathrm{e})^x}{\ln 5 + 1} + C$;

(10) $3\sin x + \cot x + C$;　　(11) $\dfrac{\mathrm{e}^x - x}{2} + C$;　　(12) $\dfrac{x + \sin x}{2} + C$;　　(13) $-\cot x - x + C$;

(14) $2\tan x - \arctan x + C$;　　(15) $\arctan x - \dfrac{1}{x} + C$;　　(16) $\tan x - \sec x + C$;

(17) $-4\cos x + \cot x + C$;　　(18) $x + \cos x + C$;　　(19) $-\cot x - \tan x + C$;

(20) $\sin x - \cos x + C$.

2. $y = x^2 + 1$.

3. $S(t) = S_0 + 1 - \cos t$.

习 题 7.2

1. (1) $\dfrac{1}{a}$; (2) $\ln f(x)$; (3) $2x$; (4) $\dfrac{1}{2\sqrt{x}}$; (5) $-\dfrac{1}{x^2}$; (6) $\ln x$; (7) $\arctan x$;

(8) $\dfrac{1}{\sqrt{1-x^2}}$; (9) $\tan x, \tan x$; (10) $\dfrac{1}{\sqrt{x^2+a^2}}, \ln(x+\sqrt{x^2+a^2})$; (11) $\mathrm{e}^x, \mathrm{e}^x$.

2. (1) $-\dfrac{1}{8}(3-2x)^4 + C$; (2) $-\mathrm{e}^{\frac{1}{x}} + C$; (3) $\dfrac{1}{3}\arcsin x^3 + C$;

(4) $-2\cos\sqrt{x} + C$; (5) $\dfrac{1}{2}(\arctan x)^2 + C$; (6) $\ln\ln\ln x + C$;

(7) $-\dfrac{1}{3}(2-3x^2)^{\frac{1}{2}} + C$; (8) $\ln\ln\sin x + C$; (9) $\arctan(\sin^2 x) + C$;

(10) $\dfrac{3}{2}\sqrt[3]{1-\sin 2x} + C$; (11) $\ln(x+\sin x) + C$; (12) $\dfrac{1}{7}\sec^7 x + C$;

(13) $-\ln\cos\sqrt{1+x^2} + C$; (14) $\arctan\mathrm{e}^x + C$; (15) $(\arctan\sqrt{x})^2 + C$;

(16) $-\dfrac{1}{x\ln x} + C$; (17) $\dfrac{2}{3}(\arcsin\sqrt{x})^3 + C$; (18) $\dfrac{1}{2}(\ln\tan x)^2 + C$;

(19) $\dfrac{1}{3}\tan^3 x + C$; (20) $\dfrac{1}{2}\arctan\left(\dfrac{\tan x}{2}\right) + C$.

3. (1) $\arctan(x+4) + C$; (2) $\dfrac{1}{6}\ln\dfrac{x-2}{x+1} + C$; (3) $\ln\left(x+3+\sqrt{x^2+6x+14}\right) + C$;

(4) $\ln\left(x+1+\sqrt{x^2+2x-3}\right) + C$; (5) $\arcsin\left(\dfrac{x-5}{8}\right) + C$; (6) $\arcsin\dfrac{x+1}{4} + C$.

4. (1) $-\dfrac{\sqrt{a^2-x^2}}{x} - \arcsin\dfrac{x}{a} + C$; (2) $\dfrac{1}{2}\ln\dfrac{x}{2+\sqrt{4-x^2}} + C$; (3) $\ln\dfrac{\sqrt{x^2+1}-1}{x} + C$;

(4) $\dfrac{x}{a^2\sqrt{x^2+a^2}} + C$; (5) $\sqrt{x^2-9} - 3\arccos\dfrac{3}{x} + C$; (6) $\operatorname{arcsec} x + C$;

(7) $\arcsin\dfrac{x-1}{\sqrt{2}|x|} + C$; (8) $-\dfrac{\sqrt{(9-x^2)^5}}{45x^5} + C$.

5. (1) $x + C$; (2) $\ln(\sin x + 2\cos x) + C$; (3) $\dfrac{x}{5} - \dfrac{2}{5}\ln(\sin x + 2\cos x) + C$;

(4) $\dfrac{2}{5}x + \dfrac{1}{5}\ln(\sin x + 2\cos x) + C$.

习 题 7.3

1. (1) $xf(x) - F(x) + C$; (2) $x^2 f'(x) - 2xf(x) + 2F(x) + C$.

2. (1) $x\arcsin x + \sqrt{1-x^2} + C$; (2) $-(x^2+3x+4)\mathrm{e}^{-x} + C$;

(3) $\dfrac{x^3}{3}\left(\ln x - \dfrac{1}{3}\right) + C$; (4) $\dfrac{1}{2}\mathrm{e}^x + \dfrac{1}{5}\mathrm{e}^x\sin 2x + \dfrac{1}{10}\mathrm{e}^x\cos 2x + C$;

(5) $x\ln\left(x+\sqrt{x^2+1}\right) - \sqrt{x^2+1} + C$; (6) $\dfrac{x}{4}\sin 2x - \dfrac{1}{4}\left(x^2 - \dfrac{3}{2}\right)\cos 2x + C$;

(7) $(x+1)\arctan\sqrt{x} - \sqrt{x} + C$; (8) $3\mathrm{e}^{\sqrt[3]{x}}\left(\sqrt[3]{x^2} - 2\sqrt[3]{x} + 2\right) + C$;

(9) $\dfrac{x}{2}\left(\sin\ln x - \cos\ln x\right) + C$;　　　(10) $x\tan x + \ln\cos x + C$;

(11) $\tan x\ln\cos x + \tan x - x + C$;　　　(12) $x\tan\dfrac{x}{2} + \ln\left(1 + \cos x\right) + C$;

(13) $-\dfrac{1}{2}x^2 + x\tan x + \ln\cos x + C$;　　　(14) $-\dfrac{1}{x}\left((\ln x)^3 + 3\left(\ln x\right)^2 + 6\ln x + 6\right) + C$;

(15) $-\dfrac{\cos x}{x} + C$;　　(16) $\dfrac{e^x}{1+x} + C$;　　(17) $-\dfrac{1}{2}\left(\dfrac{x}{\sin^2 x} + \cot x\right) + C$;

(18) $\sqrt{x^2+1}\arctan x - \ln\left(x + \sqrt{1+x^2}\right) + C$;　　　(19) $x - \sqrt{1-x^2}\arcsin x + C$;

(20) $x(\arcsin x)^2 + 2\sqrt{1-x^2}\arcsin x - 2x + C$;

(21) $-2\sqrt{1-x}\arcsin\sqrt{x} + 2\sqrt{x} + C$;　　　(22) $\dfrac{x\arctan x + 1}{\sqrt{x^2+1}} + C$;

(23) $\dfrac{x\ln x}{\sqrt{1+x^2}} - \ln\left(x + \sqrt{1+x^2}\right) + C$;

(24) $-\dfrac{1}{4}\left(\arccos x\right)^2 - \dfrac{1}{2}x\arccos x\sqrt{1-x^2} - \dfrac{x^2}{4} + C$.

3. (1) $x\sin x^2 + C$;　　　(2) $-xe^{-x^2} + C$.

习　题　7.4

1. (1) $2\ln\left(x-4\right) - \ln\left(x-1\right) + C$;

(2) $-\dfrac{1}{2}\ln\left(x+1\right) + 2\ln\left(x+2\right) - \dfrac{3}{2}\ln\left(x+3\right) + C$;　　　(3) $\dfrac{1}{2}\ln\left(x^2-1\right) + \dfrac{1}{x+1} + C$;

(4) $-\dfrac{9}{2\left(x-3\right)} - \dfrac{1}{2\left(x+1\right)} + C$;　　　(5) $2\ln\left(x-1\right) - \ln\left(x^2+1\right) + C$;

(6) $\dfrac{1}{4}\ln\dfrac{1+x}{1-x} - \dfrac{1}{2}\arctan x + C$;　　　(7) $\dfrac{1}{8}\ln\left(x-2\right) - \dfrac{1}{16}\ln\left(x^2+4\right) - \dfrac{1}{8}\arctan\dfrac{x}{2} + C$;

(8) $\ln\dfrac{x+1}{x} - \dfrac{1}{x} + C$;　　　(9) $\dfrac{1}{3}\ln\left(x-1\right) - \dfrac{1}{6}\ln\left(x^2+x+1\right) - \dfrac{1}{\sqrt{3}}\arctan\dfrac{2x+1}{\sqrt{3}} + C$;

(10) $2\ln\left(x-1\right) + \dfrac{1}{2}\ln\left(x^2+2\right) + C$;　　　(11) $\dfrac{8}{35}\ln\left(x^5+8\right) - \dfrac{1}{35}\ln\left(x^5+1\right) + C$;

(12) $\ln x - \dfrac{1}{7}\ln\left(x^7+1\right) + C$.

2. (1) $\dfrac{3}{8}x + \dfrac{1}{4}\sin 2x + \dfrac{1}{32}\sin 4x + C$;　　　(2) $\dfrac{1}{2}\ln\left(1+\sin^2 x\right) + C$;

(3) $\dfrac{1}{2}\sin^2 x - \dfrac{1}{2}\csc^2 x - 2\ln\sin x + C$;　　　(4) $\dfrac{1}{4}\sin^4 x - \dfrac{1}{3}\sin^6 x + \dfrac{1}{8}\sin^8 x + C$;

(5) $-\dfrac{1}{3}\cot^3 x - \dfrac{1}{5}\cot^5 x + C$;　　　(6) $\tan x + \dfrac{2}{3}\tan^3 x + \dfrac{1}{5}\tan^5 x + C$;

(7) $-\dfrac{1}{4}\cos 2x - \dfrac{1}{16}\cos 8x + C$;　　　(8) $\dfrac{1}{4}\sin 2x - \dfrac{1}{24}\sin 12x + C$;

(9) $\ln\left(1 + \tan\dfrac{x}{2}\right) + C$;　　　(10) $\dfrac{1}{2}\ln\tan\dfrac{x}{2} - \dfrac{1}{4}\tan^2\dfrac{x}{2} + C$.

3. (1) $\dfrac{1}{15}(1-3x)^{\frac{5}{3}} - \dfrac{1}{6}\left(1-3x\right)^{\frac{2}{3}} + C$;　　　(2) $2\sqrt{x} - 4\sqrt[4]{x} + 4\ln\left(\sqrt[4]{x} + 1\right) + C$;

(3) $\sqrt{2x+3}-2\ln\left(2+\sqrt{2x+3}\right)+C$;　　(4) $\ln\dfrac{x}{\left(\sqrt[6]{x}+1\right)^6}+C$;

(5) $\ln\dfrac{\sqrt{1-x}-\sqrt{1+x}}{\sqrt{1-x}+\sqrt{1+x}}+2\arctan\sqrt{\dfrac{1-x}{1+x}}+C$;

(6) $\ln\left(x-\sqrt{x}+1\right)+\dfrac{2}{\sqrt{3}}\arctan\dfrac{2\sqrt{x}-1}{\sqrt{3}}+C$;

(7) $2\sqrt{2x+1}-2\sqrt{3}\arctan\sqrt{\dfrac{2x+1}{3}}-2\sqrt{x-1}+2\sqrt{3}\arctan\sqrt{\dfrac{x-1}{3}}+C$;

(8) $-2\arctan\sqrt{1-x}+C$;　　(9) $2\sqrt{x+1}-2\ln\left(\sqrt{x+1}+1\right)+C$;

(10) $2\ln\left(\sqrt{x+1}-1\right)-\ln\left(x+2+\sqrt{x+1}\right)-\dfrac{2}{\sqrt{3}}\arctan\dfrac{2\sqrt{x+1}+1}{\sqrt{3}}+C$.

习 题 8.1

2. (1) $F'(x)=-\sin x$;　　(2) $F'(x)=-\ln x$;　　(3) $F'(x)=-\sqrt{1+x^4}$;

(4) $F'(x)=-\dfrac{\sin x}{x}$.

3. (1) 0;　　(2) 0.

4. $f\left(\dfrac{\pi}{4}\right)=\dfrac{\pi}{2},f'\left(\dfrac{\pi}{4}\right)=2-\pi$.

5. (1) 20;　　(2) $\dfrac{21}{8}$;　　(3) $1-\dfrac{\pi}{4}$;　　(4) $\dfrac{\pi}{3}$;　　(5) -1;　　(6) $\dfrac{\pi}{3}$;　　(7) $\mathrm{e}-2$;

(8) 7.

6. (1) $\dfrac{8}{3}$;　　(2) 1;　　(3) $\dfrac{\sqrt{3}}{2}+\dfrac{\pi}{12}$.

7. (1) $\dfrac{1}{5}$;　　(2) $\dfrac{\pi}{4}$.

习 题 8.2

1. (1) $\dfrac{1}{4}(\pi-2)$;　　(2) $-\dfrac{2\pi}{\omega^2}$;　　(3) $\dfrac{1}{4}(\mathrm{e}^2+1)$;　　(4) $\dfrac{1}{5}(\mathrm{e}^\pi-2)$;　　(5) $4(2\ln2-1)$;

(6) $\dfrac{1}{2}-\dfrac{\sqrt{3}}{12}\pi$.

2. (1) $\dfrac{\pi}{2}$;　　(2) $\dfrac{7}{72}$;　　(3) $\dfrac{1}{4}$;　　(4) $\mathrm{e}-\sqrt{\mathrm{e}}$;　　(5) $1-\mathrm{e}^{-\frac{1}{2}}$;　　(6) $\dfrac{2}{3}$;　　(7) $\dfrac{\pi}{2}$;

(8) $\sqrt{3}-\dfrac{\pi}{3}$;　　(9) $\sqrt{2}-\dfrac{2\sqrt{3}}{3}$;　　(10) $1-\dfrac{\pi}{4}$.

3. (1) $\dfrac{1}{6}$;　　(2) $\ln\left(\mathrm{e}+\sqrt{\mathrm{e}^2+1}\right)-\ln(1+\sqrt{2})$;　　(3) $\dfrac{29}{270}$;　　(4) $\dfrac{4}{3}$;　　(5) $\dfrac{5}{16}\pi$;

(6) $\dfrac{3}{16}\pi^2$;　　(7) $\dfrac{\sqrt{3}}{2}+\ln(2-\sqrt{3})$;　　(8) $\dfrac{m!!}{(m+1)!!}\cdot\dfrac{\pi}{4}$ (m为奇数), $\dfrac{m!!}{(m+1)!!}$ (m为偶数);

(9) 36;　　(10) $\dfrac{1}{5}\ln112$;　　(11) 0;　　(12) $\dfrac{3}{2}\pi$;　　(13) $-\dfrac{\pi}{4}$;　　(14) 5π.

5. (1) $\dfrac{\pi^2}{4}$;　　(2) $\left(\dfrac{\sqrt{2}}{2}+\dfrac{1}{2}\ln(\sqrt{2}+1)\right)\pi$.

习　题　8.3

1. (1) 收敛;　　(2) 收敛;　　(3) 收敛;　　(4) 发散;　　(5) 收敛;　　(6) 收敛.

2. (1) 发散;　　(2) 收敛;　　(3) 收敛.

3. (1) 0;　　(2) π;　　(3) 1;　　(4) $\dfrac{1}{2}$;　　(5) $n!$;　　(6) $\dfrac{8}{3}$;　　(7) $\dfrac{\pi}{2}$;　　(8) $\dfrac{1}{2}$;

(9) $-\dfrac{1}{2}$;　　(10) $-\dfrac{1}{16}$.

4. (1) $\dfrac{\pi}{2}$;　　(2) $\dfrac{\pi}{2}$.

习　题　8.4

1. (1) $\dfrac{9}{2}$;　　(2) $2\pi+\dfrac{4}{3}, 6\pi-\dfrac{4}{3}$;　　(3) $\mathrm{e}+\dfrac{1}{\mathrm{e}}-2$;　　(4) $\pi-1$;　　(5) $\dfrac{11}{4}$;　　(6) $\dfrac{1}{6}$;

(7) $3\pi a^2$;　　(8) $\dfrac{3}{8}\pi a^2$;　　(9) $\dfrac{a^2}{4}\left(\mathrm{e}^{2\pi}-\mathrm{e}^{-2\pi}\right)$.

2. (1) $\dfrac{5}{4}\pi$;　　(2) $\dfrac{\pi}{6}+\dfrac{1-\sqrt{3}}{2}$.

3. $\dfrac{\mathrm{e}}{2}$.

4. (1) $\dfrac{\sqrt{2}}{2}\mathrm{e}^{-\frac{1}{2}}$;　　(2) $\dfrac{1}{2}$.

5. $a=-4, b=6, c=0$.

6. (1) $\dfrac{3}{10}\pi$;　　(2) $\dfrac{128}{7}\pi$;　　(3) $70\pi^2$;　　(4) $\dfrac{\pi^2}{4}-\dfrac{\pi}{2}$;　　(5) $5\pi^2 a^3$;　　(6) $\dfrac{32}{105}\pi a^3$.

7. $\pi\displaystyle\int_c^d (\varphi(y))^2\mathrm{d}y$.

8. 741π (克).

9. $\dfrac{\pi h r^2}{6}$.

11. $\dfrac{4\sqrt{3}}{3}R^3$.

13. (1) $\dfrac{16}{27}(10\sqrt{10}-1)$;　　(2) $\dfrac{10}{3}+\dfrac{3}{2}\ln 3$;　　(3) $1+\dfrac{1}{2}\ln\dfrac{3}{2}$;　　(4) $\sqrt{2}\left(\mathrm{e}^{\frac{\pi}{2}}-1\right)$;

(5) $\left(\dfrac{\pi}{6}-\dfrac{3}{4}\sin\dfrac{2\pi}{9}\right)a$.

14. $8a$.

15. $6a$.

16. $1.8\times 10^{-3}k$ (焦).

17. $\dfrac{5}{3}$ (焦).

18. $\dfrac{1}{4}\pi g r^4$ (焦).

19. $(6\pi a+32)g$.

20. $1.68 \times 10^{-4} g$ (牛).

习 题 9.1

1. (1) $1 + \sqrt{2}$; (2) $\dfrac{1}{12}(5\sqrt{5} + 6\sqrt{2} - 1)$; (3) $\dfrac{\pi r^3}{2}$; (4) 0;

(5) $2\pi^2 a^3(1 + 2\pi^2)$; (6) $a^{\frac{7}{3}}$; (7) 4; (8) 0; (9) $e^a \left(2 + \dfrac{\pi}{4}a\right) - 2$; (10) $2a^2$.

2. $\dfrac{1}{4}(5\sqrt{5} - 1)$.

3. $\dfrac{1}{3}\left((x_2^2 + 1)^{\frac{3}{2}} - (x_1^2 + 1)^{\frac{3}{2}}\right)$.

4. $\dfrac{1}{6}\left((b^4 + 1)^{\frac{3}{2}} - (a^4 + 1)^{\frac{3}{2}}\right)$.

5. $\sqrt{3}$.

习 题 9.2

1. (1) 0; (2) $-\dfrac{4}{3}$; (3) $-\pi a^2$; (4) $3\sqrt{3}$; (5) πa^2; (6) $\dfrac{4}{3}$;

(7) 2π; (8) -4π; (9) $\dfrac{1}{30}$.

2. $\dfrac{5}{2}$.

3. $-|\boldsymbol{F}|R$.

习 题 10.1

1. (1) $\ln \dfrac{4}{3}$; (2) e^{-1}; (3) $-\dfrac{3}{2}\pi$; (4) $\dfrac{1}{20}$; (5) 9; (6) $\dfrac{1}{2}e^4 - \dfrac{e^2}{2} - e$;

(7) $\pi^2 - \dfrac{40}{9}$.

2. (1) $1 - \cos 1$; (2) 6; (3) $\dfrac{1}{2} - \dfrac{1}{2}\cos 1$.

3. (1) $4(1 - e^{-a})^2$; (2) $\dfrac{11}{30}$; (3) $\dfrac{1}{6}$.

4. (1) $\displaystyle\int_0^1 \mathrm{d}y \int_{e^y}^e f(x, y)\mathrm{d}x$; (2) $\displaystyle\int_0^1 \mathrm{d}x \int_{x^2}^x f(x, y)\mathrm{d}y$; (3) $\displaystyle\int_0^1 \mathrm{d}y \int_{-\sqrt{1-y^2}}^{\sqrt{1-y^2}} f(x, y)\mathrm{d}x$;

(4) $\displaystyle\int_0^1 \mathrm{d}y \int_{2-y}^{1+\sqrt{1-y^2}} f(x, y)\mathrm{d}x$; (5) $\displaystyle\int_0^2 \mathrm{d}x \int_{\frac{x}{2}}^{3-x} f(x, y)\mathrm{d}y$.

5. $\dfrac{7}{2}$.

6. $\dfrac{\pi}{4} - \dfrac{1}{3}$.

习　题　10.2

1. (1) 56π;　　(2) $\dfrac{5\pi}{48}R^6$;　　(3) $\dfrac{\pi}{4}(2\ln 2 - 1)$;　　(4) $\dfrac{3}{64}\pi^2$;　　(5) $\dfrac{2}{3}\pi(b^3 - a^3)$;

(6) $\dfrac{2}{3}a^2$;　　(7) $\sqrt{2} - 1$.

2. (1) $14a^4$;　　(2) $-6\pi^2$;　　(3) $\dfrac{R^3}{3}\left(\pi - \dfrac{4}{3}\right)$;　　(4) $\dfrac{\pi}{8}(\pi - 2)$;　　(5) $2 - \dfrac{\pi}{2}$;

(6) $\dfrac{16}{3}\pi - \dfrac{32}{9}$;　　(7) $\dfrac{1}{4}(e - 1)^2$.

3. $2\pi t e^{\sin t}$.

4. $\dfrac{3}{32}\pi a^4$.

5. $\dfrac{\pi}{2}$.

习　题　10.3

1. $\dfrac{1}{2}\sqrt{a^2b^2 + b^2c^2 + c^2a^2}$.

2. $\sqrt{14}\pi$.

3. 20π.

4. $\sqrt{2}\pi$.

5. $\dfrac{2\pi}{3}(2\sqrt{2} - 1)$.

6. $16R^2$.

7. (1) $\dfrac{2}{3}\sqrt{61}$;　　(2) 111π;　　(3) 9π;　　(4) $\dfrac{a\pi}{2}(1 - \cos a)$;　　(5) $\sqrt{3}\left(\ln 2 - \dfrac{1}{2}\right)$;

(6) $\dfrac{64}{15}\sqrt{2}a^4$;　　(7) πa^3;　　(8) $\dfrac{149}{30}$.

8. $\dfrac{8}{3}\pi R^4$.

9. $\dfrac{2\pi}{15}(6\sqrt{3} + 1)$.

习　题　10.4

1. (1) $\dfrac{1}{12}$;　　(2) $\dfrac{1}{4}$;　　(3) $-\dfrac{\pi}{2}a^4$;　　(4) $\dfrac{\pi}{96}R^8$;　　(5) 0;　　(6) 0;　　(7) $\dfrac{\pi}{5}R^5$;

(8) $-\dfrac{\pi}{8}$;　　(9) $\dfrac{3}{2}\pi$;　　(10) $2\pi e^2$.

习　题　11.1

1. $\dfrac{1}{48}$.

2. $\dfrac{1}{8}$.

3. 0.

4. $\dfrac{1}{364}$.

5. $\dfrac{\pi^2}{16} - \dfrac{1}{2}$.

6. $\dfrac{11}{12}$.

7. $\dfrac{49}{6}$.

8. (1) $\displaystyle\int_0^2 \mathrm{d}x \int_{1-\frac{x}{2}}^{\sqrt{4-x^2}} \mathrm{d}y \int_0^4 f(x,y,z)\mathrm{d}z$;   (2) $\displaystyle\int_0^4 \mathrm{d}z \int_0^2 \mathrm{d}x \int_{1-\frac{x}{2}}^{\sqrt{4-x^2}} f(x,y,z)\mathrm{d}y$;

(3) $\displaystyle\int_0^1 \mathrm{d}y \int_0^4 \mathrm{d}z \int_{2-2y}^{\sqrt{4-y^2}} f(x,y,z)\mathrm{d}x + \int_1^2 \mathrm{d}y \int_0^4 \mathrm{d}z \int_0^{\sqrt{4-y^2}} f(x,y,z)\mathrm{d}x$.

习　题　11.2

1. (1) $\dfrac{16}{3}\pi$;   (2) $\dfrac{1}{4}\pi h^4$;   (3) $\dfrac{8}{9}a^2$;   (4) $\pi\left(\ln 2 - 2 + \dfrac{\pi}{2}\right)$.

2. (1) $\dfrac{32}{3}\pi$;   (2) $\dfrac{\pi}{6}$;   (3) $\dfrac{3}{4}\pi a^3$;   (4) $\dfrac{4}{3}\pi a^3(\sqrt{2}-1)$.

习　题　11.3

1. (1) $\dfrac{4}{5}\pi$;   (2) $\dfrac{7}{6}\pi$;   (3) $(2-\sqrt{2})\pi$;   (4) 8π;   (5) $\dfrac{2\pi}{3}(1-\cos R^3)\left(1-\dfrac{\sqrt{3}}{2}\right)$;

(6) 0.

2. (1) $\dfrac{2}{3}\pi(5\sqrt{5}-4)$;   (2) $\dfrac{5}{12}\pi R^3$.

3. $k\pi R^4$.

习　题　12.1

3. (1) $\dfrac{\pi}{2}a^4$;   (2) $\arctan 2$;   (3) -12;   (4) 3;   (5) $-\dfrac{\pi}{4}$;   (6) $3\pi-1+2\pi^2-\mathrm{e}^2$;

(7) $-2\pi ab$;   (8) $\dfrac{14}{3}$.

5. (1) $\dfrac{3}{8}\pi a^2$;   (2) 12π;   (3) $6\pi a^2$.

6. S.

习　题　12.2

1. (1) $-\dfrac{\pi}{8}a^6$;   (2) -4π;   (3) $2\pi R r^2$.

2. (1) 是，$u = x^2\mathrm{e}^{-y} + y\cos z + C$;   (2) 否;   (3) 是，$u = xyz(x+y+z) + C$.

3. (1) $-(y+6xy)\boldsymbol{i} + (3y^2-1)\boldsymbol{j} + 3x^2\boldsymbol{k}$;   (2) 12π.

习　题　12.3

2. (1) $3a^4$;　　(2) $\dfrac{32}{5}\pi$;　　(3) $\pi a^2\left(\mathrm{e}^{2a}-1\right)$;　　(4) $\dfrac{2}{5}\pi a^5$;　　(5) $\dfrac{\pi}{12}$;　　(6) 0;

(7) $\dfrac{1}{2}\pi$.

3. (1) 3;　　(2) 108π.

习　题　13.1

1. (1) 一阶，是;　　(2) 一阶，是;　　(3) 三阶，不是;　　(4) 一阶，是.

2. (1) $y^2-x^2=25$;　　(2) $y=x\mathrm{e}^{2x}$;　　(3) $y=-\cos x$.

3. (1) $y(x)=\dfrac{3}{2}x^2+C$;　　(2) $y(x)=\dfrac{3}{2}x^2-1$.

5. $y'=-\dfrac{y}{x}$, $y|_{x=2}=3$.

6. $\dfrac{\mathrm{d}^2 s}{\mathrm{d}t^2}-\dfrac{g}{a}s=0, s(0)=b, s'(0)=0, s$ 为下垂部分长度.

习　题　13.2

1. (1) $y=\mathrm{e}^{C\sin x}$;　　(2) $y=\dfrac{1+Cx}{1+x}$;　　(3) $1+\mathrm{e}^x=C\cos y$;　　(4) $\tan^2 x=\cot^2 y+C$;

(5) $4x^3+3(y+1)^4=C$;　　(6) $(x-4)y^4=Cx$.

2. (1) $y+\sqrt{y^2-x^2}=Cx^2$;　　(2) $y=x\mathrm{e}^{Cx+1}$;　　(3) $y=C\mathrm{e}^{\frac{y}{x}}$;

(4) $y+\sqrt{x^2+y^2}=Cx^2$;　　(5) $\ln x=C-\mathrm{e}^{-\frac{y}{x}}$;　　(6) $y=x\arcsin Cx$.

3. (1) $y=\tan(\ln x)$;　　(2) $y^2=2x+\dfrac{2}{x}-4$;　　(3) $\left(1-x^2\right)\left(1+y^2\right)=2$;

(4) $y^2=2x^2(\ln x+2)$.

4. $\varphi'(x)=1-\varphi^2(x), \varphi(x)|_{x=0}=0; \varphi(x)=\dfrac{\mathrm{e}^{2x}-1}{\mathrm{e}^{2x}+1}$.

5. (1) $T=a+(T_0-a)\mathrm{e}^{-kt}$;　　(2) $t=60$(分钟).

6. $v=0.466$(千米/小时).

习　题　13.3

1. (1) $y=x(\ln\ln x+C)$;　　(2) $y=\dfrac{\sin x+C}{x^2-1}$;　　(3) $y=(x+C)\mathrm{e}^{-\sin x}$;

(4) $y=\mathrm{e}^{-x}(x+C)$;　　(5) $y=Cx+\dfrac{x^3}{2}$;　　(6) $x=C\mathrm{e}^{-y}+2y-2$.

2. (1) $\dfrac{1}{y}=\mathrm{e}^x(C+\cos x)$;　　(2) $x-\sqrt{xy}=C$;　　(3) $y^3=(C\mathrm{e}^x-2x-1)^{-1}$;

(4) $\left(1+\dfrac{3}{y}\right)\mathrm{e}^{\frac{3}{2}x^2}=C$.

3. $y=\dfrac{\sin x-\cos x}{2}$.

4. $y=2(\mathrm{e}^x-x-1)$.

6. $y = \dfrac{2k^2}{3x} + \dfrac{x^2}{3k}$.

7. $v = (F - a)(1 - e^{-\frac{t}{m}})$.

习 题 13.4

1. (1) $y = x\ln x + C_1 x + C_2$;　　(2) $y = x\arcsin x + \sqrt{1 - x^2} + C_1 x + C_2$;

(3) $y = \dfrac{1}{3}x^3 + C_1 x^2 + C_2$;　　(4) $y = C_1 e^x - \dfrac{x^2}{2} - x + C_2$;

(5) $y = C_1 e^{-x}(x + 2) + C_2$;　　(6) $y = -\ln\cos(x + C_1) + C_2$;

(7) $y - C_1 \ln(y + C_1) = x + C_2$;　　(8) $y = \arcsin(C_2 e^x) + C_1$.

2. (1) $y = -x - \ln\cos\left(x + \dfrac{\pi}{4}\right) - \dfrac{\ln 2}{2}$;　　(2) $y = \ln x + 1$;　　(3) $y = \arcsin x$;

(4) $y = \sqrt{2x - x^2}$;　　(5) $y = \left(\dfrac{x}{2} + 1\right)^4$;　　(6) $y = \tan\left(x + \dfrac{\pi}{4}\right)$.

3. (1) $y = \dfrac{k}{6}x^3 + C_1 x + C_2, k = 5, -1$;　　(2) $y = C_1 x^2 + C_2$ 或 $y = C_1 \ln x + C_2$.

4. $y = \dfrac{x^3}{6} + \dfrac{x}{2} + 1$.

习 题 13.5

2. (1) $y = C_1 e^x + C_2 e^{-2x}$;　　(2) $y = C_1 + C_2 e^{4x}$;　　(3) $y = C_1 \sin x + C_2 \cos x$;

(4) $y = e^{-3x}(C_1 \cos 2x + C_2 \sin 2x)$;　　(5) $y = (C_1 + C_2 x)e^{\frac{2}{3}x}$;

(6) $y = e^{2x}(C_1 \cos x + C_2 \sin x)$;　　(7) $y = C_1 + C_2 x + (C_3 + C_4 x)e^x$;

(8) $y = \dfrac{C_1 \ln x}{x} + \dfrac{C_2}{x}$.

5. (1) $y = -x^2 - \dfrac{4}{3}x - \dfrac{14}{9}$;　　(2) $y = \dfrac{x^3}{3} - \dfrac{3}{5}x^2 + \dfrac{7}{25}x$;　　(3) $y = (2x^2 - 4x)e^x$;

(4) $y = (-x^2 - x + 1)e^x$;　　(5) $y = \left(\dfrac{x^2}{8} + \dfrac{3}{16}x\right)e^{3x}$;

(6) $y = \dfrac{1}{9}\left(\dfrac{x^2}{2} - \dfrac{x^3}{3} + \dfrac{x^4}{4} + \dfrac{x^6}{6}\right)e^{\frac{2}{3}x}$;　(7) $y = -\dfrac{1}{4}x e^x \cos 2x$;　(8) $y = \dfrac{x}{3}\cos x + \dfrac{2}{9}\sin x$;

(9) $y = \dfrac{x}{4}\sin x$;　　(10) $y = \left(\left(\dfrac{x}{5} - \dfrac{7}{50}\right)\sin x + \left(\dfrac{1}{50} - \dfrac{x}{10}\right)\cos x\right)e^{2x}$.

7. (1) $y = C_1 \sin x + C_2 \cos x + \dfrac{e^x}{2} - \dfrac{x}{2}\cos x$;　　(2) $y = C_1 e^{3x} + C_2 e^{-x} + \dfrac{1}{3} - x - \dfrac{1}{4}e^x$;

(3) $y = C_1 \sin 2x + C_2 \cos 2x + \dfrac{x}{3}\cos x + \dfrac{5}{9}\sin x$.

8. $x = C\cos\left(t\sqrt{\dfrac{2k}{m}}\right)$.

9. $T = 2\pi\sqrt{\dfrac{2}{g}}$ (秒).

习　题　14.1

1. (1) 发散;　　(2) 发散;　　(3) 收敛.

2. (1) 发散;　　(2) 收敛, $S = \dfrac{3}{2}$;　　(3) 发散;　　(4) 收敛, $S = -\dfrac{3}{7}$;　　(5) 发散;

(6) 收敛, $S = \dfrac{\ln 2}{2 - \ln 2}$;　　(7) 发散;　　(8) 发散.

习　题　14.2

1. (1) 发散;　　(2) 收敛;　　(3) 发散;　　(4) 收敛;　　(5) 发散;　　(6) 收敛.

2. (1) 收敛;　　(2) 收敛;　　(3) 发散;　　(4) 收敛;　　(5) 收敛;　　(6) 收敛.

3. (1) 收敛;　　(2) 收敛;　　(3) 收敛;　　(4) 收敛;　　(5) 发散.

4. (1) 条件收敛;　　(2) 绝对收敛;　　(3) 条件收敛;　　(4) 绝对收敛;

(5) 绝对收敛;　　(6) 发散;　　(7) 绝对收敛;　　(8) 条件收敛.

习　题　14.3

2. (1) $(-1,1)$;　　(2) $(-\infty,+\infty)$;　　(3) $[-3,3)$;　　(4) $\left[-\dfrac{1}{2},\dfrac{1}{2}\right]$;　　(5) $(-\infty,+\infty)$;

(6) $(-1,1)$;　　(7) $(-\sqrt{2},\sqrt{2})$;　　(8) $[4,6)$.

3. (1) $\dfrac{1}{(1-x)^2}$;　　(2) $(1-x)\ln(1-x) + x$;　　(3) $\dfrac{1}{4}\ln\dfrac{1+x}{1-x} + \dfrac{1}{2}\arctan x - x$;

(4) $\dfrac{2+x^2}{(2-x^2)^2}$.

5. (1) $\operatorname{sh}x = \displaystyle\sum_{n=1}^{\infty} \dfrac{x^{2n-1}}{(2n-1)!}, x \in (-\infty,+\infty)$;

(2) $x\mathrm{e}^{-2x} = \displaystyle\sum_{n=1}^{\infty} \dfrac{(-1)^{n-1}2^{n-1}x^n}{(n-1)!}, \ x \in (-\infty,+\infty)$;

(3) $\sin x^2 = \displaystyle\sum_{n=1}^{\infty} (-1)^{n-1} \dfrac{x^{4n-2}}{(2n+1)!}, \ x \in (-\infty,+\infty)$;

(4) $x^2\arctan x = \displaystyle\sum_{n=0}^{\infty} (-1)^n \dfrac{x^{2n+3}}{2n+1}, \ x \in [-1,1]$;

(5) $(1+x)\ln(1+x) = x + \displaystyle\sum_{n=2}^{\infty} \dfrac{(-1)^n x^n}{n(n-1)}, \ x \in (-1,1]$.

6. (1) $\dfrac{1}{2+x} = \displaystyle\sum_{n=0}^{\infty} (-1)^n \dfrac{x^n}{2^{n+1}}, \ x \in (-2,2)$;

(2) $\dfrac{1}{x^2+3x+2} = \displaystyle\sum_{n=0}^{\infty} (-1)^n \left(1 - \dfrac{1}{2^{n+1}}\right) x^n, \ x \in (-1,1]$;

(3) $\dfrac{1}{1+x^3} = \displaystyle\sum_{n=0}^{\infty} (-1)^n x^{3n},\ x \in (-1,1)$;

(4) $\sin x \cdot \cos x = \displaystyle\sum_{n=1}^{\infty} (-1)^{n-1} \dfrac{2^{2n-2}}{(2n-1)!} x^{2n-1},\ x \in (-\infty, +\infty)$;

(5) $\sin\left(x + \dfrac{\pi}{4}\right) = \dfrac{1}{\sqrt{2}}\left(1 + x - \dfrac{x^2}{2!} - \dfrac{x^3}{3!} + \cdots\right),\ x \in (-\infty, +\infty)$.

7. $\dfrac{1}{x} = \dfrac{1}{3}\displaystyle\sum_{n=0}^{\infty}(-1)^n \dfrac{(x-3)^n}{3^n},\ x \in (0,6)$.

习 题 14.4

1. (1) $f(x) = 1 + 2\displaystyle\sum_{n=1}^{\infty}\dfrac{(-1)^{n+1}}{n}\sin nx,\ x \neq \pm\pi, \pm 3\pi, \cdots$;

(2) $f(x) = \dfrac{\mathrm{e}^{2\pi} - \mathrm{e}^{-2\pi}}{\pi}\left(\dfrac{1}{4} + \displaystyle\sum_{n=1}^{\infty}\dfrac{(-1)^n}{n^2+4}(2\cos nx - n\sin nx)\right),\ x \neq \pm\pi, \pm 3\pi, \cdots$;

(3) $f(x) = \dfrac{2}{\pi} - \dfrac{4}{\pi}\displaystyle\sum_{n=1}^{\infty}\dfrac{\cos 2nx}{4n^2-1},\ x \in (-\infty, +\infty)$;

(4) $f(x) = \sin x + \dfrac{1}{2}\cos x - \dfrac{1}{4}\sin 4x,\ x \in (-\infty, +\infty)$.

2. (1) $2\sin\dfrac{x}{3} = \dfrac{18\sqrt{3}}{\pi}\displaystyle\sum_{n=1}^{\infty}(-1)^{n-1}\dfrac{n\sin nx}{9n^2-1},\ x \in (-\pi, \pi)$;

(2) $\mathrm{e}^x + 1 = \dfrac{1}{2\pi}(\mathrm{e}^{\pi} - \mathrm{e}^{-\pi} + 2\pi) + \dfrac{\mathrm{e}^{\pi} - \mathrm{e}^{-\pi}}{\pi}\displaystyle\sum_{n=1}^{\infty}\dfrac{(-1)^n}{1+n^2}(\cos nx - n\sin nx),\ x \in (-\pi, \pi)$.

3. $\dfrac{\pi - x}{2} = \displaystyle\sum_{n=1}^{\infty}\dfrac{1}{n}\sin nx,\ x \in (0, \pi)$.

4. $2x + 3 = \pi + 3 - \dfrac{8}{\pi}\displaystyle\sum_{n=2}^{\infty}\dfrac{\cos(2n+1)x}{(2n+1)^2},\ x \in [0, \pi]$.

5. $2x = \pi - \dfrac{8}{\pi}\displaystyle\sum_{n=1}^{\infty}\dfrac{\cos(2n-1)x}{(2n-1)^2},\ x \in [0, \pi]$; $\quad 2x = 4\displaystyle\sum_{n=1}^{\infty}\dfrac{(-1)^{n+1}}{n}\sin nx,\ x \in [0, \pi)$.

6. $f(x) = -\dfrac{1}{2} + \displaystyle\sum_{n=1}^{\infty}\left(\dfrac{6}{n^2\pi^2}(1 - (-1)^n)\cos\dfrac{n\pi x}{3} + \dfrac{6}{n\pi}(-1)^{n+1}\sin\dfrac{n\pi x}{3}\right),\ x \neq 3(2k+1),$

$k = 0, \pm 1, \pm 2, \cdots$.

附录 高等数学知识点与哲学概念对照表

课程模块	教学内容	哲学规律 (矛盾的表现形式)	哲学范畴	思维形式
空间解析几何与 向量代数	空间解析几何	普遍性和特殊性、一般与个别	内容和形式	形象与抽象
	向量代数	普遍性和特殊性、绝对与相对		形象与抽象 正向与逆向 逻辑与直觉
极限与连续	极限	有限与无限、变与不变、任意 与确定	内容和形式 现象和本质 原因和结果	形象与抽象 逻辑与直觉
	连续			
微分学	基本概念	量变与质变、抽象与具体、近 似与精确、直与曲、有限与无 限、局部与整体	现象和本质 原因和结果	形象与抽象 求同与求异 收敛与发散
	计算公式	普遍性和特殊性、直与曲 近似与精确、共性与个性	可能性和现实性	正向与逆向
	微分学应用	普遍性和特殊性、抽象与具 体、近似与精确、隐式与显式	内容和形式 现象和本质	求同与求异 正向与逆向 逻辑与直觉
积分学	基本概念	局部与整体、普遍性和特殊 性、共性和个性	内容和形式	形象与抽象
	不定积分			正向与逆向
	定积分	普遍性和特殊性局部与整体、 变与不变、微分和积分		正向与逆向 形象与抽象
	线积分	普遍性和特殊性、直与曲、隐 与显式、微分和积分	现象和本质	正向与逆向 求同与求异
	面积分	局部与整体、平与曲、普遍性 和特殊性、隐式与显式、微分 与积分	原因和结果	正向与逆向
	体积分	局部与整体、微分与积分	原因和结果	
	积分间关系与 场论初步	普遍性和特殊性、共性和个性	现象和本质 原因和结果	
常微分方程	常微分方程	普遍性和特殊性、部分与整体	内容和形式	求同与求异 正向与逆向
无穷级数	数项级数	绝对与相对		
	幂级数	一般和个别		
	傅里叶级数	普遍性和特殊性		逻辑与直觉